H. Dodel · W. Schambeck
Handbuch der Satelliten-
Direktempfangstechnik

D1732091

Telekommunikation

Band 6

Hans Dodel
Walter Schambeck

Handbuch der Satelliten-Direktempfangstechnik

Hüthig Buch Verlag Heidelberg

Hans Dodel, Jahrgang 1941, ist Leiter der Hauptabteilung ‚Neue Kommunikations-Satellitensysteme‘ in der Unternehmensgruppe Raumfahrt, Geschäftsbereich ‚Kommunikationssysteme und Antriebe‘ bei MBB in Ottobrunn. Nach dem Studium der Elektrotechnik an der Technischen Hochschule Stuttgart und Assistententätigkeit an der University of Kansas arbeitete er zunächst am NASA-Forschungslabor in Lawrence an optimalen Bildcodierverfahren für die Übertragung von digitalem Bildmaterial von interplanetaren Raumsonden zur Erde.

Von 1969 bis 1977 war er bei der Communications Satellite Corporation (COMSAT) in Washington an der ‚System Utilization‘ der INTELSAT IV-Nachrichtensatelliten, an ‚Siting‘ der Erdfunkstellen für INTELSAT und später für ‚Satellite Business Systems‘ (SBS), und an ‚System Design‘ der INTELSAT-V-Generation von Nachrichtensatelliten tätig. Danach kamen Aufgaben beim ‚System Engineering‘ im AEROSAT-Projekt und zuletzt die Mitarbeit bei der Realisierung des weltweiten MARISAT-Systems, beinhaltend das Raumsegment sowohl als auch die Küstenkontrollstationen dieses ersten internationalen Satellitensystems für den Seefunk und Seenotfunk.

Von 1978 bis 1984 war er Programmleiter für das Forschungsvorhaben zur satellitengestützten Kommunikation, Hochgeschwindigkeitsdatenübertragung und Direktfernsehen in der Deutschen Forschungs- und Versuchsanstalt für Luft- und Raumfahrt (DFVLR) in Oberpfaffenhofen und leitete die Abteilung Nachrichtensatellitensysteme im Forschungsbereich Nachrichtentechnik und Erkundung.

Walter Schambeck, Jahrgang 1936, ist Leiter der Abteilung ‚Satellitengestützte digitale Bild- und Tonübertragung‘ am Institut für Nachrichtentechnik der DLR (vormals DFVLR). Nach dem Studium der Physik an der TU München war er von 1961 bis 1963 am Institut für Technische Physik mit der Entwicklung elektronischer Meßgeräte für die Kernphysik beschäftigt und promovierte über Photonenemission nach Kernzerfällen.

Danach begann er seine Tätigkeit bei der DFVLR, zunächst mit Arbeiten über Zuverlässigkeit elektronischer Bauelemente, und leitete dann die Abteilung ‚Elektronische Bauelemente‘ am damaligen ‚Institut für Satellitenelektronik‘. 1981 begannen Arbeiten im Zusammenhang mit der Vorbereitung der TV-SAT-Nutzung, die zur Gründung der Abteilung ‚Digitale satellitengestützte Bild- und Tonübertragung‘ am Institut für Nachrichtentechnik führten, deren Leiter er jetzt ist. Er hat sich seither vor allem der Übertragung von Fernsehen und Hörrundfunk gewidmet und ist Leiter des Vorhabens ‚Digitale Bild- und Tonübertragung via Satellit‘.

Ein weiteres Arbeitsgebiet ist die Telekonferenz via Satellit. Unter seiner Leitung fanden zahlreiche Demonstrationen des deutschen digitalen Hörfunksystems via Satellit statt. 1986 wurde ihm zusammen mit sieben weiteren Wissenschaftlern der ‚Eduard-Rhein-Preis‘ für seine Beiträge zur Entwicklung des digitalen Satelliten-Hörfunksystems insbesondere bei der Systemerprobung verliehen.

CIP-Titelaufnahme der Deutschen Bibliothek

Dodel, Hans:
Handbuch der Satelliten-Direktempfangstechnik / Hans Dodel
; Walter Schambeck. – Heidelberg : Hüthig, 1989
  (Telekommunikation ; Bd. 6)
  ISBN 3-7785-1523-3
NE: Schambeck, Walter; GT

© 1989 Hüthig Buch Verlag GmbH Heidelberg
Printed in Germany

Vorwort

Im Zeichen des Einstiegs der Bundesrepublik Deutschland in die satellitengestützte Direktausstrahlung von Hörrundfunk und Fernsehen ist es unser Anliegen, dem interessierten Bürger, dem Fernsehtechniker und dem Praktiker ein überschaubares Handbuch anzubieten, das ihm den Einstieg so schnell, einfach und fachgerecht wie möglich erlaubt.

Schon Anfang der 70er Jahre wurden erstmals Fernsehprogramme von dem amerikanischen Hochleistungs-Satelliten 'Application Technology Satellite' (ATS) über den flächengroßen USA und zeitweise über Indien ausgestrahlt. 1976 folgte die UdSSR und Ende der 70er Jahre schließlich Japan mit der BS-Serie von Hochleistungs-Satelliten. 1988 nahm der französische TDF seinen Dienst auf und der luxemburgische ASTRA wurde ebenfalls 1988 in Umlauf gebracht. Für Deutschland ist geplant, mit TV-SAT-2 und DFS-KOPERNIKUS noch 1989 den Betrieb aufzunehmen. Damit ist erstmals eine flächendeckende, qualitativ hochwertige Versorgung der Gesamtbevölkerung vorhanden. Entsprechend groß wird das Interesse an Heimempfangsanlagen sein.

Mit diesem Buch beantworten wir sowohl Fragen zur Auswahl, Aufstellung und Ausrichtung von Heimempfangsantennen als auch die meisten technischen und technologischen Fragen des dazugehörigen Satellitensystems. Fernsehsysteme für Satellitenübertragung und digitaler Satellitenhörrundfunk werden ausführlich behandelt.

Dem Fernsehtechniker werden praktische Hinweise und Werkzeuge angeboten, einschließlich eines Rechenschiebers (im rückwärtigen Einband), die ihm die Arbeit erleichtern sollen. Der Gebrauch des Rechenschiebers ist im Anhang IX beschrieben.

Zur leichteren Lesbarkeit sind die einzelnen Kapitel so abgefaßt, daß sie auch ohne Kenntnis der anderen Kapitel verständlich sind. Außerdem werden im Anhang die wichtigsten Fachausdrücke kurz erklärt. Wie schon im Buch "Satellitensysteme für Kommunikation, Fernsehen und Rundfunk" (Dodel, H., Baumgart, M.; Hüthig Verlag, 1986) wurden konsequent die Grundrechenarten "Subtraktion" durch "−" und Division durch ":" oder "/" gekennzeichnet, selbst wenn dies mit einer in der Branche verbreiteten Inkorrektheit bricht, die häufig die Subtraktion von Dezibelwerten mit "/" kennzeichnet (z.B. $C-N$, $S-R$, E_b-N_o, $G-T$, etc.). Einzelne Abschnitte zu nachrichtentechnischen Grundlagen und zur Bodenstation wurden in überarbeiteter Form vom Buch "Dodel/Baumgart" übernommen.

Die Abschnitte dieses Buches sind in einer logischen Sequenz strukturiert, die dem Leser, von der Technik der Satellitenkommunikation bis hin zur rechtlichen Situation des Satellitenempfangs, einen Ausblick auf zukünftige Systeme geben soll.

Das Buch beginnt mit einer Einführung in die Funktion von Fernmeldesatelliten, Erderkundungssatelliten und schließlich Fernsehdirektverteilsatelliten, gefolgt von einem kurzen Abriß der Nachrichtentechnik, die dieser Satellitennutzung zugrunde liegt.

Anschließend wird die 'Bodenstation' erklärt, einschließlich der Schaltungstechnik, der Erläuterung wesentlicher Technologien, und der Installation von Empfangsantennen und ihrer Ausrichtung auf den Satelliten. Es folgt eine ausführliche Behandlung der digitalen Techniken bis hin zum digitalen Hörrundfunk, da diese Technik zusehends größere Bedeutung gewinnt und gerade durch den TV-SAT einen wesentlichen Schub erfährt. Daneben wird auch die Fernseh-Bildübertragung, sowohl analog als auch digital, behandelt, mit den verschiedenen MAC-Verfahren.

Es werden praktische Aspekte angesprochen, wie z.B. die zukünftige Verwendung bestehender Fernsehgeräte mit dem neuen TV-Standard für TV-SAT. Einzel- und Gemeinschaftsanlagen, die rechtliche Situation beim Empfang anderer Satelliten und das Thema Verschlüsselung von TV-Signalen werden besprochen. Zum Schluß werden Zukunftsperspektiven beschrieben und es wird aufgezeigt, wohin die Entwicklungen der satellitengestützten Direktausstrahlung von Fernsehen und Hörrundfunk tendieren.

Im Anhang I werden die im Buch vorkommenden Fachausdrücke erklärt; der Anhang II enthält ein Verzeichnis aller verwendeten Abkürzungen.

Im Anhang III sind Tabellen für die Umsetzung von Leistungs- und Spannungs-verhältnissen in dB enthalten; im Anhang VI sind zahlreiche typische Satellitenausleucht-gebiete ('*Footprints*') abgebildet.

Der Anhang VII enthält eine Liste von den ca. 70 größten Städten der Bundesrepublik Deutschland mit Angabe ihrer östlichen Länge, ihrer nördlichen Breite, Azimut, Elevationswinkel und Schrägentfernung zum TV-SAT. Software zur Berechnung von Azimut und Elevation ist in Anhang VIII abgedruckt.

Anhang V zeigt das Kanalraster im ersten Zwischenfrequenzbereich (1. ZF). Im Anhang IX schließlich ist eine Gebrauchsanleitung gegeben für den im rückwärtigen Einband einsteckenden Rechenschieber.

Der Leser möge berücksichtigen daß sich Satellitensysteme, und weit mehr noch Fernseh-kanalzuteilungen, in den Wochen und Monaten nach Redaktionsschluß ändern können. Speziell die Angaben in Tabellen 1.4, 1.5 und 7.7 sind als im Mai 1989 geschrieben zu betrachten.

Dieses Buch wurde mit Hilfe des rechnergestützten Textverarbeitungssystems der Hauptabteilung 'Neue Kommunikationssysteme' bei der Firma MBB verfaßt, von der Texteingabe über die Redaktion bis zur typographischen Ausgabe. Für die Textverarbeitung und zahlreiche fachliche Beiträge sei den Diplom-Ingenieuren Georg Seitz und Christian Riedl an dieser Stelle der herzliche Dank der Autoren ausgesprochen. Allen Kollegen und Bekannten – und unseren Ehefrauen –, die mit Rat und Redaktion zum Gelingen des Buches beigetragen haben, sei ebenfalls an dieser Stelle herzlich gedankt.

Dem interessierten Leser, Fernsehtechniker und Praktiker wünschen wir Freude und Erfolg bei seinem Bemühen, die Möglichkeiten der satellitengestützten Ausstrahlung von Fernseh- und Hörrundfunk auszuschöpfen.

München, im September 1989 *Hans Dodel, Walter Schambeck*

Vorwort

Die Entwicklung der Satelliten- und Empfangstechnologie hat in den vergangenen Jahren rasante Fortschritte gemacht. Die Idee eines High-Power-Satelliten für die Rundfunkversorgung, die der Konzeption des deutschen Rundfunksatellitensystems TV SAT Anfang der 70er Jahre zugrunde lag, wurde durch die technische Entwicklung überholt: Heute besteht die Möglichkeit, über Satelliten mittlerer Sendeleistung (Medium-Power-Satellite) abgestrahlte Programme mit Antennenanlagen von etwa 80 cm direkt zu empfangen (Individualempfang). Darüber hinaus ist es möglich, Sendeantennen mit besonders geformter Strahlungskeule herzustellen, so daß Versorgungskonturen ermöglicht werden, die keine elliptische oder kreisförmige Form - wie bei der Satellitenkonferenz 1977 - mehr haben.

Durch die Weiterentwicklung der elektronischen Bauteile der Empfangsanlagen (insbesondere der Low-Noise-Converter) wäre es künftig möglich, für den Empfang des deutschen Rundfunksatelliten TV SAT 2 Empfangsspiegel von nur 40 cm einzusetzen. Allerdings ist zu berücksichtigen, daß zur Verhinderung von Empfangsstörungen durch terrestrische Rundfunkstrecken, die denselben Frequenzbereich wie der TV SAT 2 benutzen, ein Mindestdurchmesser der Antennenanlage von 60 cm erforderlich ist.

Infolge anderer als beim TV SAT-System gewählter technischer Parameter (größere Bandbreite und dadurch größerer Hub) ist es möglich, über das neue deutsche Fernmeldesatellitensystem Kopernikus gesendete Programme trotz wesentlich schwächerer Sendeleistung ebenfalls mit kleinen Antennendurchmessern zu empfangen.

Sowohl Kopernikus 1 als auch Kopernikus 2 können über je sieben leistungsstarke Transponder im 12 GHz-Bereich bis zu sieben Fernsehprogramme (oder anstelle eines Fernsehprogramms 16 Stereo-Hörfunkprogramme in digitaler Qualität) und über drei breitbandige leistungsschwächere Kanäle noch einmal je sechs Fernsehprogramme abstrahlen. Bereits vor längerer Zeit hat sich die Deutsche Bundespost für die Verwendung der Fernsehnorm PAL für das Gesamtsystem Kopernikus entschieden.

Sowohl für den Individualempfang als auch für mittlere und größere Gemeinschafts-antennenanlagen ist daher der Betrieb einer Satelliten-Empfangsantenne für das System Kopernikus mit einer wesentlich größeren Zahl von Fernsehprogrammen interessanter als der Bau einer nicht entscheidend kostengünstigeren Empfangsantenne für den TV SAT 2 für nur fünf Fernsehprogramme und mit dem Nachteil noch ein Vorsatzgerät für die Normwandlung der D2 MAC-Signale in PAL für die vorhandenen Fernsehgeräte bzw. überhaupt ein neues Fernsehgerät kaufen zu müssen.

Rundfunksatelliten nutzen Frequenzen, die dem Fernmeldedienst *Rundfunk* international zugewiesen sind. Die entsprechenden Programme sind daher für die Allgemeinheit bestimmt und ihr Empfang wird in der Bundesrepublik Deutschland entsprechend Art. 5 GG garantiert, genauso wie bei den heute terrestrisch gesendeten UKW- und Fernsehprogrammen. Darüber hinaus unterliegt der Empfang der Rundfunksatelliten-Programme keinerlei medien-rechtlichen Beschränkungen. Im Gegensatz dazu sind über Fernmeldesatelliten gesendete Signale nicht zum Empfang durch jedermann bestimmt. Sie dienen der Programmzuführung; erst mit der Einspeisung in BK-Netze bzw. Antennenanlagen findet der eigentliche "Sendevorgang" statt. Die Verbreitung von immer mehr Fernsehprogrammen über *Fernmeldesatelliten*, deren Verbreitungsgebiet meist weite Teile Europas umfaßt, hat aber in den vergangenen Jahren zu einer indirekten Aufweichung der Unterschiede zwischen Rundfunksatelliten und Fernmeldesatelliten geführt. Auch die Deutsche Bundespost gestattet auf Antrag die Errichtung und den Betrieb einer privaten Satellitenempfangseinrichtung für verschiedene Fernmeldesatellitenkanäle. Aus Sicht der Teilnehmer wird sich der Unterschied beim Empfang von Rundfunksatelliten- und Fernmeldesatellitenprogrammen immer mehr verwischen. Die fernmelderechtliche und medienrechtliche Differenzierung zwischen den beiden Satellitentypen ist dem Laien ohnehin nicht verständlich.

Satelliten werden künftig die zusätzliche Programmverbreitung an jedermann - wie heute die terrestrischen Sender - ermöglichen. Im Gegensatz dazu sind sie aber für die großflächige Programmverbreitung - also für nationale Programme - geeignet. Aus Sicht der deutschen

Rundfunkanstalten ist es daher wünschenswert, alle deutschen Satellitenprogramme über ein Satellitensystem zu senden, damit dieses mit einer möglichst kleinen Empfangsantenne empfangen werden kann.

Der *Satelliten-Direktempfangstechnik* wird daher in den nächsten Jahren eine große Bedeutung zukommen. Sowohl der interessierte Teilnehmer, der sich mit den praktischen Fragen des Satellitenempfangs befassen will, als auch der Fernseh- und Radiofachhändler benötigt Unterlagen, die ihm die komplexe Materie der Satellitenempfangstechnik übersichtlich und anschaulich darstellen. In diesem Sinne wünsche ich vorliegendem Handbuch einen großen Leserkreis und viel Erfolg.

München, im Sommer 1989

Frank Müller-Römer
Technischer Direktor des Bayerischen Rundfunks

INHALTSVERZEICHNIS

1 Überblick über die Satellitenkommunikation

1.1 Einführung

Den Fernseher einzuschalten und davon auszugehen, daß die Übertragung von Information vom Sender zur Empfangsantenne und weiter zum Gerät einschließlich der Darstellung dieser Bildinformation mit Begleitton zu erfolgen hat, ist uns heute selbstverständlich geworden. Wir sollten uns vergegenwärtigen, wie jung diese Technik noch ist, und wie lange die zivilisierte Menschheit ohne sie ausgekommen ist.

Obwohl schon im 8. Jahrhundert vor Christi Geburt (bei Homer im 18. Buch der Ilias nachzulesen) Informationen (bei Nacht) mittels Signalfeuer über eine große Entfernung übertragen wurden, 300 Jahre später gar komplette Signalfeuerstafetten zum Einsatz kamen (Aischylos, 1. Buch der Orestie), und viele andere Verfahren (Rufposten, Trommeln, Balken-signale, Rauchsignale, Heliographen, etc.) im Laufe der Jahrhunderte ausprobiert wurden, war die Menschheit doch bis Mitte des 19. Jahrhunderts auf Boten und Botenstafetten zur Über-mittlung von Informationen angewiesen. Diese Informationsträger bestanden bis zum praktischen Einsatz der Photographie (ca. 1850) ausschließlich aus Schrift und Handgemaltem (wobei Schrift bis Ende des 15. Jahrhunderts ja ebenfalls buchstäblich handgemalt war).

"Geschichten" mußten also mühsam niedergeschrieben und vom Konsumenten gelesen werden – zu Zeiten, in denen nur ein verschwindend kleiner Bruchteil der Bevölkerung lesen konnte. Das Niederschreiben orchestraler Musik war bis in die Neuzeit nicht entwickelt, so daß Arrangements von Musikstücken überhaupt nicht vermittelt oder wenigstens erhalten werden konnten. Wie entwickelte sich nun die Technik, die es uns heute gestattet, "Geschichten" und Musikstücke, in Farbe und High Fidelity Stereo in die Privatsphäre unserer Wohnzimmer zu bringen?

Die wesentlichste Entwicklung unserer Zivilisation erfolgte in der Fernmeldetechnik. Sie setzte erst zu Beginn der Neuzeit ein. Im einzelnen sind die folgenden Durchbrüche zu ver-zeichnen:

o Erfindung des Telegraphen	1794
– die erste transatlantische Telegraphen-Verbindung	1866
o Erfindung des Telefons	1863
– die erste transatlantische Telefon-Verbindung	1956
o Erfindung der drahtlosen Verbindung	1897
– die erste transatlantische drahtlose Verbindung	1901
o Erfindung des Fernsehens	
– die Braunsche Röhre	1897
– die erste Fernsehvorführung	1924
– die erste transatlantische Fernsehübertragung	1965
– die erste satellitengestützte Fernsehausstrahlung	1973

Ein interessanter Aspekt bei diesen Evolutionsaufzeichnungen ist die Zeitspanne zwischen einer Erfindung und ihrer wirtschaftlichen Umsetzung. Bei der Telegraphie und Telefonie dauerte dies rund 50 Jahre, und von der ersten funktionierenden Röhre des deutschen Physikers Karl Ferdinand Braun bis zum Durchbruch des Schwarzweißfernsehens in Deutsch-land waren es ebenfalls 50 Jahre (und noch ein weiteres Jahrzehnt für die Farbe). Im Trans-portwesen waren es 60 Jahre vom ersten Flug des deutschstämmigen Weißhaupt im Jahre 1895 bis zur regelmäßigen Atlantiküberquerung der Lufthansa. Die Fortschreibung der Entwick-lungen im Transportwesen über den spurgebundenen Landverkehr in den aeronautischen Sektor führte schließlich und folgerichtig zur Raumfahrt (siehe Bild 1.1).

Hermann Potočnik (Pseud. Hermann Noordung) entwickelte 1929, aufbauend auf den Keplerschen Gesetzen von 1609, den geostationären Orbit und verwies so als erster auf die Möglichkeiten, Erdsatelliten zur Übermittlung von Nachrichten einzusetzen. Am 4. Oktober 1957 schließlich kreiste der erste Satellit in einer niedrigen Bahn um die Erde: der russische SPUTNIK. Wenige Monate später folgten die ersten amerikanischen Satelliten: der Weltraum war erschlossen.

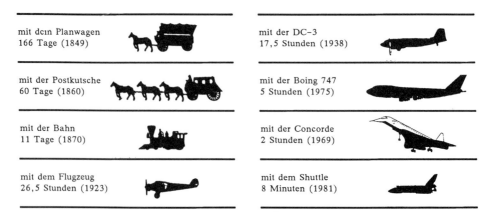

mit dem Planwagen 166 Tage (1849)	mit der DC-3 17,5 Stunden (1938)
mit der Postkutsche 60 Tage (1860)	mit der Boing 747 5 Stunden (1975)
mit der Bahn 11 Tage (1870)	mit der Concorde 2 Stunden (1969)
mit dem Flugzeug 26,5 Stunden (1923)	mit dem Shuttle 8 Minuten (1981)

Bild 1.1 Entwicklung des Transportwesens am Beispiel der Überquerung des nordamerikanischen Kontinents

Was hält nun diese künstlichen Erdtrabanten in der Erdumlaufbahn (im Orbit)? Auf einen Körper, der auf einem Kreis die Erde umfliegt, wirkt zum einem die Zentrifugalkraft z

$$z = m \omega^2 R \qquad (1.1)$$

und gleichzeitig die Massenanziehungskraft k

$$k = \frac{m\,M}{R^2}\,G \qquad (1.2)$$

mit m der Masse des Flugkörpers; M der Masse der Erde $M = 5,95 \cdot 10^{27}$ g; $\omega = 2\,\pi/T$ der Winkelgeschwindigkeit und G der Gravitationskonstante $G = 6,67 \cdot 10^{-8}$ cm^3/gs^2. Die Kreisbahn hat den Radius R

$$R = R_0 + H \qquad (1.3)$$

mit R_0 dem Erdradius $R_0 = 6.378.144$ m und H der Flughöhe über der Erdoberfläche. Wenn die Kräfte z und k gleich groß sind, ist für einen bestimmten Radius R eine stabile Bahn mit einer Umlaufdauer T definiert:

$$T = 2\pi \sqrt{R^3 / GM} \qquad (1.4)$$

$$T/s = 3,15 \cdot 10^{-7} \sqrt{(R/m)^3} \quad . \qquad (1.4a)$$

Wenn man $T = 24$ h (exakter: 23 h 56 min 4 s, die Dauer des Sternentages) setzt, erhält man eine Bahn mit $R = 6,61 \cdot R_0$. Ein Körper auf dieser Bahn umrundet den Äquator alle 24 h – also genau einmal pro Tag, so wie die Erde sich selbst dreht. Damit steht der Raumflugkörper fest über der Erde, ist also "stationär". Dies ist der "geostationäre Orbit" /1,2/. Wozu kann dieser Orbit verwendet werden? Er eignet sich besonders für Fernsehverteilsatelliten. Sie können von fest montierten, nicht nachgeführten Empfangsantennen empfangen werden. Warum interessiert uns diese Eigenschaft?

In den meisten Ländern der Welt wird eine lückenlose Fernsehbedeckung gefordert. Wie aus Bild 1.2 zu ersehen ist, vergrößert sich die Reichweite eines Fernsehsenders mit der Höhe der Sendeantenne. Deshalb werden Antennen von Fernsehsendern bevorzugt auf Hügeln, Bergen, sehr hohen Gebäuden oder Türmen aufgestellt. Solche Lösungen sind jedoch nur bis zu einer gewissen Höhe wirtschaftlich.

Um z.B. ein Land wie die Bundesrepublik (mit Entfernungen von bis zu 900 km wie beispielsweise zwischen Berchtesgaden und Sylt) abzudecken, bedürfte es einer Turmhöhe von

ca. 20 000 m − und selbst dann blieben noch viele Gemeinden in den Bergen (im Berchtesga-
dener Land) von Hügeln und Bergen abgeschattet. Deshalb benutzen wir die Raumfahrt bzw.
Satelliten. Mit ihrer Hilfe können beliebig große Bedeckungszonen erzielt werden. Ein geo-
stationärer Satellit sieht die gesamte Erde unter sich /3/. Könnte man für kleinere geforderte
Bedeckungszonen auch niedrigere Flugbahnen wählen?

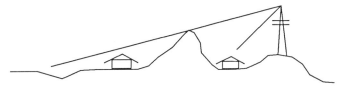

Bild 1.2 Bedeckung als Funktion der Höhe der Sendeantenne

Die Höhe H der Umlaufbahn über der Erde ist mit der Umlaufdauer des Satelliten verknüpft (s. Gl. 1.3). Damit ergeben sich für niedrigere Orbits zwangsläufig kürzere Umlaufzeiten und somit auch kürzere Perioden der Sichtbarkeit. In Tabelle 1.1 sind Umlaufdauer
und Zeit der Sichtbarkeit für einige Bahnhöhen aufgezeigt.

Tabelle 1.1   Bahnhöhen und Umlaufzeiten

Bahnhöhe H		Umlaufdauer T		Sichtbarkeit S	
250	km	89,7	min	7,9	min
500	km	94,8	min	11,6	min
1000	km	105,3	min	17,7	min
5000	km	201,7	min	62,6	min
10000	km	384,4	min	130,0	min
36 000	km	24	h	24	h

Wir sehen daraus, daß für eine flächendeckende kontinuierliche Fernsehausstrahlung von
niedrigen Orbits aus, eine große Anzahl von Satelliten benötigt wird. Ihre Zahl wird durch die
Sichtbarkeitsdauer bestimmt, die wiederum von der Bahnhöhe abhängt.

In Tabelle 1.2 sind die Freiraumdämpfungen (siehe Gl. 7.2) für terrestrische Ausbreitung
bei 50 MHz (Kanal 2), 500 MHz (Kanal 24) und Direktsatelliten im 12 GHz−Bereich angegeben. Die hohen Dämpfungen bei 12 GHz können nur durch Antennen mit entsprechendem
Gewinn an beiden Enden der Verbindung ausgeglichen werden. Im Satelliten werden außerdem hohe Sendeleistungen eingesetzt (ca. 230 W beim TV−SAT).

Tabelle 1.2   Freiraumdämpfung als Funktion von Entfernung und Frequenz

Entfernung vom Sender		Freiraumdämpfung in dB		
		50 MHz (Kanal 2)	500 MHz (Kanal 24)	12 GHz (TV-SAT)
1	km	66,4	86,4	114,0
10	km	86,4	106,4	134,0
100	km	106,4	126,4	154,0
40 000	km	158,4	178,4	206,0

Die von der Sowjetunion benutzten MOLNIYA−Satelliten haben im Gegensatz zu Geostationären eine hochexzentrische Bahn hoher Inklination (Winkel zwischen der Bahnebene
und der Äquatorebene). Deshalb verlangen diese Systeme für einen ununterbrochenen Dienst
zwei Erdfunkstellen am selben Ort. Eine Erdfunkstelle ist auf einen Satelliten ausgerichtet und
verfolgt ihn, bis er hinter dem Horizont untergeht. Da genügend viele Satelliten im Orbit sind,
erscheint vor dem Untergang des ersten ein zweiter Satellit im Sichtbarkeitsbereich der zweiten
Erdfunkstelle und der Verkehr wird automatisch auf diesen umgeschaltet.

Wegen des stark elliptischen Orbits dieser umlaufenden Satelliten ändert sich die Entfernung zwischen Satellit und Erdfunkstelle und damit auch die Freiraumdämpfung der Übertra-

gungsstrecke. Bei konstanter Satellitensendeleistung ändert sich unter diesen Verhältnissen dann auch die Empfangsleistung mit der Entfernung. Die Empfangsqualität in der Erdfunkstelle erfordert aber eine Mindestleistung. Diese muß entweder durch eine Regelung der Sendeleistung der Erdfunkstelle oder durch eine automatische Verstärkungsregelung (*Automatic Gain Control*, AGC) im Satellitentransponder erreicht werden. Typische Schwankungen dieser Art belaufen sich auf den Faktor 2 in der Entfernung, also 6 dB in der Freiraumdämpfung und können so ohne Schwierigkeiten aufgefangen werden. In moderneren Satelliten dieser Klasse wird zudem die Satellitenantenne während des Fluges ständig auf das zu bedienende Gebiet nachgeführt und durch Adaption ihres Brennpunktes automatisch so adjustiert, daß eine konstante Ausleuchtung (*Footprint*) gewährleistet ist.

Im folgenden werden primär geostationäre Satelliten behandelt, und hier vor allem die Fernseh- und Rundfunksatelliten. Die Geschichte der fernsehverteilenden Satelliten ist in Tabelle 1.3 zusammengefaßt. Sie enthält neben den Satellitennamen Angaben über Startdatum, die Bahn, Masse zu Lebensbeginn im Orbit und allgemeine Bemerkungen.

Schon von Anfang an wurden Satelliten für den interkontinentalen wie auch den nationalen Nachrichtenverkehr verwendet. Dieser Art der Satellitenkommunikation zwischen feststehenden Erdfunkstellen ("ortsfester Satellitendienst") folgte schon frühzeitig der satellitengestützte Mobilfunk. Dies führte zu der Verwendung von Satelliten für den Verkehr von und zu Schiffen und Flugzeugen, der enorme Zuwachsraten aufweist. Die INMARSAT wurde gegründet, um den internationalen Satellitenmobilfunk abzuwickeln.

Die steigende Bedeutung der Satellitenkommunikation läßt sich auch aus der Zunahme regionaler und nationaler Nachrichtensatellitensysteme – besonders im Bereich der Schwellen- und Entwicklungsländer – ersehen. Während im Anfang der Satellitenkommunikation die maximale Satellitensendeleistung sehr begrenzt war und deshalb Erdfunkstellen mit großen Antennen notwendig waren, stieg sie in der Zwischenzeit beträchtlich an. Damit ist Fernseh- und Hörfunkempfang mit sehr kleinen Antennen möglich geworden.

Als Mitte der 70er Jahre mit der Entwicklung von leistungsfähigeren Komponenten die Direktfernsehverteilung in den Bereich des Machbaren rückte, wurde zur Koordination dieses Satellitendienstes 1977 die *World Administrative Radio Conference* (WARC) einberufen, auf der die europäischen Länder sich je eine Satellitenposition und fünf Fernsehkanäle zuteilten (siehe Kap. 10 .4).

1.2 Terrestrische Füllsender und Satellitenausstrahlung

Im folgenden soll ein Vergleich zwischen Satelliten- und terrestrischer Verteilung gezogen werden. In beiden Fällen werden beim Empfang von Programmen Richtantennen eingesetzt. Das Signal wird mittels eines modulierten Trägers übertragen.

In einem Füllsender werden bei der terrestrischen Verteilung die Träger empfangen, verstärkt, in die Sendefrequenz umgesetzt und weitergesendet. Der Nutzer richtet seine Empfangsantenne auf den Füllsender aus. Ein sauberer Empfang erfordert eine Sichtverbindung zum Sender.

Für die Satellitenkommunikation gelten die gleichen Bedingungen wie Sichtverbindung und Frequenzumsetzung. Unter diesen Gesichtspunkten betrachtet, unterscheiden sich Satelliten und terrestrische Ausstrahlung nicht wesentlich voneinander. Der Satellit wird wie ein weit entfernter Füllsender eingesetzt. Je nach Auslegung der Satellitenantenne kann der Satellit größere oder kleinere Gebiete auf der Erdoberfläche "sehen". Diese Gebiete nennen wir Bedeckungszonen. Grundsätzlich können alle Heimempfangsanlagen innerhalb einer Bedeckungszone den Satelliten empfangen. Wegen der großen Entfernung zwischen Satellit und Boden ist die Signaldämpfung sehr hoch – etwa 212 dB. Mit größeren Antennen steigt auch der Antennengewinn für den Empfang. Diese Beziehungen werden in Kap. 5.3.1 dargelegt.

Je mehr Satelliten sich im geostationären Orbit befinden, umso kleiner wird deren Bahnabstand, die Entfernung zwischen zwei Nachbarsatelliten. Wichtig ist der Bahnabstand bei Satelliten, die im gleichen Frequenzband arbeiten, da sich ihre Ausleuchtzonen überlappen können. Mit kleiner werdendem Bahnabstand steigen die von den Nebenkeulen der Erdfunkstellenantennen empfangenen Störungen. Durch Verringerung der Antennenspeiseleistung kann die über die Nebenkeulen abgestrahlte *EIRP* reduziert werden. Von der Systemkoordinierung aus gesehen, sind große Antennen mit hohem Gewinn vorzuziehen. Mit größer werdendem Antennengewinn steigt jedoch auch die Richtwirkung der Antenne. Mechanische Deformationen wie z.B. Windlasten, aber auch ungleiche thermische Belastungen können zu einer Verringerung des Antennengewinns und schlechter Ausrichtung führen. Es muß daher ein Kompromiß zwischen Antennengröße, mechanischer Steifigkeit und Kosten gefunden werden.

Tabelle 1.3 Almanach der Fernsehverteilsatelliten (Stand Mai 1989)

Satellitenname	Start-datum	Peri- /Apo-gäum in km	Masse BOL, kg	Bemerkungen
SCORE	18.12.58	185/1470	68	1. experimenteller Nachrichtensatellit
ECHO-1	12.08.60	1521/1698	76	1. passiver Nachrichtensatellit; Ballonreflektor von 30m Durchmesser
COURIER-1B	04.10.60	942/1200	227	1. aktiver Nachrichtensatellit
TELSTAR-1	10.07.62	955/6238	77	1. Transatlantische TV und Sprachübertragungen
RELAY-1	13.12.62	1320/7420	78	1. Nachrichtensatellit für Verbindungen Europa/Amerika
SYNCOM	26.07.63	geosynch.	39	1. geosynchroner Nachrichtensatellit
EARLY BIRD	06.04.65	geostationär	39	1. geostationärer kommerzieller Nachrichtensatellit
MOLNIYA	23.04.65	480/40000	900	1. sowjetischer Nachrichtensatellit
ATS-1	06.12.66	geostationär	352	1. US-Technologiesatellit für Direktfernsehen und Kommunikation
INTELSAT II	11.01.67	geostationär	86	1. Kommunikationssatellit mit FDMA
INTELSAT IV	25.01.71	geostationär	732	1. Kommunikationssatellit mit Spot Beams
ANIK A F1	10.11.72	geostationär	294	1. kommerzieller kanadischer Kommunikationssatellit
WESTAR I	13.04.74	geostationär	297	1. kommerzieller US-Kommunikationssatellit
SYMPHONIE	19.12.74	geostationär	230	deutsch-französischer Experimentalsatellit
SATCOM F1	12.12.75	geostationär	462	nationaler US-Kommunikationssatellit incl. Alaska und Hawai
RADUGA	22.12.75	geostationär	5000	sowjetischer geostationärer Kommunikationssatellit
CTS/HERMES	17.01.76	geostationär	362	kanadischer TV- und Rundfunksatellit
COMSTAR	13.05.76	geostationär	863	US-Kommunikationssatellit
PALAPA AF1	08.07.76	geostationär	302	indonesischer Kommunikationssatellit
EKRAN 1	26.10.76	geostationär	1970	TV-Verteilsatellit für Gebiete östlich des Ural
ETS II	23.02.77	geostationär	254	japanischer experimenteller Kommunikationssatellit
SIRIO-1	25.08.77	geostationär	218	italienischer experimenteller Kommunikationssatellit
CS F1	14.12.77	geostationär	350	japanischer Kommunikationssatellit
BSE-1/YURI	07.04.78	geostationär	354	1. japanischer Direktsatellit
GORIZONT-1	19.12.78	geostationär	2120*	sowjetischer Kommunikationssatellit
SBS-1	15.11.80	geostationär	571	digitaler Ku-Band nationaler US-Kommunikationssatellit
INTELSAT V	06.02.80	geostationär	1012	1. Satellit der INTELSAT mit Polarisationswiederverwendung
INSAT I A	10.04.82	geostationär	1090 *	indischer Vielzwecksatellit einschließlich TV-Verteilung
ECS-1	16.06.83	geostationär	605	1. europäischer Nachrichtensatellit
GALAXY-1	28.06.83	geostationär	519	nationaler US-Nachrichtensatellit
TELSTAR-3A	28.07.83	geostationär	653	nationaler US-Nachrichtensatellit der AT&T
BS-2A	23.01.84	geostationär	350	1. japanischer operationeller Direktsatellit
SPACENET F1	23.05.84	geostationär	705	1. US Nachrichtensatellit mit C- und Ku-Band Nutzlast
TELECOM-1A	04.08.84	geostationär	690	1. nationaler französischer Kommunikationssatellit (C- und Ku-Band)
ARABSAT-1	08.02.85	geostationär	592**	1. regionaler Kommunikationssatellit für die arabischen Länder
BRASILSAT-1	08.02.85	geostationär	671	1. nationaler brasilianischer Nachrichtensatellit
G-STAR-1B	08.05.85	geostationär	760	nationaler US-Nachrichtensatellit
MORELOS-1	17.06.85	geostationär	1240 *	1. nationaler mexikanischer Kommunikationssatellit
AUSSAT-1	27.08.85	geostationär	650	1. australischer Nachrichtensatellit
ASC F1	27.08.85	geostationär	1250 *	nationaler US-Kommunikationssatellit C- und Ku-Band
STC-1	06.11.86	geostationär	635	1. nationaler US-Direktsatellit
ECS-4	16.09.87	geostationär	605	europäischer Nachrichtensatellit (eklipsefähig)
AUSSAT-2	16.09.87	geostationär	605	australischer Nachrichtensatellit
TDF-1	20.11.88	geostationär	1000 *	1. französischer Direktsatellit; Programme sind jedoch verschlüsselt
ASTRA	09.12.88	geostationär	1400	luxemburgischer Fernsehverteilsatellit
TELE-X	02.04.89	geostationär	2130 *	schwedischer Direktsatellit
OLYMPUS	12.07.89	geostationär	1400 *	Mehrzweck-Nachrichtensatellit der ESA
DFS 1	06.06.89	geostationär	1400 *	1. nationaler deutscher Kommunikationssatellit
INTELSAT VI	1989	geostationär	4026 *	1. Satellit der INTELSAT mit SS-TDMA
TV-SAT-1	21.11.87	geostationär	1000	1. deutscher Fernsehdirektsatellit (funktionsuntüchtig)
TV-SAT-2	1989	geostationär	1000	2. deutscher Fernsehdirektsatellit

* Startmasse;   ** Trockenmasse;   von Serien identischer Satelliten wurde meist nur der erste aufgeführt.

Wegen des Mangels an der Satellitenkommunikation zugewiesenen Frequenzen, wurden Methoden zur mehrfachen Nutzung desselben Frequenzbandes entwickelt (siehe Kap. 10.3). Die wesentlichste dieser Methoden, die Beschränkung der Ausstrahlung auf ein gewisses Gebiet und die Wiederverwendung der Frequenzen in einer Entfernung von diesem Gebiet, simuliert die von der Physik vorgegebene Arbeitsweise eines terrestrischen Füllsenders mit seiner begrenzten Reichweite. Der Vorteil des Satelliten besteht in seiner Fähigkeit, die Größe des Gebietes beliebig variieren zu können und dabei auch in die von terrestrischen Füllsendern abgeschatteten Täler einsehen zu können (siehe Bilder 1.2 und 7.38).

1.3 Navigations- und Erderkundungssatelliten

Der erste Satellit, der – von der Sowjetunion unter dem Namen SPUTNIK am 4.10.1957 gestartet – die Erde umkreiste, diente primär als Beweis, daß es der Menschheit möglich geworden war, die Erdatmosphäre zu verlassen und einen Flugkörper auf eine kontrollierte Bahn im Raum zu bringen. Zur Verfolgung dieser Flugbahn war SPUTNIK mit einem Hochfrequenzoszillator und einer Rundstrahlantenne ausgestattet, mit deren Hilfe ein einfaches, unmoduliertes, kontinuierliches Signal ausgesendet wurde. Dies machte ihn nicht gerade zum ersten Hörfunksatelliten, gestattete aber doch die genaue Vermessung seiner Bahn. Eine Anzahl von Bodenstationen vermaß das SPUTNIK-Signal und konnte auf Grund des beim Überflug auftretenden Doppler-Effektes – im Verbund untereinander – auf Bahnlage und –höhe schließen. Das brachte Mitarbeiter der Johns Hopkins-Universität in Baltimore (USA) auf die Idee, den Spieß umzudrehen. Sie brachten wenig später eine Anzahl von Satelliten in den Erdumlauf, die ebenfalls ein Signal ausstrahlten, so daß ein Nutzer auf der Erde durch mehrfachen Empfang und Vermessung der Doppler-Effekte (in Verbindung mit den diesen Signalen aufmodulierten Bahndaten des jeweiligen Satelliten) durch Triangulation seine eigene Position bestimmen konnte, in Umkehrung der SPUTNIK-Vermessung, bei der mehrere Bodenstationen per Triangulation die Satellitenposition bestimmt hatten. Diesem amerikanischen System wurde der Name TRANSIT (deutsch: Theodolit) verliehen. Es ist noch heute in Betrieb und wird insbesondere in der Seefahrt aktiv benutzt. Damit diente die erste Nutzung der Raumfahrt der Ortsbestimmung bzw. der Navigation.

Navigationssatelliten sind heute aus dem modernen Verkehrswesen zu Lande, zur See, im aeronautischen Verkehr und in der Raumfahrt selbst (auch das Space-Shuttle muß navigieren) nicht mehr wegzudenken. Allerdings beruht die Technik der Ortsbestimmung heute nicht mehr auf dem nicht so präzisen Doppler-Effekt mit niedrig überfliegenden, einfachen Satelliten, sondern auf einem komplexen Raumsegment mit mehreren Atomuhren an Bord, in einer hohen Bahn (20 000 km über der Erde). Die auf Frequenzen im 1 – 1,5 GHz-Bereich abgestrahlten Signale tragen nicht nur die Information über die hochgenauen Bahnen des einzelnen Satelliten, sondern außerdem die Atomzeit, so daß der Nutzer wiederum durch Triangulation seinen Standort bestimmen kann. Für die Ortsbestimmung müssen also mindestens drei Satelliten empfangen werden und die Weltzeit muß im Empfänger bekannt sein. Wenn man die Signale von vier Satelliten auswertet, kommt man ohne die Kenntnis der Weltzeit aus und erhält diese als einen Teil der Auswertung.

Die nächsten Anwendungen der Erdsatelliten, die Übertragung von Nachrichten und die Betrachtung der Erde vom Raum aus, wurden gleichzeitig verfolgt und brachten schon Anfang der sechziger Jahre erste Erfolge. In beiden Anwendungen waren bis dato Ballone eingesetzt worden. Der letzte passive Satellit zur Übertragung von Nachrichten über große Entfernungen war ECHO-1 im Jahr 1960 (siehe Tabelle 1.3); für diese Anwendung wurde die große Ballonoberfläche zur Reflexion der elektromagnetischen Wellen benutzt – wie ein großer Spiegel. Für die Betrachtung der Erde aus großer Höhe dienten die Ballone – auch heute noch in Sonderfällen – als Träger von Sonden und Apparaten. Diese Funktion wurde weitgehendst von den besser kontrollierbaren und die ganze Erde schnell umkreisenden Satelliten übernommen. Sie können die Erde aus 36 000 km Höhe beobachten, oder auch auf Flugbahnen unter 100 km Höhe über dem Boden gebracht werden, wenn es die größere optische Auflösung erfordert.

Eine andere Anforderung bei der Erdbeobachtung verlangt, daß aufeinanderfolgende Aufnahmen bei gleichem Sonneneinfallswinkel gemacht werden. Das LANDSAT–System erfüllt diese Anforderungen. Nach mehrfachen Erdumkreisungen überfliegt ein LANDSAT ein bestimmtes Gebiet immer im gleichen Sonnenstand. Ein Pendant–System zur Beobachtung der Meere, SEASAT, hatte technische Probleme und wurde schließlich wieder aufgegeben.

Während bei LANDSAT die harte Erdoberfläche mit elektromagnetischen Wellen erkundet wird, die die Atmosphäre durchdringen, werden für meteorologische Beobachtungen in Systemen wie METEOSAT (geostationär positioniert) Sensoren ("Kameras") im sichtbaren und infraroten Spektralbereich verwendet. Mit diesen Sensoren können Wolken "gesehen", Temperaturen festgestellt, und Luftfeuchtigkeitsprofile beobachtet werden. Bei METEOSAT werden diese Aufnahmen kontinuierlich wiederholt, so daß sich Wolkenbewegungen beobachten und damit Wetterentwicklungen vorhersagen lassen. Das fortlaufende METEOSAT–Bild ist fast wie Fernsehen und erscheint ja auch im Wetterbericht unseres Fernsehens. In den USA, wo private Unternehmen Fernsehen anbieten, offeriert eine Firma 100 Fernsehprogramme frei Haus, für 40,– DM pro Monat. Eines dieser 100 Programme beinhaltet nichts weiter als ein 24 Stunden pro Tag fortlaufendes METEOSAT–artiges Wetterbild.

1.4 Kommunikationssatelliten für ortsfeste Dienste

Wie in Bild 1.2 veranschaulicht, bedarf es großer Höhen, um weite Entfernungen zu überbrücken. Während auf dem Landwege die Höhe von Funktürmen gegen die Abstandsentfernung zwischen den Türmen 'eingetauscht' werden kann, stellen die Ozeane Hindernisse dar, die mit keinem Turm "übersehbar" sind. Deshalb war die transozeanische Übertragung von Nachrichten und Fernsehprogrammen eine der ersten Anwendungen von Satelliten. Die COMSAT in Washington, 1963 gegründet, nahm bereits 1965 den kommerziellen Betrieb auf. Mit drei Satelliten, über dem Atlantik, Pazifik und Indischen Ozean stationiert, wurde in Zusammenarbeit mit den Postverwaltungen der partizipierenden Staaten, ein weltweites Satellitennetz aufgespannt, in dem erstmals zuverlässig Telefonverbindungen hoher Qualität – in vielen Fällen überhaupt erstmals – verfügbar wurden. Da die Satelliten in jenen Jahren leistungsbegrenzt waren, wurden große, ortsfeste Erdfunkstellen mit 30 m Antennendurchmesser verwendet /4/.

1975 ging das von der COMSAT aufgebaute, weltweite Fernmeldesystem in die hierfür gegründete internationale Betreibergesellschaft INTELSAT über. Weniger als zehn Jahre nach Beginn der Satellitenkommunikation war ihre Wirtschaftlichkeit für ortsfeste Verbindungen deutlich geworden, so daß mehr und mehr Staaten sie auch zum beschleunigten Ausbau der nationalen Infrastruktur einzusetzen begannen. Auch in der Bundesrepublik ist ein solches System, das DFS–Kopernikus, im Aufbau.

1.5 Das System DFS–Kopernikus der Deutschen Bundespost

Die Geschichte der Fernmeldesatelliten im nationalen Einsatz ist so alt wie die Satelliten selbst, denn neben dem Bedürfnis, die Kommunikation zwischen den Nationen der Welt zu fördern, stand in den "Satellitennationen" der Gründerjahre natürlich der nationale Bedarf im Vordergrund; die ersten nationalen Systeme (*Domestic Systems*) wurden in der folgenden Reihenfolge gestartet:

1.	UdSSR	1965	6.	Indonesien	1976	11.	Arabien	1985
2.	Kanada	1972	7.	Japan	1978	12.	Brasilien	1985
3.	Pakistan	1973	8.	China	1982	13.	Australien	1985
4.	USA	1974	9.	Indien	1982	14.	Mexico	1985
5.	Algerien	1975	10.	Frankreich	1984	15.	Luxemburg	1988

Parallel zur Beteiligung der Bundesrepublik Deutschland am weltweiten Telekommunikationsnetz INTELSAT und am europäischen Telekommunikationsnetz EUTELSAT betreibt die Deutsche Bundespost im nationalen Rahmen das Projekt "Deutscher Fernmeldesatellit", *DFS-Kopernikus* (siehe Bild 1.3). DFS basiert auf national betriebenen Satelliten mit 3 Transpondern (Nr. A, B und C; je 20 W in 90 MHz) im 11/14 GHz–Band, 7 Transpondern (Nr. 1 bis 7; je 20 W in 44 MHz) im Frequenzband 12/14 GHz und einem Transponder (I; 20 W in 90 MHz) im 20/30 GHz–Bereich. Die Tranpondermittenfrequenzen sind:

Horizontale Polarisation:

Transponder-Nr.:	A	C		2	4	6		I
Frequenz in MHz:	11500,0	11650,0		12558,0	12625,0	12692,0		19750,0

Vertikale Polarisation:

Transponder-Nr.:	B		1	3	5	7
Frequenz in MHz:	11575,0		12524,5	12591,5	12658,5	12722,5

Dieses DFS–System wurde 1989 mit ca. 32 Erdfunkstellen erfolgreich in Betrieb genommen. Bis zu sieben 12/14 GHz–Transponder werden für flächendeckende Fernsehverteilung incl. Zuführung von TV–Programmen zu Kabelnetzen eingesetzt. Drei Transponder im 11/14 GHz–Teil sind für Breitbandübertragungen (Berlin–Verkehr, TV–Studio–Verbindungen) oder wahlweise Fernsehausstrahlung vorgesehen. Im 20/30 GHz–Teil sind zunächst Versuchssendungen und Experimente geplant. Die technischen Parameter des DFS–Systems sind:

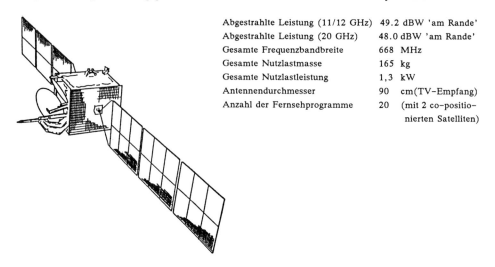

Abgestrahlte Leistung (11/12 GHz)	49.2	dBW 'am Rande'
Abgestrahlte Leistung (20 GHz)	48.0	dBW 'am Rande'
Gesamte Frequenzbandbreite	668	MHz
Gesamte Nutzlastmasse	165	kg
Gesamte Nutzlastleistung	1,3	kW
Antennendurchmesser	90	cm(TV-Empfang)
Anzahl der Fernsehprogramme	20	(mit 2 co-positionierten Satelliten)

Bild 1.3 DFS-Kopernikus

Mit dieser Transponderarchitektur kann ein Kopernikussatellit eine Vielzahl von Kombinationen von Fernmeldediensten und Fernsehausstrahlungen bedienen; er kann z.B. mindestens zehn TV–Programme im Frequenzbereich zwischen 11,5 und 12,7 GHz verteilen. Die Breitbandigkeit der DFS–Transponder erlaubt darüberhinaus, PAL–Programme in einem Kopernikus linksbündig in den Transpondern anzusetzen und in einem auf derselben Orbitposition fliegenden zweiten Kopernikus noch einmal bis zu zehn PAL–Programme in dessen Transpondern rechtsbündig einzubringen, so daß dieses vereinte DFS–Raumsegment 20 Fernsehprogramme abstrahlt. Die Idee, zwanzig Fernsehprogramme über den Deutschen Fernmeldesatelliten auszustrahlen kam auf, nachdem die Fa. SES begonnen hatte, bis zu 16 Programme über ASTRA u.a. in die Bundesrepublik Deutschland abzusetzen (siehe Kap. 1.6).

Das DFS–Raumsegment ist auf 28,5°Ost angesiedelt. Alle 11 Transponder sind für eine Betriebsdauer von 10 Jahren voll eklipsefähig. Die Satellitenantennen versorgen die Bundesrepublik einschl. Berlin (s. Anhang VI). Der 20/30 GHz–Transponder erlaubt es – neben dem europäischen OLYMPUS und dem ITALSAT – Übertragungs– und Ausbreitungsversuche in diesem Höchstfrequenzbereich durchzuführen und hilft so, dessen zukünftige kommerzielle Nutzung vorzubereiten.

1.6 Das Luxemburgische Satellitensystem ASTRA

Die *Société Européenne des Satellites* (SES) mit Sitz in Luxemburg (und 10% Beteiligung deutscher Banken) hat die beiden (von 21 europäischen) Länder, die die Etablierung eines Direktsatellitensystems angegangen sind, überholt. SES hat mit der Hilfe einer fachkundigen kanadischen Beraterfirma in Luxemburg eine Satellitenkontroll- und -einspeisestation errichtet und amerikanische Satelliten gekauft, die unter dem Namen ASTRA den größten Teil Europas mit Werbefernsehen versorgen sollen. Der erste Satellit wurde am 09.12.1988 erfolgreich gestartet (ARIANE-4-Start, gemeinsam mit einem englischen Militärsatelliten). Der Satellit ist auf 19,2° Ost positioniert.

ASTRA ist ein Satellit der amerikanischen Firma GE(RCA)/ASTRO, Modell KS4000, mit 16 aktiven Transpondern (plus 6 Reservetransponder). Die beiden Sendeantennen (eine horizontal polarisiert und die andere vertikal) haben ca. 37,5 dBi Gewinn. Die Transponder haben 26 MHz Bandbreite und sind im 29,5 MHz Mittenfrequenzraster angeordnet, so daß pro Polarisation 250 MHz Gesamtbandbreite belegt werden. Der Satellitenempfangsbereich ist 14,25 bis 14,50 GHz, der Sendebereich 11,20 bis 11,45 GHz; die Sendeleistung beträgt 45 W (16,5 dBW) pro Transponder. Damit ist die effektive abgestrahlte Leistung 53,0 dBW im Strahlzentrum bzw. 50,0 dBW am Rand. Die Flußdichte in Luxemburg (ohne atmosphärische Einflüsse) wird damit $-112,7$ dBW/m^2 (zum Vergleich, TV-SAT $-98,5$ dBW/m^2). Die Anforderungen an die ASTRA-Heimempfangsanlage sind also höher sowohl in der Güte ($G-T$) als auch in der Trennschärfe (wegen der Unterbringung von 16 Kanälen in einer Gesamtbandbreite von 250 MHz wird eine hohe Trennschärfe im Empfänger benötigt).

Um die getätigten Investitionen für Satelliten, Starts, Satellitenkontrollzentrum und Einspeisestation wieder hereinzuwirtschaften, ist die Firma SES auf ausländische Programmanbieter angewiesen, die ihr Werbefernsehen per ASTRA von Luxemburg aus in Zentraleuropa verteilen wollen. Wie aus Anhang VI ersichtlich, deckt ASTRA die folgenden Länder ganz bzw. zu mehr als der Hälfte ab:

komplette Bedeckung	zu mehr als der Hälfte
Luxemburg	England
Niederlande	Frankreich
Deutschland und DDR	Österreich
Schweiz	Dänemark

Die fünf wesentlichen technischen Kenndaten eines Direktsystems, die Satellitensendeleistung, der verwendete Frequenzbereich, die Satellitenposition, die gewählte Polarisation und das Kanalraster sind im folgenden für das ASTRA-System beschrieben.

– Die Satellitensendeleistung

ASTRA strahlt 45 Watt Sendeleistung über eine Satellitenantenne mit 37,5 dBi Gewinn ab, hat also eine effektive Leistung (nach OMUX-Verlusten) von 50 dBW am Rande der Ausleuchtzone. Der deutsche TV-SAT strahlt 230 Watt über eine 44,2 dBi-Antenne ab, hat also (nach OMUX) 62,5 dBW Effektivleistung am Rande seiner Ausleuchtzone. Der Unterschied beträgt 12,5 dB.

Während TV-SAT in der Bundesrepublik mit einer 60 cm-Antenne empfangen werden kann, müßte die Heimantenne für den Empfang von ASTRA um 12,5 dB mehr Gewinn haben, also bei gleicher Rauschzahl circa 2,5 m Durchmesser aufweisen. Wenn ein Nutzer glaubt, diese 12,5 dB durch eine um 6 dB verbesserte Rauschzahl kompensieren zu können, werden ihm immer noch 6,5 dB Bildqualität abgehen; er wird eine mittelmäßige Bildübertragung ohne Reserve für Regen oder andere meteorologischen Ausbreitungsbedingungen haben.

Wenn es draußen richtig schneit, schneit es auch auf dem '−6,5 dB-Bild'.

– Der Sendefrequenzbereich

Für Direktfernsehen wurde durch die Internationale Funkverwaltungsbehörde ITU/UIT
das Frequenzband von 11,7 bis 12,5 GHz ausgewiesen. Luxemburg wurden die Kanäle 3, 7,
11, 15 und 19 (Sendefrequenzen 11765,84, 11842,56, 11919,28, 11996,00 und 12072,72
MHz) zugeteilt. In Abweichung von dieser internationalen Konvention sendet SES/ASTRA
Fernsehdirektausstrahlung in dem für die ortsfesten Fernmeldedienste (Telefonie, Datenübertragung, etc.) zugeteilten Frequenzband 10,7 bis 11,7 GHz (bei 11,20 bis 11,45 GHz):

Horizontale Polarisation:

Transponder-Nr.:	1	3	5	7	9	11	13	15
Frequenz in MHz:	11214,25	11243,75	11273,25	11302,75	11332,25	11361,75	11391,25	11420,75

Vertikale Polarisation:

Transponder-Nr.:	2	4	6	8	10	12	14	16
Frequenz in MHz:	11229,0	11258,5	11288,0	11317,5	11347,0	11376,5	11406,0	11435,5

Die in dieser Abweichung von der internationalen Funkordnung beinhaltete Gefahr für den
Nutzer von SES–Fernsehen ist zum einen Komplizenschaft bei einer illegalen Handlung in der
Bundesrepublik Deutschland, d.h. Konfliktsituation mit Grundgesetz Artikel 10, Artikel 87
etc., den Länderverfassungen und dem Fernmelderecht. Die Folgerung, daß ASTRA aufgrund
der Verstöße gegen geltendes nationales und internationales Recht eigentlich verwerflich sei,
ist nicht gänzlich richtig. Die Festlegungen der *WARC'77* sind so widersinnig, daß es eher
natürlich ist, sie zu umgehen. Not macht erfinderisch.

Zum anderen gibt es Probleme technischer Natur: Die Bündelung des 'Gesichtsfeldes'
einer Antenne ist umgekehrt proportional zum Quadrat des Durchmessers. Große Antennen
vermögen einzelne Satelliten aus der Perlenkette im geostationären Orbit auszusondern bzw.
Signale von ihnen zu empfangen. Kleinere Antennen *sehen* größere Bereiche des geostationären Gürtels, ohne die Fähigkeit, auf einzelne Satelliten fokussieren zu können.

Deshalb wurden für Direktsatelliten Orbitseparierungen von 12° eingeräumt. Der deutsche
TV–SAT sitzt auf einer solchen Zuordnung bei 19° West.

Für die Orbitposition 19,2° Ost, auf der SES den Fernmeldesatelliten ASTRA betreibt, ist
eine derartige Orbitseparation nicht gegeben. Die benachbarten Fernmeldesatelliten sind im
2°–Abstand dicht stationiert. Obwohl die ASTRA–Nachbarpositionen heute noch nicht aktiv
benutzt werden, wird die Ausstrahlung von Telefonverkehr und Datenübertragung, sobald sie
dort in der absehbaren Zukunft stattfinden wird, den Empfang von ASTRA–Signalen mit
kleinen Stationen so beeinträchtigen, daß Bildstörungen wie 'Schnee', 'Fische' und 'laufende
Bilder' der Normalfall sein werden.

Die Orbitalpositionen für Direktsatelliten wurde von der ITU so ausgewählt, daß die
Abschattung der Satelliten (die Zeitspanne gegen Mitternacht, wenn der Satellit im Erdschatten vor der Sonne versteckt und somit auch ohne elektrische Leistung ist, die er ja ausschließlich aus seinen Sonnenzellen bezieht) erst gegen 02:00 Uhr eintritt, zu einer Zeit also,
wenn die Ausstrahlung von Fernsehen und Hörrundfunk ohne wesentlichen Verlust für eine
Stunde unterbrochen werden kann. ASTRA ist auf einer Fernmeldeposition bei 19,2°
östlicher Länge geparkt, so daß für ihn diese 'Eklipse' gegen 23:00 Uhr eintritt. Es mussten
also im Satelliten ausreichend Batterien installiert werden, die alle Transponder über die
Eklipsen einer zehnjährigen Satellitenlebensdauer versorgen – durchaus ein Systemnachteil.

– Die Satellitenposition

Ein weiterer Nachteil der 19,2° Ost–Position besteht darin, daß Nutzer, die ihre Antennen
auf 19° West gerichtet haben (TV–SAT, TDF–1, OLYMPUS etc.) eine zweite Antenne be-
schaffen, installieren und betreiben müßten, um ASTRA empfangen zu können.

- Die Signal-Polarisation

Im 'Gesichtsfeld' einer kleinen Heimempfangsantenne unter 1 m Durchmesser befinden sich auch Rückstrahlflächen an gegenüberliegenden Gebäuden, im nahen Umfeld, etc., an denen das zu empfangende Signal reflektiert und nach diesem Umweg ("Mehrweg") von der kleinen, weit offenen Antenne zusätzlich zum Direktsignal empfangen wird.

Die Überlagerung dieser Mehrwegesignale mit dem Direktsignal (wenn in der Phase um ca. 180° verzögert) kann bis zur Auslöschung des Direktsignals führen. Um diesen gefürchteten *Mehrwegeeffekt* zu vermeiden, wurde für Direktsatelliten Zirkularpolarisation eingeführt, die bei der Reflexion (an gegenüberliegenden Gebäuden etc.) zu einer Umkehr der Polarisation führt (rechtszirkular in linkszirkular, und umgekehrt). Die umgekehrte Polarisation (und damit das Mehrwegsignal) wird von dem Empfänger einer TV–SAT–Heimempfangsanlage abgewiesen. Es kommt nicht zu Signaleinbrüchen ('Auslöschungen').

In den für Fernmeldedienste vorgesehenen Frequenzbändern wird jedoch Linearpolarisation verwendet, so daß für Empfänger, die in diesem Frequenzbereich Fernsehen empfangen wollen, die beschriebenen Signaleinbrüche zu permanentem Bildverlust führen können. Selbst wenn es zu einem Bild kommt, können diesem Geisterbilder überlagert sein.

- Das Kanalraster

Die Anforderung, 16 Fernsehkanäle in 250 MHz unterzubringen, führt zum einen dazu, daß kein Hochqualitäts–Fernsehen (HDTV) ausgestrahlt werden kann, und zum zweiten daß selbst der Empfang von Standardqualität erhöhte Anforderungen an die Trennschärfe des Empfängers stellt, bzw. bei Verwendung branchenüblicher Trennschärfe weitere Bildqualitätsverluste in Kauf genommen werden müssen.

1.7 Fernsehdirektsatelliten

Wie funktioniert diese Technik direktsendender Rundfunk– und Fernsehsatelliten mit ihren hohen Sendeleistungen und kleinsten Erdfunkstellen–Empfangsantennen? Nach einem Überblick über die Systeme ANIK, STATIONAR, GORIZONT, die amerikanischen C–Band- und INTELSAT–Systeme werden hierzu die Hochleistungssysteme in Deutschland, Frankreich und Skandinavien beschrieben und ihre Hauptparameter aufgezeigt.

Die Festlegung des Ausleuchtungsgebietes und der Satellitensendeleistung – und damit der im ausgeleuchteten Zielgebiet vorherrschenden Flußdichte – kann nicht erfolgen ohne Berücksichtigung nationaler Randbedingungen und internationaler Regelungen. Die Ergebnisse der *DBS–WARC* (*Direct Broadcast Satellite - World Administrative Radio Conference*) von 1977 werden präsentiert, wie auch die internationalen Regelungen für den amerikanischen Kontinent und die restliche Welt.

Danach wird die Wirtschaftlichkeit der satellitengestützten Verteilung von Rundfunk– und Fernsehprogrammen im allgemeinen dargelegt. Insbesondere wird die Frage der Wirtschaftlichkeit von Hochleistungssatelliten gegenüber Gesamtsystemen mit niedrigerer Sendeleistung betrachtet. Werden die DBS–Systeme der 'Zweiten Generation' mit denselben Sendeleistungen, mit höheren Sendeleistungen, oder mit niedrigeren Pegeln relativ zur ersten Generation ausgelegt werden?

Wie konzipieren wir zehn Jahre nach den z.T. an der *WARC*'77 vorbeigegangenen Entwicklungen unsere regionalen DBS in Europa? Welche Möglichkeiten und Potentiale bietet die Raumfahrt dem geographisch begrenzten und von internationalen postalischen Regelungen beengten Fernseh– und Rundfunksatelliten?

Die medienpolitischen und politischen Problemkreise des Direktfernsehens schienen bis kurz vor der Inbetriebnahme des TV-SAT weit größer als die technischen Probleme. Die fernmelderechtlichen Rahmenbedingungen des Direktsatellitenfunks wurden 1977 in Genf in der Weltfunkverwaltungskonferenz (*WARC*) der Internationalen Fernmeldeunion (*ITU*) für die Zeit bis 1993 festgelegt – für unseren Teil der Welt, die 'Region 1'. Diese Festlegung ist allerdings z.T. heute bereits faktisch überholt. Die an den Grenzen der Kleinstaaten Europas bis in den Himmel emporgezogenen Mauern (nachdem kurz zuvor in der Schlußakte von Helsinki *"free flow of information for all peoples"* gelobt worden war) blieben bislang Illusion. Die Postverwaltungen diskutieren grenzüberschreitende Fernsehdirektverteilung (z.B. Deutschland, Frankreich, Schweiz) Jahre im Vorgriff auf die Folge–*WARC*, die die Regelung nach 1993 festschreiben soll.

Noch mehr als von den Kosten wird die Bereitschaft der Bevölkerung in der Bundesrepublik, eine Heimempfangsanlage zu kaufen, von der technischen Qualität der Übertragung abhängen. Außerdem interessiert sich der europäische Bürger heutzutage für den "Spill–over" der Programmausstrahlung aus den benachbarten Ländern. Fremdsprachige Programme sind bei vielen Zuschauern gefragt.

Die Rundfunksatelliten haben Reichweiten bis ins Ausland, deshalb der Drang zur Europäisierung der satellitengestützten Fernsehausstrahlung.

Der TV–SAT ist eine quantitative Innovation mit der Erreichbarkeit auch entlegener Siedlungen und "Bergbauernhöfe". Inhaltlich bietet er prinzipiell nichts anderes als herkömmliche Füllsender. Aber er erlaubt die Versorgung der 'grenzüberschreitenden Gebiete'. Es wäre als Einstieg in die Europäisierung zum Beispiel denkbar, daß benachbarte Nationen – wie Deutschland und Frankreich – einen Satellitenkanal mit einem Gemeinschaftsprogramm belegen, das in beiden Sprachen gleichzeitig ausgestrahlt wird.

1.7.1 Die Technik des Direktsatelliten

Eine Satellitenübertragung wird normalerweise so ausgelegt, daß für die Übertragung von A nach B die Anforderungen an die Aufwärtsstrecke und die Abwärtsstrecke sinnvoll bilanziert sind. Bei der Ausstrahlung von Information von einer Station an viele Punkte (Rundfunk) ist es wirtschaftlich sinnvoll, die Abwärtsstrecke vom Satelliten zum Verbraucher so leistungsstark auszulegen, daß beim Endverbraucher der Einsatz kleinster Antennenempfangs– und Umsetzungsanlagen (DM 500,– bis max. 2 000,–) ermöglicht wird /5/. Die dazu nötigen Satellitensendeleistungen (*EIRP*) werden erzeugt durch

* Einsatz hochbündelnder Antennen;
* Verwendung entsprechend hoher Sendeleistungen.

Einer der ersten Direktsatelliten (*Direct Broadcast Satellite, DBS*) wurde von den USA im Jahre 1973 gestartet: ATS. Mit ihm wurde die Versorgung der "Blauen Berge" (Appalachen Mountains, USA), aber auch Indiens mit Fernsehprogrammen demonstriert. Die Antenne dieses Satelliten maß 10 m im Durchmesser. Die abgestrahlte effektive Leistung war viermal höher als beispielsweise die, die der ASTRA 15 Jahre später abstrahlt.

Unmittelbar danach begann Kanada mit der satellitengestützten Ausstrahlung von Fernsehen, erst mit ANIK, dann mit HERMES. Die Sowjetunion folgte dem Beispiel mit MOLNYIA und später mit STATIONAR/GORIZONT.

In Deutschland propagierten weitsichtige 'Insider' (Dietrich Koelle, Wilhelm Bodemann, etc.) die Nützlichkeit satellitengestützter Fernsehausstrahlung und gaben damit die ersten Anstöße für das Programm 'TV–SAT'.

Bild 1.4 zeigt die Tendenz zu immer größeren Antennen an Bord der Satelliten auf. Der ATS hebt sich in dieser Darstellung nicht nur durch seine hohe Antennengewinnzahl ab, sondern darüber hinaus durch seinen Weltrekord in Langlebigkeit. Er diente der NASA von 1967 bis April 1985 – und dies bei einer Design–Lifetime von 3 Jahren!

Tabelle 1.4 listet, soweit bekannt, die Fernsehprogramme dieser Satelliten auf. Die Direktsatelliten von ANIK bis TV–SAT sind in Tabelle 1.5 aufgelistet, einschließlich der verwendeten Frequenzbänder, Sendeleistungen (von 1 bis einschl. 250 W) etc. (siehe auch Tabellen 5.6 und 5.8).

Die Aufgabe der Tabellen 1.4 und 1.5 ist es, diese Entwicklung darzustellen und gleichzeitig das Spektrum des Programmangebots auf den verschiedenen Satelliten aufzuzeigen.

Tabelle 1.4 Verschiedene Satelliten, ihre Programme und technischen Parameter (Stand Mai 1989)

Satellit, Flugmodell-Nr., Orbitposition, Transponder	Frequenz in GHz	Polarisation	System	Antenne
I. INTELSAT-Atlantic: VA F11, 27,5° West				
1: Cable Network News (Ted Turner; engl.)	11,155	vertikal	PAL	Ost Spot
2: Screen Sport (englisch)	11,135	horizontal	PAL	West Spot
3: Life Style (englisch)	11,135	horizontal	PAL	West Spot
4: Children's Channel (englisch)	11,015	horizontal	PAL	West Spot
5: Premiere (englisch)	11,015	horizontal	PAL	West Spot
6: BBC1 bzw. 2 (englisch)	11,175	horizontal	PAL	West Spot
II. INTELSAT-Indischer Ozean: V F15, 60° Ost, Polarisation 1:				
1: TELE 5 (deutsch)	11,135	horizontal	PAL	West Spot
2: Bayern 3	11,173	horizontal	PAL	West Spot
3: Eins plus (ARD)	11,550	horizontal	PAL	West Spot
4: WDR 3. Programm	11,010	horizontal	PAL	West Spot
5: 3-SAT	10,974	horizontal	PAL	West Spot
6: Video Eight	11,490	horizontal	PAL	West Spot
7: PRO 7	11,600	horizontal	PAL	West Spot
Polarisation 2: Dig. Hörfunk Testsendung; B-MAC für AFN-TV				
III. EUTELSAT: ECS F4, 13° Ost				
1: RV – Milano	10,965	horitontal	PAL	West Spot
2: Teleclub (Schweiz)	10,986	vertikal	PAL	West Spot
3: RTL plus (Lux.)	11,007	vertikal	PAL	West Spot
4: 3 – SAT	11,091	horizontal	PAL	Ost Spot
5: Film Net (Belgien)	11,140	vertikal	PAL	West Spot
6: PTT/NL	11,175	horizontal	SECAM	West Spot
7a: TV 5 (französisch)	11,472	horizontal	SECAM	West Spot
7b: Worldnet (USA)	11,472	horizontal	PAL	West Spot
8: SAT 1	11,507	vertikal	PAL	West Spot
9: Sky Channel	11,650	horizontal	PAL	West Spot
10: SUPER CHANNEL (englisch)	11,674	vertikal	PAL	West Spot
IV. EUTELSAT: ECS F5, 10° Ost, C-MAC-Testsendungen				
1: NRK (Norwegen)	11,181	horizontal	C-MAC	West Spot
V. EUTELSAT: ECS F2, 7° Ost 1: Eurosport	11,490	vertikal	PAL	West Spot
VI. GORIZONT 7: 14° West ; 1: Intersputnik TV	3,825	RHCP	SECAM	Nord Hemi
VII. GORIZONT 9: 53° Ost				
1: 1. Programm Moskau	3,675	RHCP	SECAM	
2: 2. Programm Moskau	3,875	RHCP	SECAM	
VIII. TELECOM F2: 5° West	12,606	vertikal	SECAM	Spot Beam
IX. TDF-1: 19° West, 1988				
1: Canal Plus (französisch)	11,72748	RHCP	D2-MAC/PAY TV	F
2: Canal Plus (deutsch)	11,80420	RHCP	D2-MAC/PAY TV	F
3: Sports	11,88092	RHCP	D2-MAC/PAY TV	F
4: Canal Enfants (Kindersendung, franz.)	11,95764	RHCP	D2-MAC/PAY TV	F
5: La Septe (Kultursendung, franz.)	12,03436	RHCP	SECAM/PAY TV	F
X. ASTRA: 19,2° Ost, 1988				
1: Screensport (englisch und deutsch)	11,21425	horizontal	PAL	GB, D
2: noch ungenutzt	11,22900	vertikal		
3: ScanSat TV3/4 (skandinavisch)	11,24375	horizontal	D2-MAC	S
4: The Disney Channel (englisch)	11,25850	vertikal	PAL	GB
5: Lifestyle/Kindernet (holländisch)	11,27325	horizontal	PAL	GB
6: Landscape Channel	11,28800	vertikal		
7: Scansat 2	11,30275	horizontal	D2-MAC	S
8: Sky Channel	11,31750	vertikal	PAL	GB
9: Sky-Eurosport (englisch)	11,33225	horizontal	PAL	GB
10: noch ungenutzt	11,34700	vertikal		
11: Filmnet	11,36175	horizontal	PAL	B
12: Sky News (englisch)	11,37650	vertikal	PAL	GB
13: Sky Arts Channel (englisch)	11,39125	horizontal	PAL	GB
14: noch ungenutzt	11,40600	vertikal		
15: MTV Europe (Musik)	11,42075	horizontal	PAL	GB
16: Sky Movies	11,43550	vertikal	PAL	GB
XI. TELE-X: 5° Ost, 1989				
XII. UNISAT: 31° West, 1989				
1: BBC				
2: IBA				
XIII. OLYMPUS: 19° West, 1989 1: RAI				
XIV. TV-SAT: 19° W Juni 1989				
1: ARD 1 PLUS	11,747	LHCP	D2-MAC	D
2: 3 SAT	11,823	LHCP	D2-MAC	D
3: SAT 1	11,900	LHCP	D2-MAC	D
4: RTL PLUS	11,977	LHCP	D2-MAC	D
5: Westschiene	12,054	LHCP	D2-MAC	D

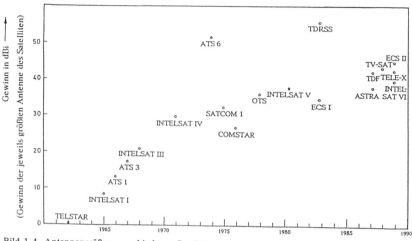

Bild 1.4 Antennengrößen verschiedener Satelliten

Tabelle 1.5 Fernsehsatelliten, Frequenzen und Leistungen

	Satellit	Frequenz-Band	Anzahl der Transponder	TWTA-Leistung (W)	EIRP 'am Rand' (dBW)	Dienst-beginn
I, II	INTELSAT V	Ku	4 x 72 MHz 2 x 241 MHz	10 10	29,0 44,1	1980
III, IV, V	ECS	Ku	12 x 72 MHz	20	40,8	1983
VI, VII	GORIZONT	C	6 x 34 MHz	40	42	1983
IX	TDF1	K	5 x 27 MHz	230	61,?	1988
X	ASTRA	K	16 x 26 MHz	45	55	1988
XI	TELE-X	K	3 x 27 MHz		56,5	1989
XII	UNISAT	K	?	?	?	1989
XIII	OLYMPUS	Ku Ku Ka Ka	2 x 27 MHz 4 x 18 MHz 2 x 40 MHz 1 x 700 MHz	230 30 30 30	62,0 44,3 52,0 52,0	1989
XIV	TV-SAT	K	5 x 27 MHz	230	62,5	1989
	ANIK-A -B -C -D	C C K C	12 x 36 MHz 12 x 36 MHz 16 x 54 MHz 24 x 36 MHz	5 10 15 11,5	33 35,7 46,5 36	1972 1979 1982 1985
	ATS-6 (USA)	UHF	3 x 40 MHz	105	57	1972
	BS (Japan)	K	2 x 25 MHz	100	55,3	1985
	GALAXY I-IV GALAXY K1+K2 GALAXY DBS 1+2	C K K	24 x 36 MHz 16 x 52 MHz 16 x 52 MHz	9 50 100	34 50 53	1983 1987 1989
	HERMES (CAN)	K	1 x 85 MHz 1 x 85 MHz	20 240	54,4 56,4	
	STATIONAR	C	6 x 34 MHz		50	1982

1.7.2 TV-SAT

Nachdem die deutsche Raumfahrtindustrie zielstrebig auf Direktsatelliten hingearbeitet hatte und seit den 70er Jahren technisch und technologisch in der Lage war, den Bau des TV-SAT in Angriff zu nehmen, erfolgte schließlich 1980 die Freigabe für den Bau durch die Bundesregierung mit der Auflage, ca. 50% des Satelliten im Rahmen einer deutschfranzösischen Zusammenarbeit in Frankreich fertigen zu lassen /6/.

Das Wesentliche der damit eröffneten Ära sollte darin bestehen, daß geostationäre Satelliten Fernsehprogramme und digitale High–Fidelity Stereo–Ton–Programme direkt in die private Heimempfangsanlage übermitteln, unabhängig vom Wohnort. Bundesbürger im Bayerischen Wald oder in der Lüneburger Heide, die heute nicht hinreichend mit Fernsehen versorgt werden, erhalten dieselbe Bildqualität wie die Einwohner Münchens oder Hamburgs.

Tabelle 1.6 Übertragungseigenschaften des TV–SAT

Up-Link:	Frequenz	$17{,}7 \ldots 18{,}1$ GHz
	Leistungsflußdichte	-94 dBW/m^2
	Empfängergüte	> 8.5 dBi/K
Down-Link:	Frequenz	$11{,}7 \ldots 12{,}1$ GHz
	Sendeleistung	230 W
	EIRP	$65{,}5$ dBW im Zentrum ($62{,}5$ dBW 'am Rande')
	Leistungsflußdichte	-100 dBW/m^2 im Zentrum
	Polarisation	Linkszirkular (LHCP)
Lebensdauer		10 Jahre
Start und Startdatum		ARIANE 4; 1989

Die erste Flugeinheit des TV–SAT konnte leider aufgrund der Nichtentfaltung eines französischen Sonnenpaddels nicht in Betrieb genommen werden (dieses französische Sonnenpaddel wurde nicht aufgrund mangelnder Verfügbarkeit deutscher Hochqualitätssolargeneratoren für den deutschen TV–SAT ausgewählt, sondern vielmehr aus politischen Zwängen).

Der TV–SAT–2 wird fünf Fernsehprogramme über eine Lebensdauer von ca. 10 Jahren ausstrahlen. Mit Inbetriebnahme der zweiten Flugeinheit werden fünf Übertragungen möglich sein. In Tabelle 1.6 sind die wichtigsten Übertragungseigenschaften festgehalten /7/.

Der deutsche TV–SAT wird auf $19°$ West im geostationären Orbit in 36.000 km Flughöhe "geparkt" werden (siehe Bild 1.5). Der Azimut–Bereich für deutsche Empfangsanlagen wird damit von $29°$ bis $42°$ reichen, der Bereich der Elevationswinkel von $29°$ bis $23°$.

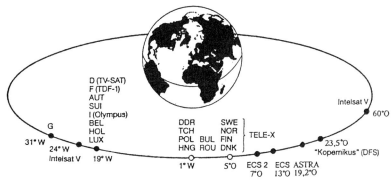

Bild 1.5 Fernsehsatelliten über Europa

Die in Tabelle 1.6 aufgeführten *EIRP*–Werte werden mit einer 230 Watt Hochleistungs–Wanderfeldröhre realisiert, die speziell für den TV–SAT von der deutschen Industrie entwickelt wurde. Die wesentlichen technischen Merkmale des TV–SAT sind:

- modulare Bauweise mit hoher Flexibilität und einfacher Integration und Adaptionsmöglichkeit für andere Missionen und Aufgaben (siehe Bild 1.6);
- Verwendung nationaler Vorentwicklungen wie z.B. des integrierten Antriebssystems, der Antennen, der Hochleistungsverstärker und der dazugehörigen Stromversorgungen.

Die modulare Bauweise des Satelliten ist in Bild 1.6 dargestellt; sie enthält die Module:

- Antriebsmodul;
- Servicemodul;
- Solargeneratormodul;
- Kommunikationsmodul;
- Antennenmodul.

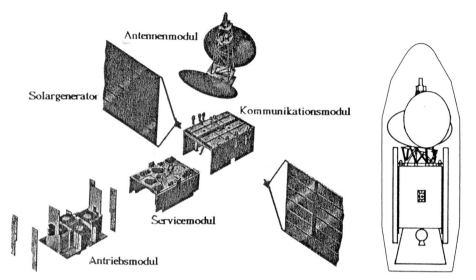

Bild 1.6 Das Modularkonzept des TV-SAT

Bild 1.7 TV-SAT in Start-Konfiguration

Der TV-SAT ist ein drei-Achsen-stabilisierter Hochleistungssatellit mit einer Startmasse von 2062 kg. Unbetankt wiegt der Satellit 980 kg. Die verfügbare elektrische Leistung am Ende seiner Mission beträgt 3090 Watt. Der zentrale Satellitenkörper ist 2,32 m hoch, 2,40 m breit und 1,64 m tief. Die Gesamthöhe einschließlich Antennen beträgt 6,35 m, die 'Flügel-spannweite' 19,0 m (siehe Bilder 1.7, 1.8).

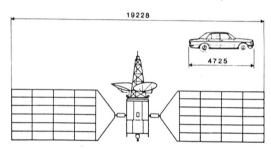

Bild 1.8 Der TV-SAT im Größenvergleich

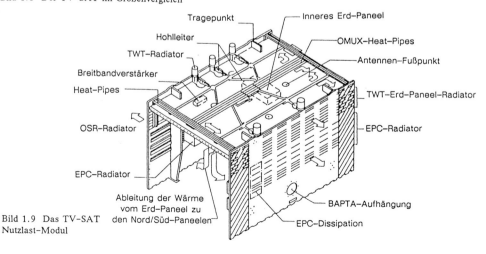

Bild 1.9 Das TV-SAT Nutzlast-Modul

1.7.2.1 TV-SAT-Nutzlast

Die Transponder sind ist komplett auf dem Nutzlastmodul montiert (s. Bild 1.9). Die Sende- und Empfangsantennen des TV-SAT sind von der gleichen mechanischen Konstruktionsweise. Die Hauptreflektoren bestehen aus Aluminium-Honigwaben und kohlefaserverstärktem Kunststoff. Sie werden ausgeleuchtet von einem relativ langen Rillenhorn elliptischen Querschnitts. Die Brennweite beträgt 1,5 m und die Apertur mißt 2,7 m · 1,4 m. Der elliptische Hauptreflektor wird mit einem 'Antenna Pointing Mechanism' (APM) elektromechanisch nachgeführt, um so die minimalen Lageschwankungen des Satelliten zu kompensieren. Die Ausleuchtzone ist in Bild 1.10 gezeigt (siehe auch Anhang VI).

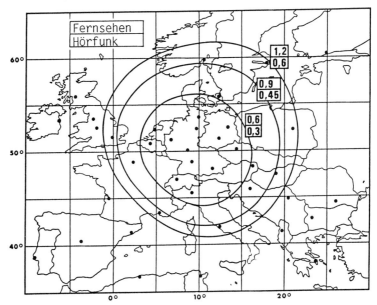

Bild 1.10 Die Ausleuchtung (Footprint) des deutschen TV-SAT

1.7.2.2 TV-SAT-Plattform

Die Auslegung der TV-SAT-Plattform erlaubt verschiedene Erweiterungsmöglichkeiten. In der Transferbahn (siehe Anhang I) leistet der Solargenerator (mit nur einem Paneel pro Flügel entfaltet) bereits 900 Watt. Der Satellit fliegt in dieser Phase drei-Achsen-stabilisiert (siehe Bild 1.11).

In Bild 1.12 ist das Koordinatensystem der Satellitenplattform aufgezeigt. Zum Vergleich sind die Koordinatensysteme eines Schiffes und eines Flugzeuges dargestellt (siehe auch Bild 7.27). Die Abweichungen zwischen terrestrischem Schiff und "Raumschiff" erklären sich aus der Historie: die Raumfahrer kamen aus der Luftfahrt.

  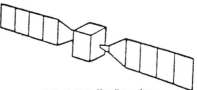

a) Start-Konfiguration   b) Transfer-Konfiguration   c) Entfaltete Konfiguration

Bild 1.11 Entfaltungsablauf des Solargenerators

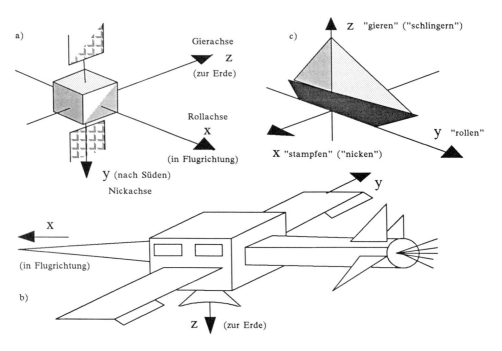

Bild 1.12 Kordinatensysteme, a) und b) einer Satellitenplattform und c) eines Schiffes

1.8 Kommunikationssatelliten in den mobilen Diensten

Zuverlässige und jederzeitige Erreichbarkeit von Schiffen auf den Weltmeeren und Flugzeugen in der internationalen Luftfahrt war seit langem ein ernstes Anliegen, sowohl für den
Kommunikationsbedarf der Passagiere, als auch zur Übermittlung von betrieblichen Informationen und insbesondere für Zwecke des Notfunks. Im Gegensatz zu den oben behandelten
ortsfesten Diensten, in denen im Prinzip terrestrischer Richtfunk und Unterseekabel Verbindungen herstellen könnten, bietet der Satellit die einzige Möglichkeit, die Verbindung zu
Schiffen, Flugzeugen – und Landfahrzeugen in Gebieten unterentwickelter Infrastruktur –
herzustellen. Auch hier hat die COMSAT, wie schon in den ortsfesten Diensten, die Initiative
ergriffen und 1976 ein weltweites Satellitensystem aufgebaut, in dem mit modernster Vermitt-
lungstechnik ein Nutzer von seinem Telefonapparat aus ein Schiff auf hoher See anwählen
kann, für eine Verbindung, deren Übertragungsqualität die vieler nationaler Telefonnetze
überbietet. Dieses System ging 1981 in die hierfür gegründete internationale Betreibergesellschaft INMARSAT über, die inzwischen erfolgreich die maritimen und aeronautischen Dienste
anbietet, und sich neuerdings auch des Landverkehrs annimmt.

1.9 Die Wirtschaftlichkeit der Satelliten

Die prinzipielle Wirtschaftlichkeit der satellitengestützten Fernsehausstrahlung steht außer
Frage. Die Beschaffung eines fünf Fernsehprogramme verteilenden Satelliten mit 10 Jahren
Lebensdauer kostet nur so viel wie der Betrieb des terrestrischen Fernsehfüllsendernetzes mit
seinen zigtausend Füllsendern in der Bundesrepublik *in einem Jahr*, ohne daß dabei ein gleich
hoher Versorgungsgrad wie bei der Satellitenausstrahlung auch nur annähernd erreicht wäre.
Nur wenn mindestens 800 Einwohner erreicht werden können, wird ein terrestrischer
Füllsender gebaut. Der TV–SAT erreicht hingegen nahezu 100% der Bevölkerung. Die
sinkenden Kosten von Satellitentranspondern sind in Bild 1.13 gezeigt.

Die Wirtschaftlichkeit der Satelliten wiederum steigt mit der Größe der Satellitenplattform. Dies ist am Beispiel der SPACEBUS–Familie in Bild 1.14 dargestellt.

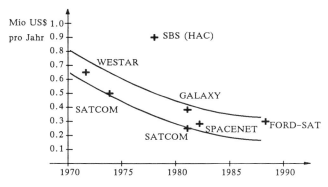

Bild 1.13 Mietkosten von Satellitentransponder

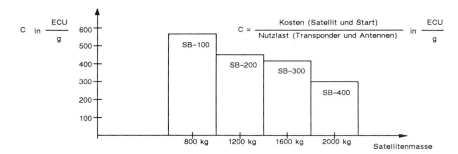

Bild 1.14 Spezifische Kosten von Satelliten am Beispiel der SPACEBUS–Familie

In Bild 1.15 sind die Bedeckungszonen (*Footprints*) von TV–SAT/TDF, EUTELSAT II und ASTRA aufgezeigt. Die Bedeckungskonturen für TV–SAT/TDF repräsentieren eine effektive vom Satelliten abgestrahlte Leistung von 57 dBW, die von EUTELSAT II und ASTRA eine von 50 dBW. Weiterhin unterscheiden sich die Bedeckungskonturen von TV–SAT/TDF, EUTELSAT II und ASTRA dadurch, daß TV–SAT/TDF in dem exklusiv für Satellitenfernsehen zugewiesenen Frequenzband ausstrahlen und so von Störungen durch die Fernmeldedienste frei sind, während EUTELSAT II/ASTRA in dem für Fernmeldedienste zugewiesenen Frequenzbereich senden und so Fernsehempfangsstörungen ausgeliefert sind.

Während die Satellitenorbitpositionen der Fernsehsatelliten um 12° separiert sind, werden die Satelliten in den Fernmeldediensten auf bis zu 2° dicht geparkt /8/. Dies bedeutet für die Heimempfangsanlage, daß die Antennen bis zu 60 cm klein sein dürfen. Für den Empfang von Fernsehprogrammen muß aber bei gleicher Wellenlänge (etwa gleiche Sendefrequenz) der Antennendurchmesser D, der ausreicht um z.B. bei 6° Satellitenseparierung 3 dB Störunterdrückung zu erreichen, bei 2° Satellitenseparierung 2,7 m sein, was zu erhöhten Kosten in der Heimempfangsanlage führt (s. Bild 1.16).

Für den Antennendurchmesser D gilt:

$$D = \frac{21}{\Theta_0} \frac{1}{f} \quad \text{in m} \tag{1.5}$$

mit Θ_0 dem Halbwertsöffnungswinkel der Antenne und f der Frequenz in GHz (siehe Gl. 5.8).

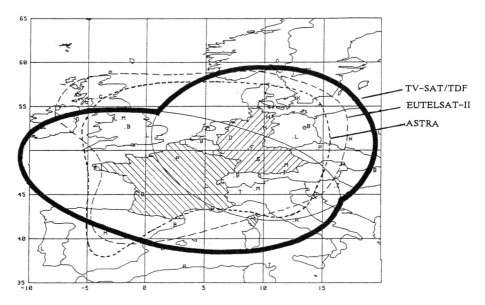

Bild 1.15 Ausleuchtzonen von TV–SAT/TDF (fett), EUTELSAT II (langgestrichelt) und ASTRA (gestrichelt)

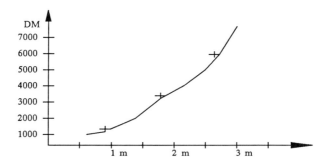

Bild 1.16 Kosten von Heimempfangsanlagen als Funktion des Antennendurchmessers

Wenn man von 2° Abstand von Satelliten spricht, dann bezieht sich diese Angabe auf den vom Erdmittelpunkt gemessenen Winkel. Für Antennen, die auf der Erdoberfläche stehen und daher näher am Satelliten sind, ist deshalb der Winkel immer größer als 2°. Am größten ist der Winkel, wenn die Satelliten direkt über dem Empfangsort stehen. Bei Satelliten in der Nähe des Horizonts wird der Winkel kleiner, ist aber immer noch größer als die zum Erdmittelpunkt gemessenen 2° (siehe Tabelle 5.2).

Daraus folgt, daß aus dem Antennendiagramm z.B. für 1° Satellitenabstand nicht direkt die Störung durch Nachbarsatelliten bestimmt werden kann. Tabelle 1.7 gibt den tatsächlichen Winkel von Satelliten direkt im Süden mit 1° Winkelabstand abhängig von der geographischen Lage der Bodenstation an.

TV–SAT und TDF decken mindestens (in Wahrheit etwas mehr als) das von ASTRA oder auch das von EUTELSAT II bedeckte Gebiet ab. ASTRA und EUTELSAT II senden aber beide nur jeweils 50 dBW an dieser Linie, TV–SAT und TDF hingegen 57 dBW. Das bedeutet, daß Fernsehdirektsatelliten wie TV–SAT und TDF mit einer Antenne von 90 cm empfangen werden können, während der Empfang desselben Programms von einem Fernmeldesatelliten wie z.B. EUTELSAT II oder ASTRA den Einsatz einer um 7 dB leistungsfähigeren Antenne, d.h. einen Durchmesser von 2,0 m erfordert.

Tabelle 1.7 Effektiver Abstand der Satelliten abhängig von der geograph. Breite bei 1° Satellitenwinkelabstand

Breitengrad des Betrachters in Grad	Maximaler Satellitenwinkelabstand in Grad
81,00	1,000
64,83	1,053
47,60	1,101
40,67	1,120
39,73	1,121
33,75	1,138
25,75	1,154
0,00	1,178

Ein Hochleistungssatellit inklusive Einspeisestation und Betrieb kostet ca. 160 Mio. DM pro Jahr; auf die 28 Mio Haushalte in der Bundesrepublik umgelegt also DM 0,48 pro Monat. Die Heimempfangsanlage hierfür kostet ca. 1000,– DM (90 cm) als einmalige Anschaffung.

Ein Satellit niedrigerer Leistung inklusive Einspeisestation und Betrieb kostet circa 96 Mio. DM/Jahr; auf die 28 Mio. Haushalte in der Bundesrepublik umgelegt also DM 0,30 pro Monat. Die Heimempfangsanlage in diesem Falle kostet ca. 5000,– DM (2,0 m) einmalige Anschaffung (siehe Bild 1.16).

Die Amortisation der um DM 4000,– teureren Empfangsanlage mit den um 0,18 DM niedrigeren Satellitenkosten (pro Monat) würde 1850 Jahre in Anspruch nehmen für jeden Haushalt, ohne Berücksichtigung der Zinsen.

Damit wird die grundlegende Erkenntnis, daß die höhere, aber einmalige Investition im Satelliten effektiver ist, als umgekehrt die höheren Kosten von Millionen von Antennen am Boden, aufs neue belegt.

Diese wirtschaftliche Grunderkenntnis wurde in den letzten Jahren auch im internationalen Fernmeldesystem INTELSAT umgesetzt. Die Erdfunkstellen wurden neu standardisiert, und zwar auf ca. 50% des ursprünglichen Durchmessers. Die Satelliten werden mit höherer Sendeleistung ausgestattet.

Es ist wirtschaftlich sinnvoll, die Satellitensendeleistung zu erhöhen, weil dadurch die Kosten der Empfangsanlagen – und damit des Gesamtsystems – niedriger werden.

Wir brauchen Hochleistungssatelliten für eine europaweite Bedeckung und den Empfang mit kleinsten, zum Teil mobilen Individualempfängern. Dieser Dienst kann nicht von der Verkabelung geleistet werden: er ist originär satellitengestützt. Er endet nicht an den Staatsgrenzen. Er stellt *High Technology* dar. Auch die Heimempfangsanlagen entwickeln sich in diese Richtung. Die Empfangsverstärker werden rauschärmer und kostengünstiger. Die Folgerung, daß die Satellitensendeleistung in zukünftigen TV–SAT–Nachfolgesatelliten reduziert werden sollte, ist jedoch im Prinzip falsch, denn:

● die Vergrößerung des Bedeckungsgebietes bedingt eine Erhöhung der Sendeleistung zur Erhaltung der Empfangsleistung (die Direktsatelliten der zweiten Generation müssen europäische Satelliten sein; z.B. mindestens Deutschland/Österreich/Schweiz etc.);

● der Wunsch nach kleinsten Empfangsstationen verlangt eine Erhöhung der Satellitensendeleistung (der Bürger möchte lieber eine 60 cm–Antenne, die er selber aufstellen und wartungsfrei betreiben kann, als einen 2 m–Parabolspiegel, den aufzustellen, einzurichten und zu warten ein Expertenteam beansprucht);

● man erwartet heutzutage einen zuverlässigen Fernsehempfang auch wenn es regnet, schneit oder hagelt;

● der Nutzer möchte die 30 cm–Empfangsantenne für den mobilen/transportablen Einsatz auf dem Zeltplatz, auch im europäischen 'Ausland';

• das zukünftige High–Definition–TV (HDTV) ist nur mit höheren Leistungspegeln möglich;

• der Empfang hochqualitativer digitaler Hörfunkprogramme mit 30 cm–Antennen (möglichst mit einem Kofferradio) ist nur mit Hochleistungssatelliten möglich;

• wenn man die Leistung einmal senkt und benachbarte Systeme sich dann darauf einstellen, ist man im internationalen Szenarium gezwungen, sie auch in Zukunft auf dem niedrigeren Niveau zu halten;

• bei Verringerung der Leistung, ist man als auf den Export angewiesene Nation nicht glaubwürdig, wenn es um den Absatz von TV–SAT in Länder geht, die die höchste Satellitensendeleistung aufgrund ihrer großflächigen Geographie unabdingbar benötigen.

Die Direktsatelliten der zweiten Generation sind nicht von der *WARC'*77 geregelt, sondern von den Festlegungen nach der 1993–*WARC*. *'Shaped beam antennas'*, evtl. im Orbit rekonfigurierbar, werden die gewünschten Ausleuchtungszonen erzeugen. Höchstleistungsverstärker (mit bis zu 450 W) werden dann die Leistungsflußdichten am Boden garantieren, an die der Verbraucher sich während der ersten Generation TV–SAT/TDF gewöhnt haben wird.

1.10 Schrifttum

/1/   Clarke, A.C.: The Space Station; Its Radio Application. IRE, 1945

/2/   Renner, U.; Nauck, J.; Balteas, N.: Satellitentechnik – Eine Einführung. Heidelberg: Springer, 1988

/3/   Boggel, G.C.: Satellitenrundfunk. Heidelberg: Hüthig, 1985

/4/   Dodel, H.; Baumgart, M.: Satellitensysteme für Kommunikation, Fernsehen und Rundfunk. Heidelberg: Hüthig, 1986

/5/   Liesenkötter, B.: 12 GHz–Satellitenempfang; TV–Direktempfang für Praktiker. Heidelberg: Hüthig, 1986

/6/   Arnim, R.: The Franco–German DBS Program 'TV–SAT/TDF–1'. 10-th AIAA Communications Systems Conference, 1984

/7/   Göschel, W.: Direktfernsehen über Satellit. Umschau, Heft 14, 1981

/8/   Landauer, G.: Nachrichtensatelliten; Gedränge am Himmel. Bild der Wissenschaft, Heft 3, 1983

2 Nachrichtentechnische Grundlagen

Im folgenden sollen die nachrichtentechnischen Grundlagen kurz behandelt werden, auf denen die Übertragung von Signalen über Satelliten aufbaut. Wir unterscheiden dabei analoge Übertragung und digitale Übertragung.

Bei den analogen Verfahren werden die tatsächlichen Spannungswerte, die Helligkeit oder Farbe eines Bildpunktes, Tonhöhe und Lautstärke eines Lautes wiedergeben, in Form eines ununterbrochenen Kurvensignals auf der Zeitachse übertragen. Diese analogen Bild- oder Tonsignale können direkt auf eine Kathodenstrahlröhre oder einen Lautsprecher gegeben werden.

Für die digitale Übertragung werden die Bild- und Tonsignale zu festgesetzten Zeitpunkten abgetastet, das heißt ihr Absolutwert wird zum Zeitpunkt der Abtastung ermittelt, und anstelle des eigentlichen Signales werden diese Abtastwerte in Form von digitalen Zahlen zum Empfänger übertragen. Dort angelangt, müssen diese Zahlenwerte zuerst digital/analog gewandelt werden (D/A-Wandler), bevor sie von analogen Bildröhren und Lautsprechern wiedergegeben werden können (siehe auch Kap. 4.3).

In beiden Fällen, sowohl für die analoge als auch für die digitale Übertragung, muß das Signal einem Träger aufmoduliert werden, der es bei einer höheren Frequenz als die des Basisbandes als elektromagnetische Welle überträgt. Warum ist es notwendig, auf die elektromagnetische Ausbreitung zurückzugreifen, und warum bei höheren Frequenzen?

Ohne Frequenzumsetzung hätten wir es bei einem Hörfunkprogrammes z.B. mit 1 kHz als Frequenz zu tun. Diese elektromagnetisch abzustrahlen würde einer Antenne von 75 km Länge bedürfen ($\lambda/4$ als Antennenlänge angenommen). Um diese unhandlichen Antennenabmessungen in handhabbare Größenordnungen zu bekommen, setzen wir die Sendefrequenz herauf. Bei 100 MHz (UKW-Bereich) wird die minimal notwendige Antennenabmessung D z.B.

$$D = \frac{\lambda}{4} = \frac{c}{4f} = \frac{3 \cdot 10^8 \text{ m/s}}{4 \cdot 100 \cdot 10^6 \text{ Hz}} = 0,75 \text{ m}. \tag{2.1}$$

Unter dem Begriff Modulation verstehen wir im folgenden die Vorgänge 'auf einen Träger aufmodulieren' und 'den Träger in eine höhere Frequenzlage transponieren'. Die einzelnen Modulationsverfahren besitzen dabei systembedingte Vor- und Nachteile. Zusammenfassend kann man

- Störresistenz;
- Bandbreiteneffizienz;
- Wirtschaftlichkeit;

als die drei Hauptanforderungen an ein Modulationsverfahren nennen. In erster Linie ist es notwendig, daß die gewählte Modulationsart die Nutzinformation ungestört überträgt. Störungen können verursacht sein durch thermisches Rauschen und unbeabsichtigte Interferenz mit anderen Nutzern. Nachdem die ungestörte, d.h. nicht über ein zulässiges Mindestmaß beeinflußte Übertragung gesichert ist, treten an zweite und dritte Stelle die Kriterien der Bandbreiteneffizienz in bit/s pro Hz (bit/s/Hz) des verwendeten Modulationsverfahrens und die Wirtschaftlichkeit des eingesetzten Geräts.

Damit ergeben sich nahezu entgegengesetzte Systemlösungen für ortsfeste Anwendungen und Mobilfunk. Die ortsfesten Dienste (Fixed Satellite Services) sind heute gekennzeichnet durch Verfügbarkeit hoher Effektivleistungen (elektrische Leistung und Antennengewinn), hochgenaue Frequenznormale und extrem hohe Ausricht- und Positionsgenauigkeiten. Damit wurde es Anfang der 80er Jahre möglich, Einseitenband-Amplitudenmodulation auf Satellitenstrecken einzusetzen, um damit die höchstmögliche Bandbreiteneffizienz zu erzielen: In einem 40 MHz-Transponder mit 36 MHz Nutzbandbreite können unter Verwendung von Amplituden- und Frequenzkompandierung 18000 Telefonkanäle übertragen werden. Setzt man für den Telefonkanal eine Übertragungsbitrate von 16 kbit/s an, entspräche diese Übertragung einer Datenrate von 288 Mbit/s. In 36 MHz gepackt, ergibt dies eine Frequenzbandnutzung von 8 bit/s/Hz.

Im Gegensatz zu solch hochwertigen Verbindungen müssen die mobilen Anwendungen aufgrund der kleinen Empfangsantennen am Fahrzeug (bis hin zur dipolartigen Stabantenne) auch heute noch mit zum Teil extrem leistungsschwachen Verbindungen auskommen. Außerdem verursachen Doppler– und Mehrwegeeffekte Frequenzungenauigkeiten bzw. Signaleinbrüche. In diesem Umfeld steht meist die Störsicherheit und Zuverlässigkeit der Übertragung im Vordergrund, und die Wirtschaftlichkeit und Bandbreiteneffizienz sind, in dieser Reihenfolge, nachrangig (im maritimen Satellitenfunk sind z. B. 0,3 bit/s/Hz durchaus akzeptabel).

2.1 Analoge Modulationsverfahren

In diese Kategorie fallen alle Verfahren, bei denen Amplitude, Phase oder Frequenz des Hochfrequenzträgers analog (linear oder exponentiell) mit dem Basisbandsignal moduliert werden, wie z.B.

- Amplitudenmodulation (AM);
  - – beide Seitenbänder plus Träger;
  - – ein Seitenband plus Träger;
  - – ein Seitenband mit unterdrücktem Träger;
- Frequenzmodulation (FM);
- Phasenmodulation (PM).

Der gravierende Unterschied zwischen AM und FM besteht im jeweiligen Verhältnis zwischen Signal/Rauschabstand und Hochfrequenzbandbreite. Bei AM verhält sich der Signal/Rauschabstand, die Güte des Signales, invers proportional zur Hochfrequenzbandbreite; je mehr "Ellenbogenfreiheit" das Signal bekommt, desto höher die Rauschleistung N, also desto niedriger das $S–R$. Im Gegensatz dazu ist der Signal/Rauschabstand bei FM proportional zur Hochfrequenzbandbreite: Je mehr "Ellenbogenfreiheit" das Signal bekommt, desto höher ist sein $S–R$ und damit die Qualität der Übertragung /1/.

Weitere Unterschiede zwischen Amplituden– und Frequenzmodulation liegen in der erreichbaren Qualität, d.h. $S–R$, und in den notwendigen Schwellenwerten. Während bei AM der Signal/Rauschabstand im Basisband prinzipiell linear proportional zum Hochfrequenz–Träger/Rauschabstand ist, zeigt FM diese Proportionalität nur oberhalb eines Schwellenwertes, der bei circa 10 dB $C–N$ liegt (6 dB, wenn schwellenwertverbessernde Demodulatoren eingesetzt werden). In dem jeweils linearen Bereich ist das $S–R$ bei FM um 6 dB höher als bei AM. Dies ist auch der Grund, warum bei TV–Übertragungen vom Satelliten ausnahmslos FM verwendet wird. Wenn die Sendeleistung gesichert ist, bringt FM die höhere Qualität; bei niedrigen Leistungspegeln ist AM robuster (siehe Bild 2.1).

In jedem Fall fordert AM die kleinere Bandbreite (zweimal die Basisbandbreite). Durch Unterdrückung einer Hälfte des AM–Spektrums (*Single Side Band* bzw. Einseitenband) halbiert sich das AM–Frequenzband. Schließlich kann das verbleibende Einseitenband durch Amplituden– und Frequenzkompandierung (siehe Kap. 2.8) weiter eingeengt werden (unter Beibehaltung der Qualität), was zum sog. *Companded Single Side Band* (CSSB) führt.

Für Amplitudenmodulation wird das Verhältnis von Signal/Rauschabstand $S–R$ im Basisband und Träger/Rauschleistung $C–N$ in der Hochfrequenz durch die AM–Gleichung wiedergegeben:

$$(c/n)_{AM} = (s/r) \, / \, 2 \tag{2.2}$$

Mit der Transformation

$$X = 10 \log x \tag{2.3}$$

erhalten wir im logarithmischen Bereich

$$(C–N)_{AM} = (S–R) \; – 3 \text{ dB}. \tag{2.4}$$

Bei Frequenzmodulation steigt das Rauschen mit höherer Frequenz an. Für Frequenzmodulation erhalten wir so die entsprechende FM–Gleichung:

$$(C-N)_{FM} = (S-R) - 4{,}7 \text{ dB} - 20 \log (\Delta F/f_b) - G_P - G_O \qquad (2.5)$$

wobei $\Delta F = 6{,}75$ MHz der Hub für die neutrale Frequenz 1,5 MHz; $f_b = 5$ MHz die Bandbreite des Fernsehsignals; G_P der Gewinn durch Preemphase (CCIR Rec. 405-1): 2,0 dB und G_O der Gewinn durch optische Bewertung 11,2 dB ist.

So erfordert beispielsweise eine Bildqualität von $S-R = 52$ dB ein Träger/Rauschverhältnis von $C-N = 15{,}2$ dB.

Unabhängig vom gewählten Modulationsverfahren muß das $S-R \geq 45$ dB sein, um ein störungsfreies Fernsehbild zu garantieren.

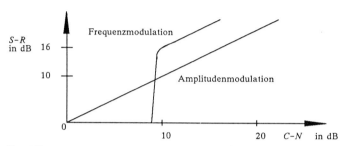

Bild 2.1 Signal/Rauschabstand als Funktion des Träger/Rauschabstandes für AM und FM

Während bei Amplitudenmodulation die für die Übertragung notwendige Hochfrequenzbandbreite B gleich der Basisbandbreite f_b (beim Fernsehen die Videobandbreite) ist, benötigt die Frequenzmodulation

$$B = 2 \cdot (\Delta F + f_b) \qquad (2.6)$$

wobei ΔF der Frequenzhub des Modulators ist (siehe auch Gl. 3.1). Mit $\Delta F = 6{,}75$ MHz wird der Spitze–Spitze–Frequenzhub 13,5 MHz, und die Hochfrequenzbandbreite $B = 23{,}5$ MHz.

2.2 Digitale Modulationsverfahren

Die digitalen Modulationsverfahren werden zunehmend eingesetzt. Bei D2–MAC z.B. ist die Tonübertragung digital. Kompression und Expansion bei der analogen MAC–Bildübertragung (Multiplexed Analog Components) wird digital durchgeführt. In die Kategorie der digitalen Modulation fallen alle Verfahren, bei denen Amplitude, Phase oder Frequenz des Hochfrequenzträgers digital (quantisiert bzw. stufenweise) durch das Basisbandsignal moduliert werden /2/, wie z.B.:

● digitale Amplitudenmodulation: Amplitudensprungmodulation (*Amplitude Shift Keying;* ASK);
● digitale Phasenmodulation: Phasensprungmodulation (*Phase Shift Keying;* PSK);
● digitale Frequenzmodulation: Frequenzsprungmodulation (*Frequency Shift Keying;* FSK).

Der zeitliche Verlauf eines Phasensprungsignals (PSK) ist in Bild 2.3 dargestellt. Daneben sind auch Kombinationen möglich, wie z.B. ASK/PSK etc., d.h. es werden z.B. zwei oder vier Amplituden auf zwei, vier oder mehr Phasen aufmoduliert (Bild 2.2).

Wie bei der Frequenzmodulation gibt es auch bei den digitalen Verfahren einen Schwellenwert für den Träger/Rauschabstand, unter dem sie nicht betrieben werden können. Dieser Wert ergibt sich aus den Synchronisationsbedingungen der digitalen Demodulatoren /2/. Für die am weitesten verbreitete digitale Modulation, die Phasenumtastung (PSK), gilt:

$$(C-N)_{PSK} = E_b-N_o + 10 \log BR - 10 \log W \qquad (2.7)$$

wobei E_b die Energie pro Bit, N_o die Rauschleistungsdichte, BR die Bitrate und W die Bandbreite ist.

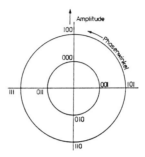

Bild 2.2 Amplituden-Phasen-Diagramm für
Zwei-Amplituden/Vier-Phasen-Modulation

Das Verhältnis von Bitenergie zu Rauschleistungsdichte hängt von der Anzahl der Phasen-
zustände (2, 4, 8, etc.) und der gewünschten Bitfehlerrate ab. Für eine Bitfehlerrate von
10^{-5} beträgt E_b-N_0 bei 2–Phasen–Modulation 9,6 dB /3/.

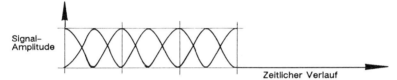

Bild 2.3 Theoretisches Augendiagramm eines binären PSK–Signals

Für die Frequenzsprungmodulation (FSK) ist das Verhältnis von Übertragungsgüte und
C-N gegeben durch

$$(C\text{-}N)_{FSK} = E_b\text{-}N_0 + 10 \log BR - 10 \log W \tag{2.8}$$

wobei der Wert E_b-N_0 andere Werte annimmt als bei PSK (siehe Tabelle 2.1).

Dieses Verfahren bringt ca. 3 dB weniger Qualität bei gleicher Leistung als PSK, wird aber
dennoch bevorzugt im Mobilfunk eingesetzt, da es nicht auf einen kohärenten Empfang
(anklammern an die Trägerphase) angewiesen ist, also bei kleineren Übertragungsunter-
brechungen, wie sie beim Mobilfunk ständig vorkommen, nicht jedes Mal erst wieder die
Phase akquirieren muß.

2.3 Vergleich der verschiedenen Verfahren

Um einen Vergleich der verschiedenen Modulationsverfahren anstellen zu können,
brauchen wir einen Kriterienkatalog, in dem vorgegebene Anforderungen an das Verfahren
aufgelistet und bewertet sind, wie z.B.:

● minimale Sendeleistung;   ● minimale Frequenzbandbreite;
● minimale Geräte– und Betriebskosten;   ● Qualität und Zuverlässigkeit;
● maximale Störresistenz;   ● maximaler Durchsatz.
● Wachstums– und Rekonfigurationsflexibilität;

Je nach der Bewertung im Einzelfall wird sich ein Hochleistungs/Hochsensibilitäts-
modulationsverfahren wie z.B. 8–Phasen/4–Amplituden–PSK oder Single Sideband Companded Amplitude Modulation bzw. im umgekehrten Fall, ein robustes Verfahren, wie AM oder
nichtkohärentes FSK als Systemlösung herausstellen. Die prinzipiellen Merkmale bzw.
Leistung und Bandbreite verschiedener Modulationsverfahren sind in Bild 2.4 gezeigt /4/. Die
für verschiedene digitale Modulationsarten erforderlichen E_b-N_0 –Werte sind in Tabelle 2.1
gegen die Bitfehlerrate (*Bit Error Rate; BER*) aufgelistet.

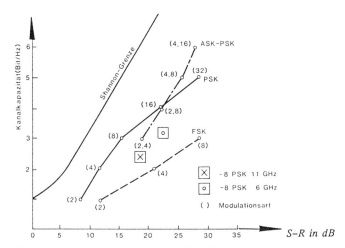

Bild 2.4 Kanalkapazität für verschiedene digitale Modulationsverfahren ($S-R$ für konstante Bandbreite)

Tabelle 2.1 E_b/N_0 für verschiedene Modulationsverfahren

BER	QPSK BPSK	DPSK	FSK kohärent	FSK nicht kohärent
10^{-1}	−0.855	2.067	2.155	5.077
10^{-2}	4.323	5.924	7.333	8.934
10^{-3}	6.789	7.934	9.799	10.944
10^{-4}	8.398	9.303	11.408	12.313
10^{-5}	9.588	10.342	12.598	13.352
10^{-6}	10.530	11.180	13.540	14.190
10^{-7}	11.308	11.882	14.318	14.813
10^{-8}	11.972	12.486	14.982	15.497
10^{-9}	12.549	13.017	15.559	16.027
10^{-10}	13.061	13.489	16.071	16.500
10^{-11}	13.519	13.916	16.529	16.926
10^{-12}	13.934	14.304	16.944	17.314
10^{-13}	14.314	14.660	17.324	17.670
10^{-14}	14.664	14.989	17.674	17.999
10^{-15}	14.987	15.295	17.997	18.305

2.4   Übertragungsgüte

Die Qualität – oder Güte – eines Signals, ob Audio oder Video, wird bei analoger Übertragung durch den Signal/Rauschabstand angegeben. Digitale Übertragungen sind durch die Bitfehlerrate (engl. *Bit Error Rate*, *BER*) gekennzeichnet. Die Zuordnung von Bitfehlerrate zu Signal/Rauschabstand ist nur empirisch möglich. Es gibt keine physikalische Gesetzmäßigkeit, mit der man $S-R$ in BER umsetzen kann. Trotzdem gibt es Erfahrungswerte für die verschiedenen Signalkategorien, die in Tabelle 2.2 aufgeführt sind /5/.

Bei der Wahrnehmung von Bildern schließlich ist man völlig auf die subjektive Ein-
schätzung des Einzelnen angewiesen, will man die Qualität des Bildes beurteilen. Für das
Verfahren, mit dem man solche Beurteilungen durchführt, gibt es nach CCIR Rec. 500 folgende Wertskala:

Bildfehler sind	Qualität	Q-Faktor
nicht feststellbar	sehr gut	5
feststellbar, aber nicht störend	gut	4
feststellbar und leicht störend	ausreichend	3
störend	mangelhaft	2
sehr störend	ungenügend	1

Trotz dieser Abhängigkeit von subjektiven Beurteilungen können durch entsprechend
methodisch durchgeführte Befragungen einer entsprechend großen Zahl von Personen sinn-
volle Bewertungen von Bildern unterschiedlicher Qualität erzielt werden.

Tabelle 2.2   Typische Werte für die Übertragungsgüte

Signalkategorie	$S-R$	BER
Telefongespräch im Mobilfunk	30 dB	10^{-3}
Telefongespräch im Ortsnetz	50 dB	10^{-5}
Übertragung von Daten für Faksimile	_ dB	10^{-3}
Übertragung von redundanten Daten	_ dB	10^{-5}
Übertragung von nichtredundanten Daten	_ dB	10^{-8}
Übertragung von Bank-Daten, etc.	_ dB	10^{-12}
Video (normales Fernsehbild)	50 dB	10^{-6}
Video (HDTV)	50 dB	10^{-6}
Audio (High Fidelity)	90 dB	10^{-3} mit Fehlerschutz

2.5 Sendeleistung, EIRP und Ausleuchtzonen

Unter Sendeleistung verstehen wir die HF-Leistung, die von einem Sendeverstärker
erzeugt wird. Da zwischen dem Sendeverstärkerausgang und der Sendeantenne nicht zu
vernachlässigende Verluste auftreten, ist die Information bezüglich der Sendeleistung in sich
selbst nicht schlüssig, sondern nur ein Anhaltswert. Bedenkt man, welch großen Unterschied
der Antennengewinn machen kann, dann wird es sinnvoll, die tatsächlich effektiv abgestrahlte
Leistung zu nennen. Diese beinhaltet die elektrische Leistung, die Verluste zwischen Verstärker und Antenne und den Gewinnfaktor der Antenne. Diese Größe nennen wir "effektiv,
bezogen auf einen isotropen Strahler, abgestrahlte Leistung", *EIRP* (engl. *Effective to Isotropic Radiated Power*).

Das von der Antenne hierbei angestrahlte Gebiet, innerhalb dessen der Gewinn der Antenne um nicht mehr als 3 dB relativ zur Zonenmitte abgefallen ist, nennen wir 'Ausleuchtzone'
(engl. *Footprint*, die 'Fußstapfen', die die Satellitenantenne auf der Erde hinterläßt); siehe
Anhang VI. Diese ist in der Regel ellipsenförmig, kann aber auch die Form einer Kartoffel
annehmen (siehe Bild 1.15).

2.6 Die verschiedenen Rauschgrößen

2.6.1 Die Rauschleistung

Bei der Übertragung eines Signals von einem Punkt zu einem anderen wird dem Signal un-
vermeidbar etwas Rauschen überlagert, sei es durch Funkstrecken aus der Umwelt, Interferenz
mit anderen Systemen, oder in den verwendeten Geräten. Auch rauscharme Empfänger generieren einen kleinen Rauschanteil, und der nachfolgende Frequenzumsetzer und der Demodulator sind ebenfalls nicht rauschfrei. Diese Rauschleistungen sind bei der Erfassung der
Übertragungsgüte zu berücksichtigen. Für die Rauschleistung in der Hochfrequenzebene verwenden wir die Größe N, für die im Basisband auftretende Rauschleistung R (siehe Gl. 2.2.).

2.6.2 Die Rauschleistungsdichte

Das bei Übertragungen auftretende Rauschen ist im wesentlichen breitbandiger als das Übertragungssignal, d.h. der Wert der Leistung ist über einen großen Frequenzbereich konstant. Deshalb kann man von einer Rauschleistungsdichte N_0 sprechen, in W/Hz, aus der dann durch Multiplikation mit der Bandbreite W des Nutzsignals sich die tatsächliche Rauschleistung in W ergibt:

$$N \doteq N_0 \cdot W \qquad (2.9)$$

2.6.3 Die Rauschtemperatur

Mit Hilfe der Boltzmann–Konstanten $k = 1,38 \cdot 10^{-23}$ Ws/K läßt sich die Rauschleistungsdichte N_0 als Rauschtemperatur T in W/Hz ausdrücken:

$$N_0 = k \cdot T \qquad (2.10)$$

Bei der Arbeitstemperatur eines Gerätes in einem Raum, in dem $17\,^{\circ}$C ($T = 290$ K) herrschen, ist die Rauschleistungsdichte $N_0 = 1,38 \cdot 10^{-23} \cdot 290$ Ws $= 4 \cdot 10^{-21}$ J. Die Rauschleistung in z.B. 40 kHz Bandbreite ist somit $N = 4 \cdot 10^{-21}$ J $\cdot$ 40 kHz $= 1,6 \cdot 10^{-16}$ W.

Auch bei Antennen spricht man von der Rauschtemperatur. Durch die Nebenkeulen der Antenne wird thermisches Rauschen der Erde empfangen. Dazu kommt thermisches Rauschen aus der Atmosphäre und von außerirdischen Quellen (Radiosterne). Die Gesamtrauschtemperatur der Antenne ist in Bild 2.5 in Abhängigkeit vom Elevationswinkel dargestellt.

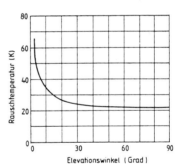

Bild 2.5 Systemrauschtemperatur einer Antenne als Funktion ihres Elevationswinkels ($f = 4$ GHz)

2.6.4 Die Rauschzahl

Bei Empfängern und Verstärkern ist es sinnvoll, die Qualität in Bezug auf die Rauscheigenschaft anzugeben. Wieviel Rauschen erzeugt das Gerät über die Rauschtemperatur hinaus, die sich bei T = $17\,^{\circ}$C Umgebungstemperatur einstellt? Hierzu definieren wir die (dimensionslose) Rauschzahl (*noise figure*) nf:

$$nf = \frac{290 \text{ K} + T}{290 \text{ K}} \qquad (2.11)$$

bzw. $NF = 10 \log \dfrac{290 \text{ K} + T}{290 \text{ K}}$ in dB $\qquad (2.12)$

Ist ein Verstärker "heiß", z.B. $T = 290$ K über Rauschtemperatur, dann ist die $nf = 2$ bzw. $NF = 3$ dB. Die Tabelle 2.3 zeigt die Rauschzahl als Funktion der Rauschtemperatur; diese Abhängigkeit ist in Bild 2.6 graphisch dargestellt.

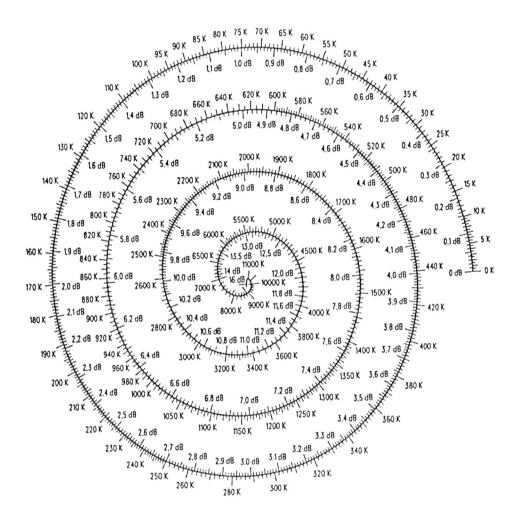

Bild 2.6 Die Rauschzahl als Funktion der Rauschtemperatur

Tabelle 2.3 Die Rauschzahl als Funktion der Rauschtemperatur

Rauschtemperatur T in K	50	100	150	200	250	300	350	400
Rauschzahl NF in dB	0,7	1,3	1,8	2,3	2,7	3,1	3,4	3,8

2.6.5 Der Gütefaktor G–T

Eine weitere Rauschgröße verwendet man im Zusammenhang mit dem Gewinn der Empfangsantenne. Man bildet das Verhältnis von Antennengewinn und Empfängerrauschtemperatur, gemessen am Ausgang der Antenne. Dieses Verhältnis, g/t bzw., per Gl. 2.3 im logarithmischen Bereich, $G–T$ in dBi/K, nennt man den Gütefaktor eines Empfangssystems. Für den Empfang eines Satellitensignals bei 12 GHz (TV–SAT) sind in Tabelle 2.4 einige Gütefaktoren für typische Empfängerrauschtemperaturen und Antennendurchmesser von 0,3 bis 3,0 m zusammengestellt.

Tabelle 2.4 Güte der Empfangsstation in dBi/K für versch. Antennendurchmesser und Rauschtemperaturen

Rauschtemperatur bei 12 GHz	Antennendurchmesser in m									
	0,3	0,6	0,9	1,2	1,5	1,8	2,1	2,4	2,7	3,0
100 K	12,3	15,3	18,8	21,0	23,0	24,7	26,0	27,2	28,2	29,0
200 K	9,3	12,3	15,8	18,0	20,0	21,7	23,0	24,2	25,2	26,0
300 K	7,5	10,5	14,0	16,2	18,2	19,9	21,2	22,4	23,4	24,2
400 K	6,3	9,3	12,8	15,0	17,0	18,7	20,0	21,2	22,2	23,0

Obwohl die in Tabelle 2.4 aufgezeigten $G-T$-Werte alle größer als Null sind, ist es im Prinzip möglich (und im satellitengestützten Mobilfunk üblich), daß die Systemrauschtemperatur einen größeren Zahlenwert annimmt, als der Antennengewinn. In diesen Fällen ist g/t also kleiner als 1, $G-T$ nimmt somit negative Werte an. Im Gegensatz zum Signal/Rauschverhältnis $S-R$, bei dem negative dB−Werte signalisieren, daß etwas physikalisch nicht stimmt (Rauschleistung übersteigt Signalleistung!), haben negative $G-T$-Werte keine physikalische Bedeutung, sondern dienen als reine Rechengrößen.

Typische Rauschtemperaturen von Fernsehempfangsanlagen liegen im Bereich von 100 bis 200 K.

2.7 Streckenbilanz und Marge

2.7.1 Das Träger/Rauschleistungsverhältnis

Mit Hilfe der oben definierten Rauschgrößen läßt sich der Träger/Rauschabstand $C-N$ ermitteln, wenn bei einer Übertragung mehrere Einzelstrecken durchlaufen werden. Dies wollen wir am Beispiel einer satellitengestützten Ausstrahlung eines Fernsehprogrammes aufzeigen. Das Fernsehsignal ist entlang der gesamten Strecke das gleiche; wir müssen also die Rauschleistungsbeiträge der Einzelstrecken addieren. Dazu bedienen wir uns am einfachsten der Träger/Rauschleistungsverhältnisse $C-N$.

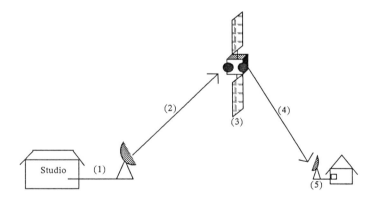

Bild 2.7 Einzelstrecken einer satellitengestützten Ausstrahlung

Die Einzelstrecken sind in Bild 2.7 dargestellt. Die Strecke (1) führt vom Studio, in dem das Fernsehprogramm gespielt wird, zur Erdfunkstelle, (2) ist die Aufwärtsstrecke, (3) die Umsetzung und Verstärkung im Satelliten, (4) die Abwärtsstrecke und (5) die im allgemeinen kurze Strecke von der Heimempfangsanlage bis zum Fernsehgerät. Die einzelnen Träger/Rauschleistungsverhältnisse sind $(C-N)_1$, $(C-N)_2$, $(C-N)_3$, $(C-N)_4$ und $(C-N)_5$. Diese Werte verstehen wir als dB−Zahlen; die dazugehörigen Absolutwerte sind c_1/n_1, c_2/n_2, c_3/n_3, c_4/n_4 und c_5/n_5. Zur Ermittlung des resultierenden gesamten Träger/Rauschverhältnisses müssen wir die Rauschleistungen n bezogen auf die Trägerleistung c addieren.

$$\left(\frac{n}{c}\right)_1 + \left(\frac{n}{c}\right)_2 + \left(\frac{n}{c}\right)_3 + \left(\frac{n}{c}\right)_4 + \left(\frac{n}{c}\right)_5 = \left(\frac{n}{c}\right)_{gesamt} \tag{2.13}$$

Durch die Umkehr $$\quad \frac{1}{\frac{n}{c}} = \frac{c}{n} \tag{2.14}$$

und $C-N = 10 \log c/n$ bekommen wir schließlich das resultierende gesamte $C-N$ über alle fünf Teilstrecken. Die Bestimmung der Einzelstrecken soll anhand aktueller Beispielen erläutert werden.

Beispiel: Fünf hintereinander durchlaufene Einzelstrecken haben die Träger/Rauschleistungs-verhältnisse 20 dB, 30 dB, 10 dB, 50 dB und 70 dB, d.h. $(c/n)_1 = 100$, $(c/n)_2 = 1000$, $(c/n)_3 = 10$, $(c/n)_4 = 100.000$ und $(c/n)_5 = 10.000.000$. Dann erhalten wir durch die Addition der Brüche

$$\frac{1}{100} + \frac{1}{1000} + \frac{1}{10} + \frac{1}{1000\,00} + \frac{1}{10\,000\,000} = \frac{1}{9}$$

das resultierende Gesamt–Träger/Rauschleistungsverhältnis $c/n = 9$ bzw. $(C-N)_t = 9,5$ dB.

2.7.2 Der Elevationswinkel

Der wichtigste Faktor in der Streckenbilanz ist die Funkfelddämpfung, sowohl in der Aufwärtsstrecke als auch in der Abwärtsstrecke. In einem vorgegebenen Frequenzband hängt diese Funkfelddämpfung wiederum von der Entfernung zwischen Sender und Empfänger ab. Je weiter der eigene Standort vom Satelliten entfernt ist, einmal in Längengraden

$$\Delta_{lg} = l_{ges} - l_{gsat}$$

mit l_{ges} dem Längengrad der Empfangsstation und l_{gsat} dem Längengrad des Satelliten, und zum anderen in Breitengraden mit Δ_{bg} = Breitengrad der Empfangsstation, desto größer ist die Weglänge, die das Signal durchlaufen muß, und desto kleiner wird der Elevationswinkel. Dieser Elevationswinkel ϵ wird zwischen der Verbindung zum Satelliten und der Horizontalen gemessen (siehe Bild 7.1). Zur Berechnung definieren wir zunächst

$$\cos \eta = \cos(\Delta_{lg}) \cdot \cos(\Delta_{bg}) \tag{2.15}$$

und $$\quad p = R_{orbit}/R_{erde} = 6,61 \tag{2.16}$$

für den geostationären Orbit. Damit wird der Elevationswinkel

$$\epsilon = arc\ cos\frac{p \sin \eta}{\sqrt{p^2 - 2\,p\,\cos \eta + 1}} \tag{2.17a}$$

Gleichung 2.17a produziert positive – und damit realistisch erscheinende – Elevationswinkel auch dann, wenn sie in Wahrheit negativ sind und damit nicht realisierbar (z.B. $\Delta_{lg} = 70°$, $\Delta_{bg} = 70°$, $\epsilon = +1,98°$, wenn es richtig $-1,98°$ sein müßte). Deshalb bietet sich die Gl. 2.17b an:

$$\epsilon = arc\ tan(\ cot\ \eta - sec\ \eta\ /\ p\ ) \tag{2.17b}$$

($cot = 1\ /\ tan$; $sec = 1\ /\ sin$; siehe hierzu auch Kap. 7.1, 7.2 und die Anhänge VI und IX).

2.7.3 Fallbeispiele

Beispiel TV–SAT

Strecke 1: Für die Verbindung vom Fernsehstudio zur Erdfunkstelle werden normalerweise $(C\text{-}N)_1 > 40$ dB
verwendet, um so das Signal nicht schon direkt nach der 'Quelle' zu verschlechtern.

Strecke 2: Die Aufwärtsstrecke errechnet sich aus

P_e = Sendepegel der Erdfunkstelle;

G = Gewinn der sendenden Erdfunkstellenantenne;

$EIRP$ = P_e (in dBW) + G (in dBi); resultierendes $EIRP$ in dBW;

L = Funkfelddämpfung (208 dB) einschließlich Regendämpfung (6 dB; siehe Gl. 7.2);

G_S = Gewinn der Satellitenantenne;

T_S = Rauschtemperatur am Satelliteneingang;

T_e = Rauschtemperatur der Erdfunkstelle;

W = Bandbreite der Übertragung (W = 27 MHz);

$(C\text{-}N)_2 = EIRP \quad - L_2 \quad + G_S \quad - T_S \quad - 10 \log k \quad - \quad W$

$= 82,5 \quad - 214 + 9 \qquad + 228,6 \quad - 74,3 = 31,8$ dB.

Strecke 3: Für die Umsetzung von Aufwärts- und Abwärtsfrequenz und Verstärkung im Satelliten dürfen wir
bei TV-SAT ca. $(C\text{-}N)_3 \geq 60$ dB annehmen.

Strecke 4: Die Abwärtsstrecke berechnet sich sinngemäß wie die Strecke 2;

P_S = Sendeleistung des Satelliten; $P_S + G_S = EIRP = 62,5$ dBW am Rande der Ausleuchtzone;

T_e = Rauschtemperatur der Erdfunkstelle;

G = Gewinn der Empfangserdfunkstellenantenne;

$(C\text{-}N)_4 = P_S + G_S \quad - L_4 \quad + G_e - T_e \quad - 10 \log k \quad + W$

$= 62,5 \qquad - 212 \qquad + 11 \qquad + 228,6 - 74,3 = 15,8$ dB.

Strecke 5: Für diese im allgemeinen relativ kurze Strecke dürfen wir unter der Annahme einer fachgerechten
Auslegung ein $(C\text{-}N)_5 \geq 35$ dB ansetzen.

Damit erhalten wir mit Gl. (2.13) $C\text{-}N = 15,7$ dB für die Gesamtübertragung. Diesen
Träger/Rauschabstand können wir nun mit Hilfe von Gl. (2.5) in das Verhältnis $S\text{-}R$ umsetzen, und erhalten $S\text{-}R = 52,5$ dB. Vergleichen wir diesen Wert nun mit der in Tabelle 2.2
geforderten Qualität von 50 dB, so erhalten wir eine Marge (Übertragungsreserve) von 2,5 dB,
die im Einzelfall durch Unzulänglichkeiten, Alterung der Geräte, Zuleitungen von der Heimempfangsanlage zum Fernsehgerät etc. aufgebraucht werden darf. Als nächstes wollen wir die
Streckenbilanz für einen Satelliten niedrigerer Leistung betrachten.

Beispiel Niedrigleistungssatellit

Strecke 1: wie oben, $(C\text{-}N)_1 > 40$ dB

Strecke 2: wie oben, $(C\text{-}N)_2 = 31,8$ dB

Strecke 3: wie oben, $(C\text{-}N)_3 \geq 60$ dB

Strecke 4: $P_S = 45$ W oder 16,5 dBW für 26 MHz-Transponder (74,1 dBHz)

$G_S = 35,5$ dBi (Abdeckung Zentraleuropas, nicht nur Deutschlands); $EIRP = 53$ dBW in Zentrum

$(C\text{-}N)_4 = 53$ dBW - 212 dB + 11 dBi/K + 228,6 dBWs/K - 74,1 dBHz = 6,5 dB.

Damit erhalten wir mit Gl. (2.13) den Wert $C\text{-}N = 6,5$ dB für die Gesamtübertragung.
Diesen Träger/Rauschabstand wiederum mit Gl. (2.5) in das Verhältnis $S\text{-}R$ umgewandelt
ergibt $S\text{-}R = 43$ dB.

Im Vergleich mit dem Fallbeispiel "TV–SAT" fehlem diesem System 9,5 dB an Qualität;
die Demodulation dieses Signales würde gerätetechnische Schwierigkeiten machen. Was
können wir tun? Die Satellitenparameter und die Funkfelddämpfung, die Bandbreite und die
Boltzmann–Konstante sind fest. Wir müssen also versuchen, den Gewinn der Empfangsantenne G_e zu vergrößern und/oder die Rauschtemperatur T_e zu verkleinern. Wenn wir keinen
Vorverstärker mit noch niedrigerer Rauschtemperatur T_e bekommen können, müssen wir den
Gewinn der Antenne unserer Heimempfangsanlage erhöhen, d.h. den Reflektor vergrößern.
Mit einem Antennendurchmesser von 2,7 m (anstatt 90 cm) erzielen wir 9,5 dB mehr Gewinn
und erhalten so

$$(C\text{-}N)_4 = 15,8 \text{ dB}, \quad C\text{-}N = 15,7 \text{ dB}, \quad S\text{-}R = 52,5 \text{ dB}. \qquad (2.18)$$

Die gewünschte Qualität ist zwar fast hergestellt. Die Antenne mit 2,7 m Durchmesser läßt sich allerdings nicht so einfach am Balkongeländer befestigen, wie die 90 cm−Antenne. Wir haben es mit einer Antennenfläche von $5,7\ m^2$ zu tun; dies bedeutet Probleme mit Windlast (siehe Kap. 7.7.4) und Wirtschaftlichkeit (siehe Kap. 1.9).

Rechnerprogramm für die Streckenbilanz

Für den interessierten Praktiker, der für seinen geographischen Standort und seine klimatischen Bedingungen die Streckenbilanz (*Link Budgets*) ausrechnen möchte, um so z.B. den exakten Antennendurchmesser zu ermitteln, ist im Anhang VIII ein Programm aufgelistet, mit dem man Azimut und Elevation berechnen kann. Mit dem im Anhang IX beschriebenen (und im hinteren Einband eingesteckten) Rechenschieber können die restlichen Systemparameter einschl. Antennendurchmesser bestimmt werden.

2.8 Codierung, Blockverschachtelung, Kompandierung und Preemphase

2.8.1 Kanalcodierung

Die Nützlichkeit von Codierung für Fehlerschutz und Datenschutz ist allseits bekannt; gerade bei Satellitenstrecken mit ihrem langen Weg durch die Atmosphäre ist Fehlerschutz sinnvoll und tut Datenschutz not. Im folgenden sei an zwei Beispielen die Effizienz von wohlausgewählten Codierverfahren im Mobilfunk und im Geschäftsverkehr (Satellite Business Systems) demonstriert. In dem gezeigten Beispiel aus dem Bereich des Mobilfunks wird durch die Anwendung von Codierung durch Hinzufügen von 50% zusätzlichen Bit eine Verbesserung von 27 dB erreicht (bei uncodiert gegen codiert und einer Bitfehlerrate von 10^{-4}; siehe Bild 2.8), was sonst nur unter Aufbringung von zusätzlicher Leistung möglich gewesen wäre.

Für die Anwendung in den ortsfesten Diensten sei hier ein Beispiel gezeigt, in dem durch den Einsatz von Reed−Solomon (255, 243)−Codes (in einem (m,n)−Code ist m die Zahl der Gesamt−Bit, n die Anzahl der Nutz−Bit) durch Hinzufügen von nur 4,7% zusätzlichen Bit eine Fehlerratenverbesserung von $3\cdot10^{-4}$ auf 10^{-8} erzielt wird, was ohne Codierung nur durch Erhöhung der Sendeleistung um viele dB möglich wäre (siehe Bild 2.9).

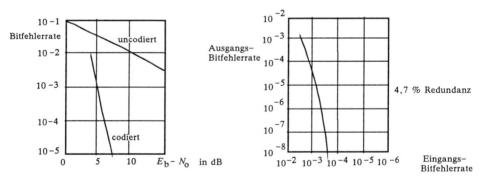

Bild 2.8 Der Effekt von Codierung im Mobilfunk   Bild 2.9 Der Effekt von Reed-Solomon-Codierung

2.8.2 Blockverschachtelung

Codierverfahren der herkömmlichen Art ermöglichen die Korrektur einer Anzahl von auf der Übertragungsstrecke aufgetretenen Fehlern. Darüber hinaus kann die Existenz weiterer Fehler aufgezeigt werden, ohne daß jedoch deren Korrektur möglich ist. Dabei arbeiten die meisten Codierverfahren umso leistungsfähiger, je homogener die aufgetretenen Fehler verteilt sind. Es fällt schwer, eine größere Anzahl unmittelbar aufeinanderfolgende Fehler zu korrigieren. Derartige lange Sequenzen von falschen Bit können mit dem Blockverschachteler (*Interleaver*) korrigiert werden.

Der Interleaver besteht aus einem Speicher von n Zeilen und m Spalten, in dem das zu übertragende Signal Zeile für Zeile eingelesen wird. Zur Übertragung wird es dann Spalte für Spalte ausgelesen und zum Sender geleitet. Auf der Empfangsseite wird das Signal in einen Speicher identischer Struktur eingegeben, Spalte für Spalte, um schließlich Zeile für Zeile ausgelesen werden zu können, das heißt in seiner ursprünglichen Form (siehe Bild 2.10).

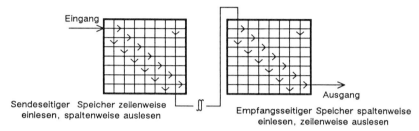

Bild 2.10 Der Blockverschachteler

Kommt nun ein Bündelfehler vor, der z.B. eine komplette Spalte zerstört, so verteilt sich diese Anhäufung von n unmittelbar aufeinanderfolgenden Fehlern nach der Spalten/Zeilen-Konversion auf je einen einzigen Fehler pro Zeile, der dann mit einem nachfolgenden konventionellen Codierverfahren einfachster Art korrigiert werden kann. Auf diese Weise können Bündelfehler beliebiger Länge n einwandfrei korrigiert werden. Der Preis, den man dafür bezahlt, besteht in der notwendigerweise entstehenden Zeitverzögerung, verursacht durch das Einlesen des Sendespeichers plus Auslesen des Empfangsspeichers. Will man n aufeinanderfolgende Fehler korrigieren, so beträgt diese Zeitverzögerung τ

$$\tau = \frac{2\,n^2}{BR} \tag{2.19}$$

wobei BR die Bitrate der Übertragungsstrecke ist.

Diese Methode wird sowohl beim digitalen Satellitenhörrundfunk sowie insbesondere bei der digitalen magnetischen Aufzeichnung von Bild und Ton verwendet, da dabei durch punktförmige Fehler des Magnetbandes Bündelfehler auftreten können.

2.8.3 Kombination von Codierung und Interleaving – die Compact Disc (CD)

Um die extrem hohe Qualität einer CD auf Jahrzehnte und auch im Falle der Mißhandlung der Scheibe zu erhalten, ist die Information zweifach codiert und dreifach 'Interleaved'. Diese Kaskade von Codier- und Interleaveprozessen ist in Bild 2.11 dargestellt.

Bild 2.11 Codierung und Interleaving bei der Compact Disc

Die in Bild 2.11 aufgezeigten Codier- und Interleavingprozesse sind im einzelnen:

1. D–De–Interleaving: geradzahlige Byte eines Rahmens werden mit den ungeradzahligen des nächsten Rahmens zur Korrektur zufallsverteilter Byte-Fehler und Detektion längerer Bündel-Fehler vertauscht;

2. 28/32–Byte Reed–Solomon C1–Code: zur hauptsächlichen Fehlerkorrektur wurden nochmals 4 Byte hinzugefügt;

3. D*De–Interleaving der Byte: Verteilung der Fehler über mehrere Codewörter. Damit können Bündelfehler korrigiert werden, die der Reed–Solomon–Code nicht korrigieren kann;

4. 24/28 Byte C2–Parity–Decodierung: zu den 24 Byte wurden 4 Parity Byte zur Fehlerkorrektur hinzugefügt;

5. Δ De–Interleaving: Geradzahlige Wertepaare L/R werden von ungeradzahligen Wertepaaren separiert, um detektierbare, aber unkorrigierbare Byte–Fehler durch Interpolation zu verschleiern.

Der Decoder in unserem CD–Gerät vollzieht diese Vorgänge in umgekehrter Reihenfolge zum Encoder und stellt so das ursprüngliche Signalpaar wieder her – selbst wenn mal ein Kratzer auf der Disc sein sollte. Mit Hilfe des Interleaving über 12 000 bit hinweg und der wiederholten Codierung kann man sogar eine CD, durch die ein 8 mm starker Nagel geschlagen wurde, noch lesen.

2.8.4 Kompandierung

Tonsignale können mit ihrer Amplitude einen sehr großen Dynamik–Bereich einnehmen, so daß ihre Übertragung eine entsprechend große Leistung benötigt. Mit einem relativ einfachen Verfahren kann man diese Leistungsanforderung beträchtlich reduzieren. Man verdichtet die Signalamplitude vor der Übertragung (Komprimierung), überträgt sodann das komprimierte Signal mit einer entsprechend kleineren Leistung und expandiert das Signal beim Empfänger durch die zum Kompander inverse Funktion. Das wiederhergestellte Signal unterscheidet sich nicht von dem ursprünglichen. Das Gerät, das Komprimierung und Expandierung vornimmt, nennt man 'Kompander', den gesamten Vorgang 'Kompandierung'. Neben der Amplitude kann man auch den Frequenzhub eines Signales kompandieren.

Die einfache Amplitudenkompandierung wird außer zur verbesserten Übertragung auch im HiFi–Bereich bei der Aufzeichnung von Signalen verwendet. Diese werden vor der magnetischen Aufzeichnung im Studio komprimiert und im Audiogerät zu Hause wieder expandiert. Ein bekanntes Verfahren dieser Art ist das 'DOLBY–System'.

Der WEGENER DECODER, der in Kap. 3.1 behandelt wird, bedient sich ebenfalls der Kompandierung.

2.8.4.1 Amplitudenkompandierung

Die Störbeeinflußbarkeit eines Signals wird reduziert, wenn seine Amplitude vor der Übertragung komprimiert und am Ende der Übertragungsstrecke nach der exakt inversen Kompandierungsregel wieder expandiert wird. Diese Amplitudenkompandierung reduziert die Amplituden von lauten Silben und hebt gleichzeitig die leisen Silben an. So wird die zur Verfügung stehende Übertragungsleistung effektiver eingesetzt. In der Praxis wird ein Kompandierungsgewinn von 7 dB erzielt.

Amplitudenkompandierung wird auch im Zusammenhang mit Frequenzmodulation angewendet, indem das Basisbandsignal vor der FM–Modulation komprimiert wird (um nach der Demodulation wieder expandiert zu werden). Der Kompandierungsgewinn CG, der hier erreicht wird, ist eine Funktion des Signal/Rauschabstands $S-R$:

$$CG = 0{,}464 \cdot (S-R) - 4{,}125 \text{ dB} \qquad \text{für } S-R > 13 \text{ dB.} \tag{2.20}$$

Eine Anwendung der Amplitudenkompandierung findet sich in Kap. 3.1 wieder.

2.8.4.2 Frequenzkompandierung

Im Gegensatz zur Amplitudenkompandierung macht der Frequenzkompander von der Tatsache Gebrauch, daß tiefe Vokalklänge und hohe Konsonantenklänge nie gleichzeitig benutzt werden und komprimiert das Basisband–Frequenzband. In praxi wird bis auf 40% der Basisbandbreite b zusammengepreßt. Mit einer Basisbandbelegung von 1,7 kHz pro Telefonkanal (anstatt 3,4 kHz) erreicht man beispielsweise eine Verdoppelung der Frequenznutzung. Der Kompandierungsgewinn fußt hierbei auf der reduzierten Hochfrequenzbandbreite und damit dem proportional reduzierten Rauschleistungsanteil bzw. dem entsprechend verbesserten Träger/Rauschverhältnis:

$$CG = 10 \log \frac{b_{\text{reduziert}}}{b_{\text{unreduziert}}} \quad \text{in dB} \tag{2.21}$$

unabhängig vom Wert des Signal/Rauschabstands $S-R$. Das WEGENER–Verfahren verwendet Frequenzkompandierung zur Tonübertragung beim Fernsehen (s. Kap. 3.1).

2.8.5 Spannungsunterdrückungsverfahren

2.8.5.1 Spannungsspitzenbereichsunterdrückung

Eine einfachere, billigere – aber mit Folgeerscheinungen behaftete – Methode der Amplitudenkompression ist es, die Signalspitzen einfach über einer gegebenen Grenze abzuschneiden (Clipping) (Bild 2.12). Damit wird die Kompression des Dynamik–Bereichs ebenfalls erreicht. Im Gegensatz zur Kompandierung, die ohne Folgeerscheinungen durchgeführt werden kann, entstehen bei nichtlinearer Operation der Begrenzung harmonische Schwingungen (Intermodulationsprodukte). Um diese in annehmbaren Grenzen zu halten, muß der Betrag der durch den Begrenzer abgeschnittenen Signalleistung in Grenzen gehalten werden.

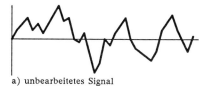

a) unbearbeitetes Signal   b) amplitudenbegrenztes Signal

Bild 2.12 Das Prinzip des Peak-Clipping

2.8.5.2 Spannungszwischenbereichsunterdrückung

Das Verfahren der Spannungszwischenbereichsunterdrückung (*Center–Clipping*) kann zur Bekämpfung von Echos auf Weitverkehr–Fernsprechleitungen eingesetzt werden. Das Telephon–Echo ist ein Problem für alle Weitverkehrsverbindungen und tritt beim Satelliten–Fernmeldebetrieb deutlich in Erscheinung. Der *Center–Clipper* besteht im wesentlichen aus einem elektronischen (logischen) Gatter, das, im Telefonkreis eingefügt, den Signalfluß durchläßt, wenn er über einem festgelegten Spannungsschwellenwert liegt, bzw. abschaltet, wenn er unter den Schwellenwert fällt (s. Bild 2.13).

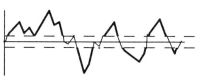

a) unbearbeitetes Signal   b) schwellenwertbeschnittenes Signal

Bild 2.13 Das Prinzip des Center-Clipping

Das Verfahren beruht auf dem Effekt, daß Echos oder andere Störungen speziell in Abwesenheit des gewünschten Tonsignals stören, während sie in Anwesenheit eines (stärkeren) Tonsignales subjektiv unterdrückt werden (*Masking Effect*). Aufgrund seiner einfachen Realisierung, vernachlässigbaren Kosten und des zuverlässigen Betriebs wird der *Center–Clipper* in analogen und digitalen Geräten zur Unterdrückung von Restrauschen eingesetzt.

2.8.6 Preemphaseverfahren

Bei Frequenzmodulation von Sprache und Bild wird ein gleichmäßig verteiltes Basisband umgesetzt, so daß das im Hochfrequenzbereich gleichmäßig mit Rauschen beaufschlagte Signal nach Demodulation in der höchsten Basisbandfrequenz mit dem anteilmäßig größten Rauschen beaufschlagt ist, zu dessen Homogenisierung das Basisband durch eine 'Emphase' entsprechend vorverformt wird: Den höheren Frequenzanteilen wird eine exakt dem zu erwartenden Rauschanteil entsprechend höhere Basisbandleistung zugeteilt, so daß nach der Demodulation ein gleichförmig verteiltes Rauschen auf dem gesamten wiedergewonnenen Basisband liegt. So wird für Video (bei B–MAC) eine Preemphaseschaltung verwendet, deren Verstärkung V definiert ist durch

$$V(f) = A \frac{1 + j \dfrac{f}{f_1}}{1 + j \dfrac{f}{f_2}} \qquad (2.22)$$

mit $A = 0,707$; $f_1 = 1,87$ MHz; $f_2 = 3,74$ MHz. Typische Werte für PAL und D2–MAC sind in Kap. 3.1 aufgezeigt.

2.9 Polarisation und Polarisationswiederverwendung

Elektromagnetische Wellen werden z.B. durch kleine, in Hohlleitern angebrachte Staberreger erzeugt und halten dann die durch die Erregung vorgegebene Polarisation, d.h. sie sind entweder horizontal oder vertikal polarisiert. Die phasenrichtige Kombination dieser beiden linearen Polarisationen (horizontal und vertikal) führt zur zirkularen Polarisation. Trifft man Vorkehrungen, daß die beiden linearen Polarisationen exakt ausgerichtet sind (siehe Bild 2.14a), dann sind sie "orthogonal" zueinander, d.h. unabhängig voneinander; wir können sie auf derselben Strecke mit derselben Frequenz betreiben, ohne daß sie sich gegenseitig stören.

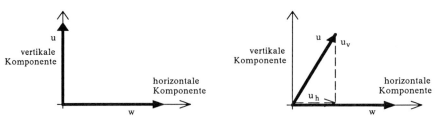

a) bei gleichem Längengrad wie Satellit   b) bei vom Satellitenmeridian abweichenden Längengrad

Bild 2.14 Polarisationsausrichtung bei Bodenstationen

Die Drehung der Polarisationsebene durch vom Satellitenmeridian abweichende geographische Position der Empfangsstation wird in Bild 2.15 aufgezeigt. Durch Drehung der Speiseanordnung der Antenne um den entsprechenden Betrag kann diese Rotation berücksichtigt werden. Weicht aber auch nur eine der beiden Polarisationen von der exakten Ausrichtung ab (siehe Bild 2.14b), dann produziert sie eine Komponente in der anderen Polarisationsebene (siehe Δv), die dort zu Interferenzen führt. Der Träger–Interferenzabstand C–I wäre in diesem Falle

$$C\text{-}I = w - v_h \qquad (2.23)$$

und würde eine Frequenzwiederverwendung ausschließen.

Es gilt (zum Satelliten blickend) die folgende Regel:

– Drehung im Uhrzeigersinn, wenn der Satellitenmeridian westlich des Stationsmeridians ist;

– Drehung im Gegenuhrzeigersinn, wenn Satellitenmeridian östlich des Stationsmeridians ist.

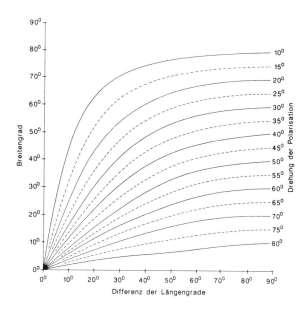

Bild 2.15 Drehung der Polarisationsebene der vom Satelliten kommenden linear polarisierten Welle

Falls die Polarisationsebene des Satellitensignales nicht senkrecht (oder waagrecht) zur Bahnebene des Satelliten ist, dann muß das durch zusätzliche Drehung berücksichtigt werden:
- bei ECS-4   3,5° im Uhrzeigersinn,
- bei TELECOM-1   22° im Gegenuhrzeigersinn.

Wenn zwei Signale phasenrein zirkularpolarisiert sind, das eine rechtsdrehend und das andere linksdrehend, dann kann man die gleiche Frequenz auf der gleichen Strecke zweimal nutzen, ohne gegenseitige Störung.

Diese Frequenzzweifachnutzung durch Polarisationsentkopplung wird bei TV-SAT und den in der *WARC*'77 beschlossenen Zuteilungen verwendet.

2.10 Kommunikationsgeräte

Unter dem Begriff Kommunikationsgeräte fassen wir hier alle Geräte einer Station zusammen, die auf der Sendeseite zwischen ankommendem Basisbandsignal und dem Eingang des Sendeverstärkers und auf der Empfangsseite zwischen dem Ausgang des rauscharmen Vorverstärkers und dem abgehenden Basisbandsignal liegen.

Sendeseite

Das vom terrestrischen Netz kommende Signal wird, soweit erforderlich, durch Anpaßkreise in Pegel und Impedanz angepaßt. TV-Signale, Ton und Bild, werden zusammengefaßt. In der klassischen Art wird der Ton auf Unterträgern übertragen. Daneben gibt es verschiedene Verfahren, den Ton in das Bildsignal zu integrieren was Bandbreite und etwas Satellitensendeleistung spart. Das Signal wird dann auf einen der ZF-Träger moduliert. Diese Modulation besteht nicht nur aus der Basisbandmodulation, sondern enthält auch ein Trägerverwischungssignal. Trägerverwischung wird dann verwendet, wenn das Basisbandsignal nicht zu einer ausreichenden Trägerspreizung führt, und bestimmte Grenzwerte in der Spektraldichte eines gesendeten Trägers überschritten werden. Bei mit TV-Signalen modulierten FM-Trägern wird immer mit Trägerverwischung gearbeitet. Der modulierte ZF-Träger wird im Aufwärtsumsetzer in die Sendefrequenz umgesetzt und gefiltert.

Die bei der Satellitenübertragung durch die Transponder erzeugten Verzerrungen müssen beseitigt werden. Korrekturen von Amplituden–, Laufzeit– und Phasenverzerrungen sind möglich. Dies ist entweder durch Vorverzerrung im Sendezweig oder durch ein Entzerrungsnetzwerk im Empfangszweig der Erdfunkstelle zu erreichen. Bei Übertragungen an mehrere Empfänger wird die Vorverzerrung bevorzugt, da nur eine Erdfunkstelle das notwendige Gerät braucht. Das Ausgangssignal des Aufwärtsumsetzers kann irgendwo in dem der Satellitenkommunikation zugeteilten Frequenzband liegen, in dem die Erdfunkstelle arbeitet. Sind mehr als ein Träger zu senden, müssen diese (mit unterschiedlichen Frequenzen) vor der Einspeisung in die Antenne zusammengeführt werden. Dies kann entweder vor oder hinter dem Sendeverstärker erfolgen.

Die Zusammenführung vor dem Eingang des Verstärkers hat verschiedene Vorteile. Wegen der niedrigen Pegel der Träger (–20 dB oder niedriger) sind auch die Verluste in dem Kombinationsnetzwerk gering. Die Pegelanpassung erfolgt hauptsächlich über Dämpfungsglieder oder durch Einstellung der Ausgangspegel der Aufwärtsumsetzer. Sollten jedoch noch zusätzliche Verstärker notwendig sein, ist nur eine niedrigere Verstärkung und Ausgangsleistung erforderlich. Die Kombination vor dem Eingang kann nur dann gemacht werden, wenn die Bandbreite des Sendeverstärkers groß genug ist, um alle Träger zu übertragen. Breitbandige Sendeverstärker sind jedoch nur Wanderfeldröhren– und Halbleiterverstärker. Werden Klystrons als Sendeverstärker verwendet, muß die Zusammenführung der verschiedenen Träger meist hinter dem Verstärkerausgang erfolgen.

Empfangsseite

Das empfangene Signal kommt vom rauscharmen Vorverstärker über ein Koaxkabel oder einen Hohlleiter, wird in der Leistung entsprechend der Zahl der parallelen Abwärtsumsetzer aufgeteilt und dem entsprechenden Abwärtsumsetzer zugeführt. Je nach Auslegung der Erdfunkstelle müssen die Verluste in der Zuleitung (Koaxkabel oder Hohlleiter) durch einen Breitbandverstärker zwischen dem rauscharmen Vorverstärker und dem Leistungsteiler ausgeglichen werden. In dem Abwärtsumsetzer wird das Signal vom HF–Bereich in den ZF–Bereich umgesetzt und gefiltert. Die Entzerrung erfolgt, falls auf der Empfangsseite gefordert, in einem entsprechenden Netzwerk im Abwärtsumsetzer. Das ZF–Signal wird dann demoduliert. Die Beseitigung der Trägerverwischung erfolgt ebenfalls im Demodulator. In sehr ausgefallenen Schaltungen erfolgt die Beseitigung durch eine entsprechende Frequenzsteuerung des Abwärtsumsetzers. Das demodulierte Basisbandsignal wird dann dem terrestrischen Netz zugeführt.

Codecs

Das gewählte Codierverfahren für eine Digitalübertragung (vergl. Kap. 4.3.2.1) wird, ähnlich wie bei der Modulation, häufig in einer Geräteeinheit für Codierung und Decodierung untergebracht. Diese Einheit bezeichnet man als *Codec*. Entsprechend ihrer Funktion unterscheidet man

– Kanal–Codecs für die Hochfrequenz–Übertragungsstrecke (z.B. über Satellit);

– Line–Codecs für Basisband–Übertragungen (über Kabel);

– Quellen–Codecs für die Codierung des Quellensignals, zunächst unabhängig von der späteren Kanalcodierung.

Natürlich bleiben in einem sinnvollen Gesamtsystem die Verfahren 'Quellen– und 'Kanalcodierung' nicht unabhängig, sondern werden in einen optimalen Prozeß verschmolzen.

2.10.1 Modulatoren/Demodulatoren

Zur Übertragung von Signalen mit Hilfe von HF–Trägern müssen die Signale auf die Träger aufgebracht und wieder getrennt werden. Dazu werden Modulatoren bzw. Demodulatoren benutzt. Diese beiden Funktionseinheiten sind oft zusammen in Gehäuse eingebaut und werden daher mit dem Kurzbegriff *Modem* bezeichnet.

2.10.1.1 Analoge Modulatoren/Demodulatoren

Amplitudenmodulationsgeräte

Bei der Amplitudenmodulation wird heute fast nur noch die Einseitenbandmodulation (SSB) verwendet, da diese gegen atmosphärische Störungen und Pegelschwankungen resistenter ist.

Bild 2.16 Blockschaltbild eines SSB-Modulators/Demodulators

Bild 2.16 zeigt ein Blockschaltbild eines Einseitenbandmodulators/Demodulators. Das vom Quarzoszillator gelieferte Trägersignal wird im Ringmischer mit dem NF-Signal so moduliert, daß ein Zweiseitenbandsignal mit unterdrücktem Träger entsteht. Aus diesem Zweiseitenbandsignal wird ein Teil (entweder das obere Seitenband, OSB, oder USB, das untere Seitenband mit einem Quarzfilter herausgefiltert. Das Quarzfilter wird verwendet, weil es gegenüber anderen Lösungen die einfachste und billigste ist.

In der Demodulatorschaltung werden das modulierte HF-Signal und ein Trägersignal aus einem Quarzoszillator dem Ringmischer zugeführt. Das Ausgangssignal – das demodulierte NF-Signal – wird in einem Verstärker nachverstärkt und in Pegel und Impedanz an die NF-Kreise angepaßt.

Frequenzmodulationsgeräte

Die Frequenzmodulation ist bei Satellitenübertragungen das klassische analoge Modulationsverfahren. Bei Satellitenübertragungen mit FM-modulierten Trägern muß – abgesehen von den sprachgesteuerten SCPC-Systemen – Trägerverwischung angewandt werden, um die Leistungsflußdichte zu begrenzen. Außerdem wird zur Verbesserung des Signal/Rauschverhältnisses bei der Übertragung durch ein Preemphase/Deemphasenetzwerk verzerrt/entzerrt und z.T. noch in Kompandern die Dynamik reduziert. Deshalb sind Kompander, Preemphasenetzwerke und Trägerverwischung in den Modulator und Deemphase, Expander und Klemmung (Rückgängigmachung der Trägerverwischung; engl. *Clamping,* siehe Kap. 3.4) in den Demodulator mit eingebaut.

Der Verstärker liefert Signale mit ausreichenden Pegeln für den Betrieb der spannungsgesteuerten Oszillatoren (VCO). Die beiden VCO werden gegenphasig angesteuert. Ihre Ausgangssignale erzeugen im Mischer ein frequenzmoduliertes Signal. Durch geeignete Wahl der Frequenzen f_1 und f_2 erhält man direkt das FM-modulierte ZF-Signal (70 MHz). Zur Stabilisierung der Frequenz wird z.b. ein Frequenzregelkreis (AFC) verwendet. Diese Modulatorschaltung liefert hohe Frequenzhübe bei guter Linearität und niedrigen Laufzeitverzerrungen. Bild 2.17 zeigt einen FM-Modulator/Demodulator. Als Demodulator wird ein klassischer FM-Diskriminator verwendet. Dem Demodulator nachgeschaltet sind Deemphasenetzwerk, Expander und *Clamp*-Verstärker. Im *Clamp*-Verstärker wird das Energieverwischungssignal entfernt.

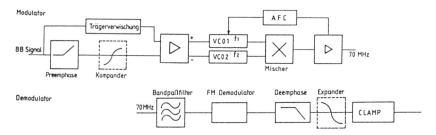

Bild 2.17 Blockschaltbild eines FM–Modulators/Demodulators

2.10.1.2 *Digitale Modulatoren/Demodulatoren (PSK, FSK)*

Die Signalaufbereitung wie Analog–Digitalwandlung, Codierung, Signalverwischung und die entsprechenden Invertierungen erfolgen vor dem Modulator bzw. nach dem Demodulator.

Phasensprungmodulation

Bei der Übertragung von digitalen Signalen über Satelliten werden nur Zwei– und Vierphasenumtastung als Modulationsverfahren angewandt. Zweiphasenumtastung wird nur in der mobilen Kommunikation und Vierphasenumtastung fast ausschließlich in den festen Diensten verwendet.

Bild 2.18 zeigt die Blockschaltbilder von Modulatoren mit Zwei– und Vierphasenumtastung. Bei Zweiphasenumtastung wird im bipolaren Komparator der einpolare Datenstrom in einen bipolaren umgewandelt. Mit diesem Datenstrom wird Strom in den ZF–Eingang des *Double Balanced Mixers* eingespeist bzw. herausgezogen. Damit erreicht man eine 0°– oder 180°–Phasenverschiebung des Lokaloszillatorsignals. Zur Vermeidung von Interferenzen zwischen den einzelnen Symbolen wird teilweise noch ein Filter im Ausgang eingesetzt.

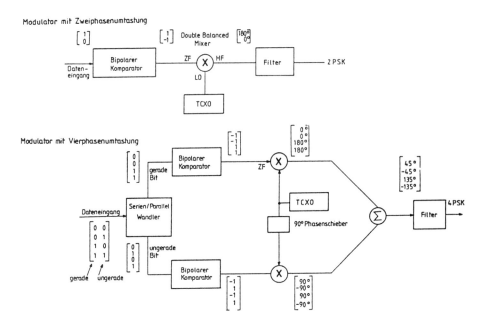

Bild 2.18 Blockschaltbild eines Modulators mit Zwei- und Vierphasenumtastung

Während man bei der Zweiphasenumtastung mit einem Datenstrom aus Einzelbit arbeitet, werden bei der Vierphasenumtastung Doppelbit verwendet. Beim Modulator mit Vierphasenumtastung werden die seriellen Doppelbitströme im Serien–Parallelwandler in zwei parallele Bitströme getrennt. Die geraden Bit werden dann wie bei der Zweiphasenumtastung im bipolaren Komparator in einen Datenstrom umgewandelt, mit dem der *Double Balanced Mixer* angesteuert wird. Die ungeraden Bit werden ebenso verarbeitet, nur ist das Trägersignal des *Double Balanced Mixers* um 90° phasenverschoben bezogen auf das Trägersignal des Zweiges der geraden Bit. Die Ausgangssignale der beiden Mixer (0°, 90°, 180°, –90°) werden in einem Summierglied so kombiniert, daß Phasenlagen von 45°, 135°, –135°, –45° entstehen. Zur Verringerung der Interferenz zwischen den Symbolen wird teilweise noch ein Filter nachgeschaltet.

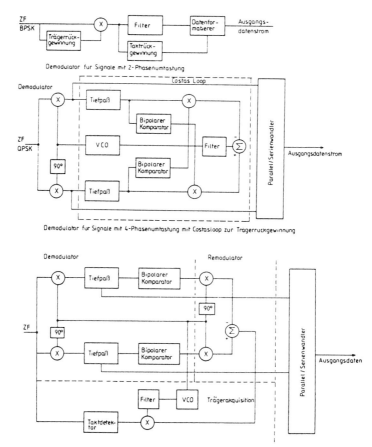

Bild 2.19 Blockschaltbild eines Demodulators mit Zwei- und Vierphasenumtastung

Bild 2.19 zeigt die Blockschaltbilder von Demodulatoren für Signale mit Zwei- und Vierphasenumtastung. Das in der Trägerrückgewinnungsschaltung regenerierte Trägersignal wird mit dem Eingangssignal multipliziert und ergibt den Ausgangsdatenstrom. Dabei sind das regenerierte Trägersignal und das Eingangssignal kohärent. Der Ausgangsdatenstrom wird gefiltert und, falls erforderlich, über die Taktrückgewinnung gesteuert, im Datenformatierer formatiert und ausgegeben. Die hauptsächlich für die Trägerrückgewinnung benutzten Schaltungen sind Costas–Loop und Remodulation. Ebenso wie beim Modulator mit Vierphasenumtastung besteht auch der Demodulator aus zwei Zweigen, von denen der eine mit einem um 90° phasenverschobenen Träger arbeitet.

Frequenzsprungmodulation

Die Frequenzsprungmodulation bietet vor allem bei Signalen mit stochastischer Zusatz-dämpfung besondere Vorteile, da die Trägerrückgewinnung entfällt. Diese Modulationsart ist deshalb besonders für den Mobilfunk geeignet. Ebenso kann damit eine Übertragung stör-sicherer gemacht werden, wenn die Frequenzsprünge einer Quasi–Zufallsverteilung folgen.

Bild 2.20 zeigt die Blockschaltbilder eines Frequenzsprungmodulatorsdemodulators. Zur Modulation wird der serielle Eingangsdatenstrom in den beiden Pegeldetektoren in die Infor-mationen 0 bzw. 1 zerlegt. Diese Pegeldetektoren steuern je nach vorliegendem Pegel 1 oder 0 einen der beiden Quarzoszillatoren $X0_1$ mit der Frequenz f_1 oder $X0_2$ mit der Frequenz f_2 an. Durch die Wahl der entsprechenden Frequenzen f_1 und f_2 wird direkt der ZF–Bereich erreicht. Zur Demodulation durchläuft das Signal je nach Frequenz eines der Bandpaßfilter und wird anschließend in dem entsprechenden Hüllkurvendemodulator demoduliert. Die Entscheidung, ob eine 0 oder eine 1 vorliegt, wird im Maximum–Detektor vorgenommen, der dann auch den Ausgangsdatenstrom liefert.

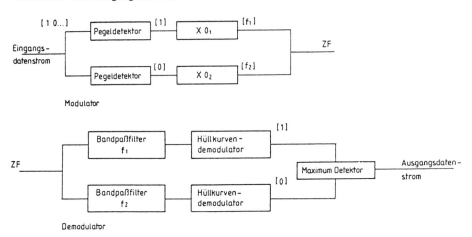

Bild 2.20 Blockschaltbild eines Frequenzsprungmodulators/-demodulators

2.10.2 Frequenzumsetzer

Zur Umsetzung der Modulatorausgangsfrequenz auf die Sendefrequenz zum Satelliten bzw. die Empfangsfrequenz vom Satelliten auf die Eingangsfrequenz des Demodulators werden Frequenzumsetzer verwendet. Die ersteren nennen wir Aufwärtsumsetzer oder *Upkonverter*, die letzteren Abwärtsumsetzer oder *Downconverter*.

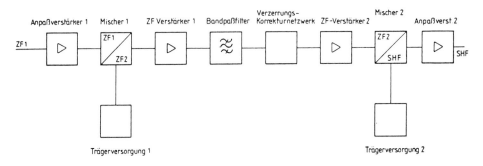

Bild 2.21 Blockdiagramm eines Frequenzumsetzers

Je größer die Differenz zwischen Ein- und Ausgangsfrequenz eines Umsetzers ist, umso empfindlicher reagiert er auf Änderungen bei Einstellungen und wechselnden Umgebungsbedingungen. Frequenzverhältnisse bis etwa 1:20 lassen sich heute gut beherrschen. Bei jeder Frequenzumsetzung erhöht sich das Phasenrauschen des Trägers. Bild 2.21 zeigt das Blockschaltbild. Bei einem Signalfluß von links nach rechts handelt es sich um einen Aufwärtsumsetzer und bei umgekehrtem Signalfluß um einen Abwärtsumsetzer.

Allgemeine Funktionsbeschreibung

Aufwärtsumsetzer

Das vom Modulator kommende Signal wird im Anpaßverstärker, soweit erforderlich, in Pegel und Impedanz an den Mischer 1 angepaßt. Im Mischer 1 wird es von der Frequenz ZF1 auf ZF2 umgesetzt und gelangt dann nach Verstärkung in den ZF-Verstärkern 1, 2, Filterung im Bandpaßfilter und Korrektur von Verzerrungen in dem entsprechenden Netzwerk in den Mischer 2. Dort wird es von der ZF2 auf die Sendefrequenz umgesetzt und gelangt dann über den Anpaßverstärker 2 zu den Sendeverstärkern.

Abwärtsumsetzer

Das vom rauscharmen Vorverstärker über Leistungsteiler kommende Signal wird über den Anpaßverstärker 2 dem Mischer 2 zur Umsetzung auf die Frequenz ZF2 zugeführt. Das Ausgangssignal wird dann in dem ZF-Verstärker 1 verstärkt, im Bandpaßfilter gefiltert, im Verzerrungskorrekturnetzwerk entzerrt, im Mischer 1 auf die Frequenz ZF1 umgesetzt und gelangt dann über den Anpaßverstärker zum Demodulator. Ebenso wie beim Aufwärtsumsetzer sind die Frequenzen ZF1 und ZF2 fest. Die Eingangsfrequenz des Mischers 2 (Empfangsfrequenz) kann in einem gewissen Bereich variiert werden.

Erläuterungen zu den einzelnen Baugruppen:

Anpaßverstärker 1,2

Diese Verstärker dienen zur Anpassung von Pegeln und Impedanzen. In vielen Umsetzern werden diese Verstärker nicht eingesetzt.

Mischer 1,2

Die Frequenzumsetzung wird durch einfaches Mischen des Signalträgers mit einem unmodulierten Hilfsträger erreicht. Um von der Frequenz f_a zur Frequenz f_b zu gelangen, gibt es zwei Möglichkeiten:

$$f_a = f_b + f_{mix} \text{ oder } f_a = f_b - f_{mix}. \qquad (2.24)$$

Die Frequenz ZF1 liegt in der Regel bei 70 MHz; nur für Träger mit sehr großer Bandbreite werden 140 MHz und mehr benutzt. Die Frequenz ZF2 liegt bei älteren Entwürfen bei 700 bzw. 800 MHz, neuere verwenden z.B. 1,1 GHz.

Trägerversorgung 1,2

Sowohl die Trägerversorgung 1 als auch die Trägerversorgung 2 arbeitet mit sehr stabilen Grundoszillatoren im Bereich von ca. 100 MHz. Die von den Mischern benötigten Frequenzen werden durch Vervielfachung erzeugt. In der Trägerversorgung 1 werden Quarze als Grundoszillatoren und einfache Vervielfacher, und in der Trägerversorgung 2 Synthesizer als Grundoszillatoren und PLL-Oszillatoren, die mit einer höheren Harmonischen des Grundoszillators synchronisiert werden, verwendet. Die Synthesizer werden verwendet, um schnell Frequenzwechsel (Kanalumschaltung) vornehmen zu können.

ZF–Verstärker

Die ZF–Verstärker sind lineare Verstärker mit fester Verstärkung. Bei geeigneter Konstruktion ist ein Verstärker ausreichend.

Bandpaßfilter

Das Bandpaßfilter legt man am günstigsten in den ZF2–Bereich, da dadurch eine Abstimmung auf andere Frequenzen bei Frequenzänderungen entfällt. Die Filterung bei ZF reduziert den Aufwand erheblich, da sich Filter mit ca. 36 MHz Bandbreite für Frequenzen über 700 MHz leichter realisieren lassen als für 70 MHz bzw. 140 MHz.

Verzerrungskorrekturnetzwerk

Für die Korrektur von Verzerrungen im Transponder gibt es entweder die Vorverzerrung im Sendezweig oder die Entzerrung im Empfangszweig. Beide Korrekturen erfolgen am besten nach dem Bandpaßfilter der Umsetzer. Dadurch können auch die Verzerrungsanteile des Bandpaßfilters mit korrigiert werden.

2.10.3 Dienstkanal

In einem Satellitennetz muß Kommunikation zwischen den verschiedenen Erdfunkstellen bzw. zwischen Überwachungsstation und Erdfunkstellen unabhängig von anderen Kommunikationskanälen möglich sein. Dazu ist ein Dienstkanalnetz geschaltet. Die Überwachungsstation übermittelt über den Dienstkanal Informationen über den Systemstatus und verlangt Sendepegelanpassungen und Frequenzänderungen. Das Dienstkanalsystem hat seine eigenen Signalisierungsverfahren, die den Anforderungen des Satellitensystems und der Betriebsphilosophie der verschiedenen Erdfunkstellen angepaßt sind. Fernüberwachung und Fernbedienung von Erdfunkstellen kann über den Dienstkanal erfolgen.

Im Normalbetrieb gibt es nur Punkt–zu–Punkt–Verbindungen und nur ein geringes Verkehrsaufkommen im Dienstkanal. Mindestens zwei Träger sind für Senden und zwei für den Empfang notwendig. Im Falle von Telefonverkehr muß Telexverkehr möglich sein und umgekehrt.

2.11 Schrifttum

/1/ Mäusl, R.: Analoge Modulationsverfahren. Heidelberg: Hüthig, 1988

/2/ Mäusl, R.: Digitale Modulationsverfahren. Zweite Auflage. Heidelberg: Hüthig, 1988

/3/ Shannon, C.E.: The Mathematical Theory of Communications. Parts I + II. BSTJ Band Nr. 27, 1948

/4/ Nyquist, H.: Certain Topics In Telegraphs Transmission Theory. Transactions AIEE. Volume Nr. 47, 1928

/5/ Herter, E. und Rupp, H.: Nachrichtenübertragung über Satelliten. Berlin: Springer, 1983

3 Übertragungsverfahren für Satellitenfernsehen

Für die Übertragung über Satelliten werden Fernsehsignale auf die Frequenzen umgesetzt, mit denen der Satellit arbeitet. Bei TV–SAT sind dies zum Beispiel das 17 GHz–Band für die Aufwärtsstrecke und das 12 GHz–Band für die Ausstrahlung vom Satelliten zur Erde. Das heißt, das Signal wird diesen Trägerfrequenzen aufmoduliert. Hierzu verwendet man geeignete Modulationsverfahren (siehe Kap. 2). Amplitudenmodulation ist zwar die einfachste Art der Modulation, ist aber auch am stärksten von Übertragungsstörungen betroffen, die durch atmosphärisches Rauschen verursacht werden. Deshalb bevorzugt man für die Übertragung von analogen Fernsehsignalen allgemein Frequenzmodulation. Liegt das Fernsehsignal bereits in digitaler Form vor, so verwendet man am besten Phasenumtastung (Phase Shift Keying, PSK).

3.1 Analoge Übertragungsverfahren

3.1.1 Analoge Übertragungsverfahren von Videosignalen

Für die z. Zt. ca. 13 internationalen Standards gelten die gleichen Grundprinzipien: Man paßt die Technik den physiologischen Eigenschaften des Auges in Hinsicht auf Auflösung (Zeilenzahl) und Bildfolge an. Bild 3.1 zeigt den Vorgang des Abtastens eines Bildes in zwei Teilbildern mit geraden und ungeraden Zeilenzahlen (Zeilensprungverfahren; PAL):

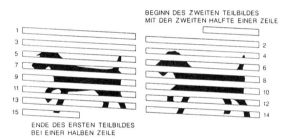

Bild 3.1 Abtasten eines Bildes in zwei Teilbildern

Die Zeilenzahl der gebräuchlichsten Systeme beträgt 525 (bei NTSC) bzw. 625 (bei PAL/ SECAM). Die meisten anderen Normen, z.B. 405 oder 819 Zeilen sind wegen zu geringer Auflösung oder zu großer benötigter Bandbreite aufgegeben worden. Für ein flimmerfreies Bild benötigt man ca. 50 Bildwechsel/Sekunde. Bildwechselfrequenzen von 50 – 60 Hz mit Zeilenzahlen von 500 – 600 erfordern eine Bandbreite von mehr als 10 MHz. Um dies zu vermeiden, wird das Zeilensprungverfahren nach Bild 3.1 verwendet: im ersten Halbbild werden die ungeraden und im zweiten Halbbild die geraden Zeilen übertragen. Damit ergeben sich 50 Halbbilder/s (Flimmern) und nur 25 Vollbilder/s (Frequenzökonomie). Für eine Synchronisation zwischen Sender und Empfänger sind Gleichlaufzeichen nötig. Bild 3.2 zeigt die europäische CCIR–Fernsehnorm für Bildinhalt und Gleichlaufzeichen (Synchronisationsimpulse) einer Zeile.

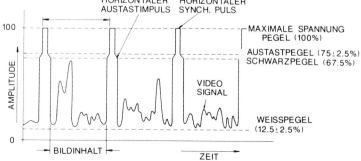

Bild 3.2 Bildinhalt und Gleichlaufzeichen nach CCIR Norm

Bild 3.3 zeigt die Zeilen und Bildwechselimpulse, die für Synchronisation des empfangenen Bildes nötig sind /1/.

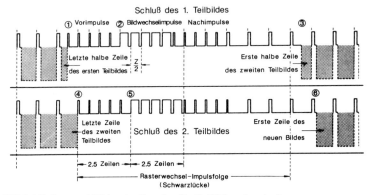

Bild 3.3 Zeilen- und Bildwechselimpulse für die Bildsynchronisation

Für die Farbübertragung haben sich weltweit drei Systeme herausgebildet: das NTSC (*National Television System Committee*) Verfahren, das PAL (*Phase Alternating Line*) und das SECAM (*Sequentielle à Memoire*) Verfahren. Diese Systeme müssen mit bestehenden Schwarzweißfernsehempfängern kompatibel sein. Deshalb wird das Helligkeitssignal Y übertragen. Die drei Farbauszüge Rot–Grün–Blau (RGB) werden (mit verminderter Bandbreite) als Differenzsignale zum Helligkeitssignal Y übertragen. Deshalb sind nur zwei Farbdifferenzsignale U = B–Y und V = R–Y nötig, da die andere Komponente im Empfänger errechnet werden kann, aus der Formel $Y = 0,3 \cdot R + 0,59 \cdot G + 0,11 \cdot B$.

Mit den beiden Farbdifferenzsignalen werden bei NTSC und bei PAL ein Farbhilfsträger f_H in der Amplitude moduliert; bei SECAM werden diese einem Träger nacheinander mit frequenzaufmoduliert. Die Modulationsspektren werden am oberen Ende des Videofrequenzbandes in das Frequenzspektrum des Helligkeitssignals eingelagert (Halb– oder Viertelzeilen–Offset). Bild 3.4 zeigt dies für PAL mit dem Farbhilfsträger von 4,42 MHz.

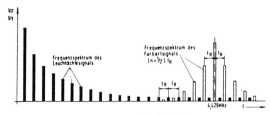

Bild 3.4 Frequenzspektrum des PAL-Bildes

Es haben sich zwei Grundnormen für den internationalen Programmaustausch herausgebildet:

	FCC-Norm (USA)	CCIR-Norm (ITU)
Zeilen/Vollbild	525	625
Halbbilder/s	60	50
Farbsystem	NTSC	PAL/SECAM
Bandbreite	4,20 MHz	5,0 / 5,5 / 6,0 MHz
Farbträger	3,58 MHz	4,43 MHz

Die Grundnormen müssen über Normwandler ineinander übergeführt werden oder es müssen Mehrnormenempfänger verwendet werden. Bild 3.5 zeigt die Kanalverteilung und die relativen Pegel für verschiedene TV–Systeme. Gleichzeitig ist daraus zu ersehen, wo der Ton (Audio) untergebracht ist. Die Träger dafür sind am oberen Frequenzende angeordnet.

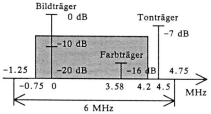
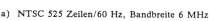

a) NTSC 525 Zeilen/60 Hz, Bandbreite 6 MHz

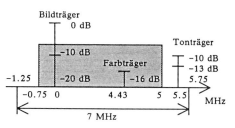

b) CCIR 625 Zeilen/50 Hz, Bandbreite 7 MHz

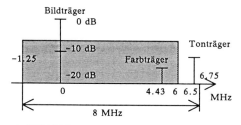

c) SECAM F 625 Zeilen/50 Hz, Bandbreite 8 MHz

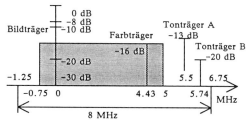

d) CCIR 625 Zeilen/50 Hz/Stereo, Bandbreite 8 MHz

Bild 3.5 Frequenzspektren und Pegel für verschiedene TV-Normen

Beim NTSC– und CCIR–Verfahren ist der Ton frequenzmoduliert, bei SECAM amplitudenmoduliert. Das Bild ist bei CCIR und NTSC negativ amplitudenmoduliert, bei SECAM positiv moduliert /2/. Neben den Synchronisationsimpulsen erwies es sich als nötig, beim Farbfernsehen noch ein weiteres Signal zu übertragen, nämlich die Farbträgerfrequenz (bei PAL und SECAM 4,43 MHz, bei NTSC 3,58 MHz). Es genügt dabei innerhalb einer Zeile nur wenig Perioden davon zu übertragen. Wie in Bild 3.6 gezeigt, fügt man diesen "Farbburst" auf der sog. hinteren Schwarzschulter ein.

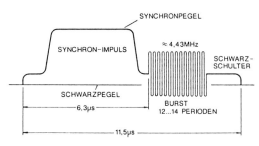

Bild 3.6 Synchronisierimpuls mit
Burstsignal für Farbfernsehsendungen

Das Fernsehbild bleibt während der Zeit, in der der Schreibstrahl der Fernsehröhre vom rechten unteren Bildrand wieder zurückeilt, schwarz getastet. In diesem Zeitraum können zusätzliche Informationen übertragen werden, ohne daß es das Fernsehbild stört (s. Bild 3.7).

Auf diese Weise können zusätzliche Ton– oder Datenkanäle eingefügt werden. Einige Zeilen bleiben außerhalb des TV–Bildes und können für Testzwecke verwendet werden; der sogenannte aktive Bildteil umfaßt nämlich nur 580 Zeilen. Zeile 17 und 18 des ersten Halbbildes, sowie Zeilen 330 und 331 des zweiten Halbbildes werden als sog. Prüfzeilen verwendet.

In Bild 3.8 sind die Inhalte der Prüfzeilen 17(a), 18(b), 330(c) und 331(d) aufgezeigt /3/. Mit Hilfe dieser Prüfzeilen ist eine automatische Überwachung der Qualität der TV–Übertragung mit Prüfzeilenanalysatoren möglich. Werte wie z.B. das Signal/Rauschverhältnis, differentielle Phase, Amplitude von 2T– und 20T–Impulsen und Frequenzgang können bestimmt werden. Auch ohne automatischen Analysator ist es möglich, aus den Prüfzeilen Kennwerte für das richtige Funktionieren der gesamten Empfangskette zu ermitteln.

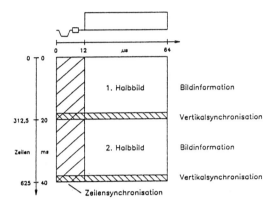

Bild 3.7 Horizontal- und Vertikallücke beim Fernsehen

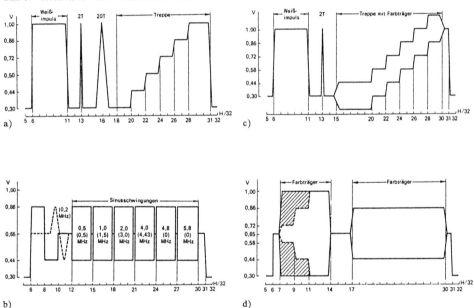

Bild 3.8 CCIR Prüfzeichen für die Zeilen 17(a), 18(b), 330(c) und 331(d)

Der Frequenzgang kann z.B. leicht aus dem Multiburstsignal (siehe Bild 3.8b), das Sinusschwingungen verschiedener Frequenzen nacheinander übermittelt, entnommen werden. Wenn die Amplitude über der Frequenz abnimmt, kann man das z.B. auf eine zu geringe Bandbreite des Empfängers zurückführen. Der 2T–Impuls ($\sin^2$–Puls) ist ein guter Indikator für Phasenverzerrungen (siehe Bild 3.8a). Der 20T–Impuls bietet die Möglichkeit, Verstärkungs– und Laufzeitunterschiede zwischen Farb– und Helligkeitssignalen zu bestimmen. Mit dem Signal von Bild 3.8d ist es möglich, Phasen– oder Amplitudenunterschiede zwischen Farbreferenz– und Farbburstsignalen zu ermitteln. Die Treppe mit Farbträgern in Bild 3.8c zeigt Weiß– und Schwarzreferenzpegel, sowie die sechs Standard–Farbbalken.

Zur Messung in den Prüfzeilen können neben Oszillographen mit spezieller Triggerung für bestimmte Zeilen auch sog. Waveform–Monitore verwendet werden, bei denen mit einem Schalter direkt die zu untersuchende Zeile ausgewählt wird. Diese Geräte sind oft kombiniert mit sog. Vektor–Monitoren, die es gestatten, die Parameter der Farbübertragung in Vektorform zu betrachten.

Die Übertragung analoger Fernsehbilder über Satellit erfolgt wegen der günstigeren Rauschbilanz mit Frequenzmodulation (siehe Kap. 2.1).

Die Mindestbandbreite, die für FM–Übertragung zur Verfügung stehen muß, ist gegeben durch die Carson–Bandbreite

$$B = 2 \cdot (\Delta F + f_b) \tag{3.1}$$

wobei ΔF der Hub (Null–Spitze) und f_b die Videobandbreite ist.

Für ECS–Übertragungen ergibt sich für $\Delta F = 25$ MHz (Spitze–Spitze) und $f_b = 5$ MHz eine Hochfrequenzbandbreite $B = 2 \cdot (25/2 + 5) = 35$ MHz. Für die FM–Videoübertragung wird eine Preemphase verwendet. Bild 3.9 zeigt diese Kurve nach CCIR–Empfehlung 405-1 für 625 Zeilen /4/.

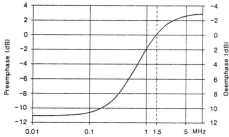

Bild 3.9 Preemphase für Pal
nach CCIR-Empfehlung 405-1

Die sog. neutrale (Crossover–) Frequenz liegt bei 1,5 MHz. Die Rauschspannungsdichte steigt linear mit der Frequenz an (Dreiecksrauschen). Durch die Multiplikation dieser Kurve mit der Preemphase ergibt sich die Kurve in Bild 3.10.

Unterhalb von 1,5 MHz vergrößert und darüber verkleinert sich das Rauschen. Insgesamt verringert sich durch die Preemphase jedoch die Rauschleistung. Für $f_b = 5$ MHz erhält man durch die Preemphase eine Verbesserung von ca. 2,0 dB im $S-R$.

Um die physiologische Störungswirkung auf das Auge zu berücksichtigen, wird ein sog. Bewertungsfilter benutzt. Bild 3.11 zeigt die Bewertungskurve nach CCIR Empfehlung 567. Durch Dämpfung der hohen Frequenzen um ca. 14 dB wird ein Gewinn von ca. 11,2 dB erzielt. Zum Gesamtgewinn der FM–Übertragung kommt hinzu noch der Modulationsgewinn

$$G_{FM} = \frac{3}{2} \frac{\Delta F^2}{f_b^2} \frac{B}{f_b} \quad . \tag{3.2}$$

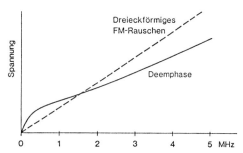

Bild 3.10 Deemphase (ausgezogen)
und Dreiecksrauschen (gestrichelt)

Für die Umrechnung von $C-N$ in $S-R$ ist die Summe der Gewinne G_p (durch Preemphase), G_{FM} (durch FM–Modulation) und G_F (durch Bewertungsfilter) zu addieren (s. auch Gl. 2.5):

$$G = G_P + G_{FM} + G_F \tag{3.3}$$

Das Signal/Rauschverhältnis $(S-R)$ bewertet wird

$$(S-R)_{bewertet} = G_{FM} + C-N + (G_P + G_F) \tag{3.4}$$

Die beiden Gewinnfaktoren G_P und G_F sind dabei für ein bestimmtes TV−System konstant. Für PAL ergibt sich aus Gl. 3.3

$$G_1 = G_P + G_F = 2 \text{ dB} + 11,2 \text{ dB} = 13,2 \text{ dB}.$$

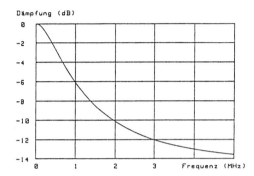

Bild 3.11 Bewertungskurve nach
CCIR-Empfehlung 567 für PAL

Für den deutschen TV−SAT erhält man für PAL−Fernsehen (f_g = 5 MHz, B = 27 MHz)

$$G_{FM} = 3/2 \cdot (13,5/5)^2 \cdot 27/5 = 59$$

oder im logarithmischen Maß (per Gl. 2.3) gleich 17,7 dB Leistung. Damit wird (nach Gl. 3.4)

$$(S-R)_{bewertet} = 17,7 + C-N + 13,2 \text{ oder } (S-R)_{bewertet} = (C-N + 30,9) \text{ dB}.$$

Für $C-N$ = 18 dB erhält man $(S-R)_{bewertet}$ = 48,9 dB für den Fall des TV−SAT mit PAL.

Bei D2−MAC gilt eine andere Preemphase und außerdem ist f_g höher. Für G erhält man statt 30,9 dB (PAL) etwa 28,2 dB /5/.

Da über die einzelnen Bewertungen z.T. noch heftig diskutiert wird, kann man heute nur sagen, daß das $S-R$ für D2−MAC etwa in derselben Größenordnung wie bei PAL liegt (Luminanz $S-R$ ca. 1 dB schlechter, dafür Farb−$C-N$ um 2 bis 3 dB höher als bei PAL).

Die Gleichung 3.4 gilt nur für Werte von $C-N$ > 10 dB. Bild 3.12 zeigt das Verhältnis von $S-R$ in Abhängigkeit von $C-N$.

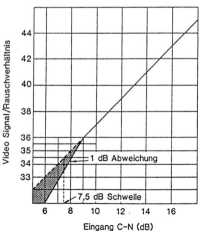

Bild 3.12 $S-R$ in Abhängigkeit von
$C-N$ (27 MHz) und FM-Schwelle

Man sieht, daß für Werte von $C-N < 9$ dB eine nicht mehr lineare, sondern überproportionale Verschlechterung des Signal/Rauschabstandes eintritt. Den $C-N$–Wert, der 1 dB unter dem rechnerischen Wert von $S-R$ liegt (siehe Bild 3.12), bezeichnet man als FM–Schwelle. Auf dem Bildschirm entstehen dann sog. "Fischchen".

Die Verschlechterung des TV–Bildes durch diese Fischchen ist nur schlecht fotographisch festzuhalten, da bei längeren Belichtungszeiten diese Störungen sich wegintegrieren. Auch eine Messung des $S-R$ mit der Prüfzeilenmethode ergibt zu gute Werte in der Nähe und unter der Schwelle, da die Wahrscheinlichkeit des Auftretens von Störungen genau in der Prüfzeile natürlich gegenüber dem Gesamtbild reduziert ist.

Die sog. Fischchen sind bedingt durch Phasensprünge und damit durch Veränderung der Momentanfrequenz des Trägers infolge von Rauschen. Es kann je nach der Richtung des Phasensprunges eine Frequenzerniedrigung oder –erhöhung stattfinden, was entsprechend zu schwarzen oder weißen Fischchen führt /5/. Die Deemphase verstärkt den Einfluß der Impulsstörungen, diese werden durch Betonung der tiefen Frequenzen zeitlich gedehnt.

Es gibt Demodulatoren, die durch mitlaufende Filter, Zeilen–Zeilen–, bzw. Bild–Bild–Korrelation und spezielle PLL–Demodulatoren eine FM–Schwelle von 5,5 dB erreichen für Signale mit 75% Farbsättigung /6/.

3.1.2 Analoge Tonübertragungsverfahren

Für TV–SAT und sein französisches Pendant den TDF–1 ist für Video und die Begleittöne die Übertragungsnorm D2–MAC mit digitaler Tonübertragung vorgesehen. Bei Kommunikationssatelliten werden die Begleittöne auf FM–modulierten Unterträgern übertragen. Durch das bei den höheren Frequenzen steigende Rauschen (Dreiecksrauschen) wird die Tonübertragung etwas verschlechtert. Vom Basisband werden beim Empfang mittels Hoch– oder Bandpässen die Unterträger abgetrennt und demoduliert. Wegen der unterschiedlichen Unterträgerfrequenzen, Hübe, Prä– und Deemphasen sowie Verfahren für Stereotonübertragung werden die Demodulatoren für Begleittöne recht aufwendig. Der Blaupunkt Empfänger SR2000 hat beispielsweise einen Fangbereich für den Ton von 4,5 – 8,5 MHz und wählbare Bandbreiten von ±150 kHz; ±300 kHz und ±1 MHz (Hub 150 kHz, 75 kHz gebräuchlich); die Deemphase ist wählbar zwischen 50 und 75 µs. Aus Tabelle 7.7 kann man die Parameter für die Tonübertragung der Kommunikationssatelliten entnehmen. Für die analoge Stereotonübertragung gibt es im wesentlichen vier Verfahren:

- Summen–Differenzverfahren (Matrix–Verfahren);
- Multiplexverfahren;
- WEGENER System (Diskretes Verfahren) mit spektraler Kompandierung;
- LEAMING Verfahren mit spektraler und Amplitudenkompandierung.

Diese Verfahren werden vor allem bei englischen und amerikanischen Satellitenübertragungen verwendet.

Matrix–Verfahren

Das Matrix–Verfahren (z.B. von WARNER–AMEX) benutzt zwei Unterträger für die Stereoübertragungen. Linker plus rechter Kanal (L+R) werden auf einem und linker minus rechter Kanal (L-R) auf einem zweiten Unterträger übertragen. Der Hub beträgt ±200 kHz auf jedem Unterträger und die Übertragungsbandbreite ungefähr 200 kHz. Die Preemphase beträgt 75 µs. Bei Remodulation auf FM mit 75 µs–Preemphase gleicht das Signal fast einem FM–Rundfunk Dolby–Signal. Es wird mit Stereo–Prozessoren decodiert.

Multiplex–Verfahren

Hierbei wird wie bei den konventionellen FM–Verfahren übertragen. Das (L+R)–Signal wird von 50 Hz – 15 kHz übertragen. Das (L-R)–Signal wird dann zweiseitenbandmoduliert mit unterdrücktem Träger bei 38 kHz übertragen. Der 19 kHz–Pilotton wird ebenfalls übertragen, deshalb muß beim Empfänger kein Träger rückgewonnen werden. Der Hub beträgt ±400 kHz, die Gesamtbandbreite beträgt maximal 3 bis 4 MHz. Zum Empfang wird erst der breitbandige Unterträger demoduliert, dann erfolgt eine Remodulation des FM–Signales.

Das WEGENER–Verfahren

Das WEGENER–Verfahren, auch diskretes Verfahren genannt, weil diskreter linker und rechter Kanal auf getrennten Unterträgern übertragen werden, benutzt Unterträger, die im Pegel gegenüber dem Haupttonträger bei 6,8 MHz um 4 bis 6 dB abgesenkt sind. Bis zu acht Mono– oder vier Stereokanäle oder drei Stereo– und zwei Datenkanäle können zusammen mit dem Originalton bei 6,8 MHz und einem Datenkanal übertragen werden /7/.

Für verschiedene Programme werden verschiedene Aufteilungen verwendet. Die hauptsächlich verwendeten Unterträger sind in Bild 3.13 angegeben. Die Pegel der Unterträger sind um bis zu 6 dB niedriger als der 6,8 MHz Träger; der Abstand beträgt 180 kHz und ein Unterträgerhub von ±50 kHz wird verwendet.

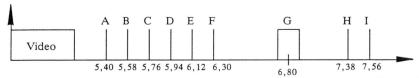

Bild 3.13 Unterträger des WEGENER-Systems

Die Unterträger wurden für die Übertragungen von hochqualitativen 15 kHz NF–Signalen entwickelt. Gegenüber einem Standard–Unterträger beträgt die Leistung nur ein Viertel und die Bandbreite die Hälfte, und trotzdem wird ein Signal/Rauschverhältnis erzielt, das um 5 dB besser ist. Durch die Verwendung eines speziellen Kompanders, der als adaptive Preemphase funktioniert, ist es möglich geworden, das Verhältnis *S–R* um 18–20 dB zu verbessern; deshalb können Unterträger–Leistung und Bandbreite reduziert werden.

Bei fester Preemphase können einmal Audiosignale mit großem Anteil an hohen Frequenzen zu stark angehoben werden; das schränkt die Aussteuerungsreserve ein. Auf der anderen Seite werden u.U. Signale hoher Frequenz und niedriger Amplitude zu wenig angehoben und sind daher verrauscht. Ein spektrales Kompandierungsverfahren ist die Lösung für diese Probleme: Die Anteile der verschiedenen Frequenzen werden kontinuierlich bestimmt und die Preemphase entsprechend verändert. Wenn starke hochfrequente Anteile vorhanden sind, findet tatsächlich sogar eine Deemphase statt, um eine Begrenzung zu vermeiden. Wenn jedoch hohe Frequenzen mit kleiner Amplitude gemessen werden, wird eine starke Preemphase verwendet. Die Frequenzdurchlaßkurve wird damit adaptiv gesteuert, und im gesendeten Signal ist ein großer spektraler Anteil von hohen Frequenzen.

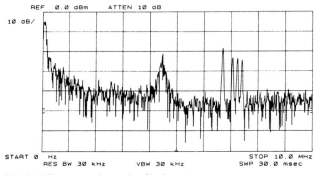

Bild 3.14 Frequenzspektrum des *Skychannel*

Bei diesem System mit vielen Unterträgern erhebt sich das Problem der Intermodulation. Intermodulationsprodukte dritter Ordnung fallen in den Bereich der Unterträger, die zweiter

Ordnung in das Videobasisband. Durch die gute Linearität des Satellitenkanals sind die Intermodulationsprodukte jedoch hinreichend niedrig. Die Produkte dritter Ordnung sind um 50 dB unter den Unterträgern und die zweiter Ordnung um 65–70 dB unter dem Videosignal. Deshalb gibt es keine Störungen von Ton und Bild. Das WEGENER–Verfahren (in Deutschland vertreten durch die FUBA AG) wird verwendet bei *MUSICBOX–GB*, *Skychannel*, der *Voice of America* und bei CNN für den Datenkanal. Bild 3.14 zeigt das Spektrum des *Skychannel*. Es wurde auch bei *Europa–TV* für die mehrsprachigen Tonkanäle verwendet.

Das *LEAMING*–Verfahren

Bei einem weiteren Verfahren, dem *LEAMING*, findet in einer zweiten Stufe nach der spektralen Kompandierung (ca. 18 dB Gewinn) noch eine Amplitudenkompandierung Verwendung, was weiteren 15 dB an physiologischer Verbesserung von *S–R* entspricht. Man spricht von scheinbarer Verbesserung weil der physiologische Effekt maßgebend ist; das mittlere *S–R* ist mit oder ohne Kompandierung gleich.

Bei der Amplitudenkompandierung werden beim Senden schon die Anteile hoher Amplitude eines Signales gedämpft (komprimiert) und die kleinerer Amplitude verstärkt. Ein kompandiertes Signal hat einen höheren mittleren Pegel und hört sich deshalb lauter an, obwohl die Spitzenaussteuerung nicht erhöht wird. Dieser Effekt ist bekannt von einigen privaten terrestrischen Sendern, die damit ihre eingeschränkte Reichweite erhöhen.

Als Beispiel werden bei einem System die Signale von maximaler Amplitude (Vollaussteuerung) um 30% gedämpft, Signale bei 91% Vollaussteuerung bleiben gleich und Signale zwischen 1% und 0,1% Vollaussteuerung werden um 3 bis 95% angehoben.

3.2 Das Tonübertragungsverfahren "Sound in Sync"

Beim *Sound in Sync*-Verfahren wird wie in ähnlich benannten Systemen (*Sound in Vision* etc.) die Begleitton– oder Dateninformation zusammen mit dem Bild übertragen. Dabei wird hauptsächlich die Horizontalaustastlücke benutzt, da in der vertikalen Austastlücke durch Testzeilen, VPS–Service und Videotextzeilen nicht mehr viel Platz bleibt. Bei den meisten Verfahren wird hierzu entweder der horizontale Synchronisationsimpuls (H–Impuls) verändert und/oder der Farbburst verkürzt, um mehr Platz für Informationen zu bekommen. Dabei wird häufig der H–Impuls verkürzt oder an eine andere Stelle geschoben. Bei entsprechenden Decodern kann das Signal, wie in Kap. 3.5 bei den Verschlüsselungsmethoden beschrieben, wieder regeneriert und in den Ausgangszustand zurückversetzt werden. Die Toninformation wird digitalisiert, mit Fehlerschutz versehen und in der H–Lücke als Datenburst zeitlich komprimiert ausgesendet. Der Decoder korrigiert u.U. die Tondaten, spreizt sie dann wieder und führt die Digitalanalogwandlung durch. Bild 3.15 zeigt einige Methoden der Modifikation der H–Lücke für die digitale Begleitinformation /8,9/.

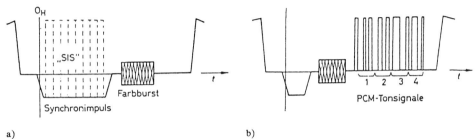

Bild 3.15 Modifikationen der H–Lücke für *Sound in Sync* (*SIS*)–Begleittonübertragung(a) und Austastlücke im TV–PCM 6–Verfahren (b)

Probleme treten bei diesem Verfahren in der Kompatibilität mit konventionellen TV–Geräten auf. Durch die veränderte H–Lücke war die Synchronisation oft mangelhaft. Dieses

Problem tritt bei Satellitenfernsehen nicht auf, wenn spezielle Decoder wieder genormte Synchronisationssignale generieren.

3.3 Die Verfahren C–MAC und D2–MAC

Wie schon erwähnt, werden bei konventionellen TV–Systemen die Farbinformationen in die *Energielücke* des (Schwarzweiß)Luminanz–Kanals gepackt. Bild 3.16 zeigt das Basisbandspektrum des PAL–Systems.

Es ist bekannt, daß FM–Übertragungen ein dreieckförmiges Rauschen aufweisen, wobei am hochfrequenten Ende (beim Farbträger und Tonträger) erhöhtes Rauschen auftritt /2/. Deshalb ist bei PAL–Übertragungen über Satellit (FM–Modulation) das Farbrauschen erhöht und die Tonübertragung etwas beeinträchtigt. Insbesondere bei hoher Farbsättigung macht sich das Rauschen bemerkbar. Dazu kommt, daß bei der Verschachtelung von Luminanz und Chrominanzinformation, insbesondere bei feinen Details (Karo–Muster) sich "*Cross-Luminance*–" und "*Cross-Color*"–Störungen in Form eines störenden Farbschillerns (Moiré) bemerkbar machen.

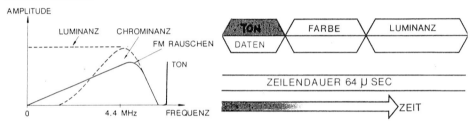

Bild 3.16 PAL–Basisbandspektrum mit verschachtelter Luminanz- und Chrominanzinformation

Bild 3.17 Prinzip des MAC–Systems

Aus diesen Gründen wurde ein neues Fernsehsystem für Satellitenübertragung vorgeschlagen, das diese Nachteile vermeidet. Das Prinzip dieses neuen Fernsehsystems zeigt Bild 3.17.

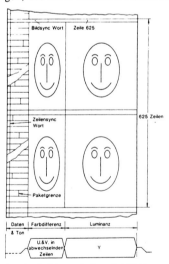

Bild 3.18 Schematisches C–MAC-
Fernsehbild (ohne Verarbeitung im Empfänger)

Bild 3.19 Foto eines C–MAC–Fernsehbildes
(Ton-Farbe-Luminaz)

Ton– (Daten)–, Farb– und Luminaninformation werden zeitlich komprimiert und dann nacheinander *in einer* Zeile übertragen. Dieses System heißt MAC–System (*Multiplexed Analog Components*). Es ist in Europa als EBU (*European Broadcasting Union*)–Standard akzeptiert. Die beiden Farb–Differenzsignale werden nacheinander in verschiedenen Zeilen gesendet. Bei dieser Methode wird jede Wechselwirkung zwischen Farbe und Luminanz vermieden: *Cross-Luminance-* und *Cross-Color-*Störungen treten nicht auf. Das MAC-System hat noch weitere Vorteile. Für die Synchronisation, wird nur 0,2% der gesamten Übertragungszeit benötigt, im Vergleich zu 20% bei konventionellen Systemen. Bild 3.18 zeigt schematisch, wie ein übertragenes komprimiertes Bild ohne Verarbeitung im Empfänger aussieht.

Man sieht deutlich die unterschiedliche Kompression von Farb- und Luminanzinformation und am Anfang der Bilder die digitale Toninformation. Damit sind wir bei einem weiteren Vorteil von MAC; der Ton wird digital übertragen. Dabei wird eine Paketform verwendet, die verschiedene Strukturen erlaubt von bis zu acht Tonkanälen bis hin zu zwei hochwertigen Stereokanälen und zusätzlicher Datenübertragung. Obwohl MAC als europäischer und möglicherweise Weltstandard begrüßt wurde, gibt es inzwischen mehrere Varianten, die sich vor allem hinsichtlich der Art der Tonübertragung unterscheiden:

A–Systeme: Ton wird auf digital moduliertem Unterträger zum Videosignal addiert;
B–Systeme: Ton wird digital in die horizontale Bildaustastlücke eingetastet;
C–Systeme: Zeitmultiplexbildung von FM–moduliertem Bildsignal und digital moduliertem Tonsignal. Dieses System wurde 1983 als einheitlicher europäischer Standard für DBS vorgeschlagen;
D–Systeme: Die Tonsignale werden im Zeitmultiplex zum Video–Basisband addiert.

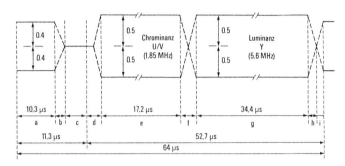

Takt: 20,25 MHz
a = 209 Takt-Perioden für 105 bit Datenburst (Synchronisation und Daten)
b =   4 Takt-Perioden Übergang vom digitalen Datenburst
c = 15 Takt-Perioden Klemmphase auf 0,5 V
d = 10 Takt-Perioden Übergang zum Chrominanzsignal (für Scrambling)
e = 349 Takt-Perioden eines der beiden Chrominanzsignale U,V
f =   5 Takt-Perioden Übergang zwischen Chrominanz - und Luminanzsignal (für Scrambling)
g = 697 Takt-Perioden Luminanzsignal Y
h =   6 Takt-Perioden Übergang vom Luminanzsignal (für Scrambling)
i =   1 Takt-Periode Übergang zum digitalen Datenburst

zus. 1296 Takt-Perioden

Bild 3.20 Zeitabläufe und Pegel für D2-MAC/PAKET

Die hauptsächlich diskutierten Verfahren sind derzeit die Systeme C und D. Das B–System wurde von der amerikanischen Fa. *Scientific Atlanta* entwickelt und findet u.a. in Australien Anwendung. C–MAC war das erste MAC–System überhaupt und wurde von der britischen IBA (*Independent Broadcasting Authority*) entwickelt. C–MAC /10/ verwendet die sehr hohe Bitrate von 20,25 Mbit/s für den Datenburst und nutzt damit den Satellitenkanal optimal aus. In Kabelnetzen stößt man jedoch auf Probleme mit der Bandbreite des Signales. Die nötige Bandbreite von 10 MHz paßt nicht in das deutsche Kanalraster von 8 MHz. Aus diesem Grunde wurde in Frankreich das D2–MAC–System entwickelt. D2–MAC entsteht durch Halbierung der Kapazität des Ton/Datensignales von C–MAC. Es ist, wie erwähnt, ein Basisbandsystem und erlaubt nach FM–Demodulation die direkte Weiterverbreitung in Kabelanlagen mit herkömmlicher Restseitenbandmodulation. Die Bundesrepublik Deutschland und Frankreich haben 1985 eine Vertrag geschlossen, der vorsieht, mit dem Start von TV–SAT und TDF–1 die neue Fernsehnorm D2–MAC/PAKET einzuführen /11,12,13/. Die Zahl '2' in der Bezeichnung des Systems kennzeichnet die bandbreitesparende Methode der Übertragung der Ton/Datenströme in Duobinärcodierung. Ein Duobinärsystem besitzt 3 logische Zustände, "–1", "0", und "+1". Durch diese Codierung kann die benötigte Bandbreite für die Daten auf ca. 5 MHz verringert werden (gegenüber 10 MHz bei C–MAC). Obwohl die Taktrate von 20,250 MHz erhalten bleibt, wird damit die Bitrate 10,125 Mbit/s. Bild 3.20 zeigt im Detail die Zeitabläufe für den D2–MAC–Standard.

Der Datenburst hat eine Dauer von 12 µs und enthält alle Toninformationen, die Synchron– und Steuerworte. Der Datenburst jeder Zeile ist damit 105 bit lang. Davon entfallen die ersten 6 bit auf das Zeilensynchronwort, die restlichen 99 bit enthalten Ton und Daten.

Wie in Bild 3.20 aufgezeigt, kommen dann 15 Taktperioden zur Klemmung des Signals auf 0,5 V, dann folgen die Chrominanzinformation mit 1,85 MHz effektiver Bandbreite und die Luminanz mit 5,6 MHz effektiver Bandbreite. Dabei ist die Chrominanzinformation um den Faktor 3:1 und die Luminanzinformation um den Faktor 3:2 zeitlich komprimiert. Tabelle 3.1 zeigt die Parameter der MAC–Übertragung. Zeilen 1 bis 624 sind in der beschriebenen Weise aufgebaut. Zeile 625 ist hingegen eine reine Datenzeile. Sie enthält das Zeilensynchronwort mit 6 bit, 32 bit zur Taktrückgewinnung, 64 bit als Vertikalsynchronwort und weitere 546 bit zur Kennung des betreffenden Dienstes, wie z.B. Sender– oder Programmartenkennung. Die 99 bit Ton– und Dateninformation in jeder Zeile ergeben nacheinander einen Datenstrom, der in sog. Pakete unterteilt ist. Von dieser Struktur rührt auch der Name D2–MAC/PAKET.

Tabelle 3.1 Kennzeichnung des MAC-Bildsignals

Sichtbarkeit von Rauschen	$C-N$ = 11 dB
Zeilen pro Bild	625; Synchronisation im Datenburst
Interlace	2:1
Höhen–Seiten–Verhältnis	4:3
Taktfrequenz; Takte pro Zeile	20,25 MHz; 1296
Horizontalfrequenz; Vertikalfrequenz	15,625 kHz; 25 HZ
Luminanz–Bandbreite	5,6 MHz
Luminanz–Kompression	3:2
Chrominanz–Bandbreite	1,85 MHz
Chrominanz–Kompression (zeilenalternierend)	3:1

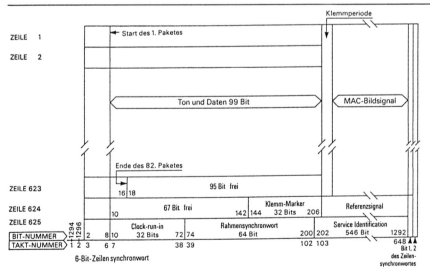

Bild 3.21 Datenrahmen bei D2-MAC

Bild 3.21 zeigt die Struktur eines Paketes bei D2–MAC. Die Pakete haben eine Länge von jeweils 751 bit und bestehen aus einem Kopf (*Header*) von 23 bit (mit Adresse, Index und

Schutzbit) und Platz für 728 bit Ton– oder Dateninformation. Die 10 bit–Adresse erlaubt die Auswahl von 1024 Adressen. Der 2 bit–Kontinuitätsindex gestattet die Verknüpfung von verschiedenen Paketen, sowie die Überwachung von Paketverlusten.

Beim Paketmultiplex ist die Adresse und der Kontinuitätsindex sehr wichtig, deshalb werden sie mit dem *Golay-Code* durch Generierung von 11 Schutzbit geschützt. Mit den 11 Schutzbit können bis zu 3 Fehler im *Header* (von 23 bit) korrigiert werden. Der Aufbau des Datenrahmens bei D2–MAC ist in Bild 3.22 dargestellt.

Bei der Tonübertragung wird Bit–Interleaving von 94 bit Tiefe verwendet. Die 751 bit eines Paketes werden also in der Reihenfolge 1, 95, 189, 283, 377, 471, 565, 659, 2, 96 usw. (jeweils Differenz gleich 94) angeordnet. Wie beim digitalen Hörfunk werden auf diese Weise Bündelfehler (viele Fehler auf einmal) in korrigierbare Einzelfehler verwandelt.

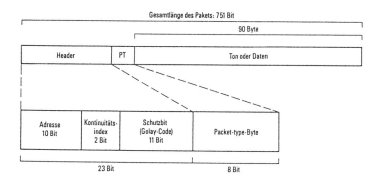

Bild 3.22 Struktur eines D2–MAC Pakets

Tabelle 3.2 Parameter der verschiedenen Varianten der D2–MAC Tonübertragung

Abtastfrequenz:	1 : 32 kHz (HQ) Stereo und Mono hoher Qualität (40–15000 Hz)
	2 : 16 kHz (MQ) Mono mittlerer Qualität (40–7000 Hz)
Quantisierung:	14 bit
Darstellung eines Abtastwertes	2er–Komplement
Codierung	1. Linear, 14 bit (L)
	2. NICAM, 10 bit (I)
Fehlerschutz	1. Paritycheck (1)
	2. Hamming–Code (2)
Tonübertragungsvarianten	1. Paritycheck für 6 MSB bei 10 bit–NICAM
	Kapazität: z.B. HQI1 mit 3 HiFi–Monokanälen
	2. Paritycheck für 11 MSB bei 14 bit–linear,
	Kapazität z.B. HQI1 mit 3 HiFi–Monokanälen
	3. (11,6–)Hamming für 6 MSB bei 10 bit–NICAM,
	Kapazität: z.B. HQI2 mit 3 HiFi–Monokanälen
	4. (16,11–)Hamming für 11 MSB bei 14 bit–linear,
	Kapazität: z.B. HQI2 mit 2 HiFi–Monokanälen
Skalenfaktor	für 32 Abtastwerte bei den Varianten 1,2,3 (1 ms bei 32 kHz) für 18
Abtastwerte	bei der Variante 4 (562,5 μs bei 32 kHz)

Die Übertragung der Tonsignale bei D2–MAC weist gewisse Parallelen zum digitalen Satellitenhörrundfunk (DSR) auf (siehe Kap. 4). Das Tonsignal wird mit 32 kHz oder mit 16 kHz abgetastet (DSR 32 kHz). Die Abtastwerte werden mit maximal 14 bit quantisiert (DSR 16 bit). Damit ergibt sich ein theoretischer Dynamikumfang von 84 dB. Für die Codierung wird 2er Komplement–Darstellung verwendet. Für die Übertragung können verschiedene Qualitätsstufen selektiert werden. Die Abtastwerte können entweder linear übertragen werden, oder bei *"near instantaneous coding"* (NICAM) mit 10 bit. Wie beim DSR wird ein 3 bit Skalenfaktor bestimmt, der bei D2–MAC für 32 oder 18 Abtastwerte die Schwelle bestimmt, die keiner der Abtastwerte überschreitet. Der Skalenfaktor wird 9fach übertragen, da Übertragungsfehler des

Skalenfaktors sich sehr störend auswirken. Der Skalenfaktor begrenzt bei Störungen in der Übertragung die Amplitude der "Klicks".

Beim DSR findet eine 16/14 bit–Gleitkommaarithmetik Verwendung (siehe Kap. 4.2.2). Bei D2–MAC wird in ähnlicher Weise die Auflösung von 14 auf 10 bit reduziert. Beim DSR ist dementsprechend die minimale Auflösung bei sehr lauten Stellen 14 bit, bei der D2–MAC NICAM Technik 10 bit.

D2–MAC verwendet maximal 14 bit lineare Quantisierung, erreicht also nicht ganz die Qualität des 16/14 bit DSR–Systems. Tabelle 3.2 zeigt die Parameter der vier möglichen verschiedenen Qualitätsstufen bei der D2–MAC Tonübertragung.

Beim Fehlerschutz von D2–MAC wird in der besten Qualität nur *ein* Fehler korrigiert. Beim DSR–System werden *zwei* Fehler korrigiert und drei weitere verschleiert.

Um die verschiedenen Moden von D2–MAC im Empfänger zu schalten, werden je nach Priorität verschiedene Methoden verwendet (siehe Tabelle 3.3).

Tabelle 3.3 Verschiedene Methoden D2-MAC zu schalten

Information höchster Priorität	Information mittlerer Priorität	Information geringer Priorität
o Übertragung in Zeile 625	o Übertragungen als "Null-Pakete" im Paketmultiplex	o Übertragungen als BI*-Paket im Paketmultiplex (nur für Ton spezifisch)
o Rahmensynchronisation	o Sendeanstalt	
o Datum + Uhrzeit	o Beschreibung des Dienstes (TV-Hörfunk-Videotext)	o Codierung(linear, kompandiert)
o Ident.des Satellitenkanals	o Programmartenkennung	o Fehlerschutz
o Multiplexstruktur	o Komponentenkennung (Bildaufbau, Sprache, etc.)	o NF-Bandbreite
o Scrambling- u. Zugriffsinformation		o Mono-Stereo
		o Sprache-Musik

BI* = *"Bloc d'Interpretation"*

Für das System D2–MAC muß natürlich auch die Übertragung von Videotext und VPS (*Video Program System*) möglich sein. Auch das englische Teletext und das französische Antiope System können übertragen werden. Wie auch terrestrisch, werden die Videotextinformationen in der vertikalen Austastlücke übertragen. Da die Codierung duobinär ist, muß vor der Verarbeitung in konventionellen Videotextdecodern das Signal duobinär decodiert werden. Bild 3.23 zeigt die gesamte Struktur (Vollbild) der D2–MAC Paket Norm.

Die Zeilen 2–22 und 314–334 werden für die Videotextübertragung benutzt. In Zeile 16 kann dabei auch die VPS–Information übertragen werden. Die Videotextdaten werden mit 10,125 Mbit/s übertragen. Über eine Taktanpassung und duobinäre Decodierung kann sie von konventionellen Videotextdecodern verarbeitet werden.

Die VPS–Daten werden einmal im komprimierten Luminanzsignal der Zeile 16 (dies erleichtert die Umsetzung in ein FBAS–Signal bei Remodulation) und für zukünftige D2–MAC–Videorecorder zusätzlich im Null–Paket des Datenbursts übertragen.

Wie in Bild 3.23 gezeigt, wird in 574 aktiven Bildzeilen (Zeilen 23–310 und 335–622) die Luminanz– und Chrominanzinformation übertragen. Die Chrominanzsignale U und V werden dabei zeilenalternierend gesendet. Die Zeilen 1, 311, 312, 313 und 623 stehen für die Übertragung von Testsignalen zur Verfügung. In Zeile 624 wird ein analoges Referenzsignal übertragen mit einem jeweils 8 µs dauernden Grauwert, Weißwert und Schwarzwert, z.B. für automatischen Decoderabgleich. In Zeile 625 werden, wie schon erwähnt, die Steuerdaten höchster ter Priorität übertragen. Eine 32 bit lange *"clock-run-in-sequence"* wird von einem 4 bit Rahmensynchronwort gefolgt. Das Synchronisationswort besteht aus einer *Barker-, Williard-* Codewortsequenz. Beim DSR–System werden die gleichen Codeworte verwendet. Aus der Rahmensynchronisation kann die Zeilensynchronisation durch Abzählen der Takte abgeleitet werden. Das 6 bit–Zeilensynchronwort W1 am Anfang jeder Zeile kann gleichfalls zur Rahmensynchronisation genutzt werden. Dabei wird abwechselnd das Syncwort K1 = 001011 und das invertierte Wort W2 = 11 0100 verwendet. Im Datenburst der Zeilen 1 bis 623 können 82 Pakete entsprechend 2050 Pakete/s übertragen werden. Diese Pakete enthalten hauptsächlich Toninformationen, aber auch Informations– und Steuerdaten.

Vergleich zwischen PAL und D2-MAC

Der Hauptvorteil von MAC gegenüber PAL liegt in der höheren Tonqualität des Begleittons und im Fehlen von Intermodulation zwischen Farb- bzw. Tonträgern und Luminanzsignal, sowie in der höheren Zahl von Tonkanälen. Da kein Tonträger vorhanden ist, kann der Nutzhub von möglichen Tonkanälen des FM-modulierten Bildsignales erhöht werden, was entsprechend Gl. 3.2 zu einem höheren $S-R$ führt. Bild 3.24 zeigt das Spektrum eines D2-MAC-Signals. Es sind im Gegensatz zu Bild 3.14 weder Ton- noch Farbträger vorhanden.

Zeile	Syn.	Ton + Daten	Chrominanz	Luminanz
1	W_1	Paket 1		
2	W_2			
3	W_1			
4	W_2		Testsignale	
5	W_1		in Zeile 2-22: duobinär codierter Videotext nach UK-Teletext oder Antiope	
6	W_2			
7	W_1			
8	W_2	1 | 2		
			in Zeile 16: Datenzeile 16 als komprimiertes Luminanzsignal (opt.)	
22	W_2			
23	W_1		U_{24}	schwarz (Referenz)
24	W_2		V_{25}	Y_{24}
25	W_1		U_{26}	Y_{25}
26	W_2		V_{27}	Y_{26}
27	W_1		U_{28}	Y_{27}
				Σ 287
307	W_1		U_{308}	Y_{307}
308	W_2		V_{309}	Y_{308}
309	W_1		U_{310}	Y_{309}
310	W_2		V_{310}	Y_{310}
311	W_1		Testsignale	
312	W_2		Testsignale	
313	W_1		Testsignale	
			in Zeile 314-334: duobinär codierter Videotext nach UK-Teletext oder Antiope	
334	W_2			
335	W_1		U_{336}	schwarz (Referenz)
336	W_2		V_{337}	Y_{336}
337	W_1		U_{338}	Y_{337}
338	W_2		V_{339}	Y_{338}
339	W_1		U_{340}	Y_{339}
				Σ 287
619	W_1		U_{620}	Y_{619}
620	W_2		V_{621}	Y_{620}
621	W_1		U_{622}	Y_{621}
622	W_2		V_{622}	Y_{622}
623	W_2	82	Testsignale	
624	W_1		Referenzsignale	
625	W_1	CRI Rahmensync.	Service-Identification	

so bei gerader Rahmennummer, invertiert bei ungerader Rahmennummer   **574 aktive Bildzeilen**

Bild 3.23 D2-MAC-Paketstruktur

Das Farbrauschen wird gegenüber PAL um ca. 3 – 4 dB verringert, weil die Farbdifferenzsignale nicht mehr am oberen Ende des Basisbandes liegen (Dreiecksrauschen). Das MAC-Verfahren weist ein Spektrum auf, dessen Amplitude zu höheren Frequenzen hin abfällt; bei PAL ist eine Spitze um den Farbträger bei 4,43 MHz. Deshalb kann durch schwellensenkende

Demodulatoren die FM–Schwelle stärker abgesenkt werden. Durch die weniger stark vorhandenen hohen Frequenzen kann man eine weniger starke Preemphase verwenden: die bei PAL durch die Deemphase langgezogenen Fischchen sind bei D2–MAC kürzer und damit weniger störend. Bild 3.25 zeigt die Preemphase für D2–MAC–Signale /4/.

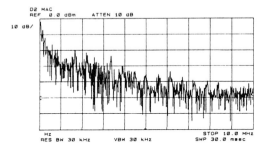

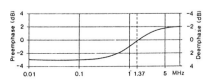

Bild 3.24 Spektrum eines D2–MAC–Signales   Bild 3.25 Pre– und Deemphase bei D2–MAC

Als Nachteil bei D2–MAC erweist sich die Verringerung des Luminanzrauschabstandes um ca. 1 dB. Bei gleicher Übertragungsbandbreite ergibt sich durch die Kompression eine geringere Luminanz–Auflösung und durch die zeilensequentielle Übertragung der Farbdifferenzsignale auch eine geringere Farbauflösung. Man spricht deshalb schon von einer Erhöhung der Kanalbreite im terrestrischen Netz bis auf 12 MHz. Bei der Messung von D2–MAC–Signalen in Verteilanlagen ergibt sich die Schwierigkeit, daß noch keine geeigneten Meßgeräte zur Verfügung stehen. Die folgende Überlegung hilft D2–MAC– und PAL–Qualitätsstandards zu vergleichen: Mit einem Hub von 13,5 MHz Spitze/Spitze, einer Kanalbandbreite von 27 MHz und einer Basisbandbreite von 5 MHz ergibt sich ein bewertetes $(S–R)_{bewertet}$ von 44,1 dB (siehe Gl. 2.5). Für D2–MAC erhält man dagegen ein $S–R$ von 41,2 dB, ohne Deemphase.

Für das PAL–Signal ergibt sich auf der CCIR–Qualitätsskala eine subjektive Bewertung von 4,2, für das MAC–Signal 4,4. Daraus ergibt sich, daß, wenn man in einer Übertragungskette für PAL–Signale einen bewerteten Störabstand von üner 45 dB erhält, die Qualität für D2–MAC–Signale sogar noch höher liegt. Bild 3.26 zeigt die subjektive Bewertung der Bildqualität verschiedener Übertragungsstandards nach EBU–Tests für Satellitenübertragung /14/. Man sieht, daß D2–MAC die beste Qualität für ein gegebenes $C–N$ bietet. Dies entspricht der Erfahrung, daß ein RGB–Bild durchwegs besser bewertet wird als ein geschlossen codiertes (PAL oder SECAM) Fernsehbild.

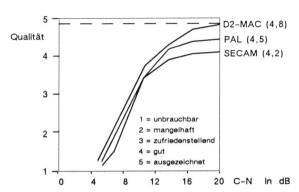

Bild 3.26 EBU–Tests zur subjektiven
Bildqualität bei Satellitenübertragung

Bei der Verwendung von D2–MAC ist eine wirksame Verschlüsselung von TV–Signalen (Pay–TV) möglich. Durch die digitale Verarbeitung im Sender und Empfänger ist es möglich,

das Bild wirksam zu zerstückeln und falsch wieder zusammenzusetzen. Auch mit einem ver-
schlüsselten Datenburst können sowohl Ton– als auch Bildinformation wirksam verwürfelt
werden.

Die D2–MAC–Norm ist relativ fest definiert soweit die Satellitenübertragung betroffen ist.
Für die terrestrische Verteilung von D2–MAC–Signalen sind noch eine Reihe von Festlegungen nötig. Nach der FM–Demodulation wird das D2–MAC–Basisbandsignal in Restseitenband–Amplitudenmodulation ins Kabelnetz eingespeist. Von den diskutierten Kanalbreiten 8,
10,5 und 12 MHz (im neuen "Hyperband" bis 450 MHz) scheint im Augenblick 12 MHz
durch die größere verfügbare Luminanzbandbreite die größeren Chancen für die Einführung
zu besitzen. Die Modulation soll positiv sein. Durch die Nyquist–Filterung im Sender wird ein
Vorteil in der Übertragung erzielt.

Für zukünftige HD(*High Definition*)–MAC–Verfahren wird man u.U. noch größere Kanal-
bandbreiten als 12 MHz benutzen müssen. Wichtig bei terrestrischer Verteilung von D2–
MAC–Signalen ist es, wie bei Videotext, Kabelanlagen zu haben, die einwandfreie Kabel und
Dosen aufweisen. Reflexionen in den Verteilanlagen können bei der digitalen Duobinärüber-
tragung zu starken Degradationen führen bis hin zu Ton– und Bildstörungen. Hier sind z.Zt.
nur wenig Messungen bekannt, im Vergleich zu DSR, wo eine Vielzahl von Untersuchungen
die Unempfindlichkeit des Systems gegen Störungen beweist /13/.

3.4 Energieverwischung

Energieverwischung wird in der Satellitenkommunikation aus zweierlei Gründen verwendet:

– Reduktion der spektralen Leistungsdichte der Sendung und
– Verringerung von Störungen.

Das FM–Fernsehsignal weist insbesondere, wenn stationäre Testbilder gesendet werden
oder kein Bildinhalt vorhanden ist, starke Spektrallinien auf. Diese Konzentration von Sende-
energie könnte terrestrische Richtfunkanlagen stören. Deshalb wird dem TV–Signal bei der
Bodenstation ein sog. Verwischungssignal überlagert. Typischerweise besteht das Verwischungssignal aus einem dreieckförmigen oder sägezahnförmigen Signal mit einer Frequenz
von 25 Hz (PAL) oder 30 Hz (NTSC). Der Hub, der durch dieses von den Synchronimpulsen
getriggerte Signal erzeugt wird, beträgt meist ±2 MHz (manchmal auch ±4 MHz; siehe Tabelle
7.7 in Kap. 7.9). Die scharfen Linien des TV–Spektrums werden also auf einen Bereich
zwischen 2 und 4 MHz auseinandergezogen und stören so nicht mehr. In einer Bandbreite von
4 kHz darf die Leistungsflußdichte einen Wert von -125 dBW/m^2 nicht überschreiten.

Einige russische Satelliten (GORIZONT) verwenden allerdings auch ein 2,5 Hz Verwischungssignal mit ±4 MHz Hub. Das Verwischungssignal wird durch eine sog. Klemmschaltung (*CLAMP*) wieder vom Videosignal getrennt. Dieses funktioniert allerdings für die 2,5 Hz
der russischen Satelliten schlecht. Für diesen Fall ist es besser, die vorhandene AFC der FM–
Empfänger so zu modifizieren (Änderung der Tiefpaßfilterung), daß sie noch auf die 2,5 Hz
anspricht.

3.5 Verschlüsselung von TV–Signalen

"*Pay-TV*" bedeutet bezahltes Fernsehen und umfaßt die zusätzlichen Programme, die
gegen besondere Bezahlung neben den öffentlich–rechtlichen Programmen abonniert werden
können. Diese Fernsehprogramme werden zum größten Teil von privaten Programmanbietern
erstellt, die die Finanzierung ihrer Programme nicht durch Gebühreneinzug so wie die
öffentlich–rechtlichen Anstalten abdecken dürfen. Sie können die Programmkosten und ihre
Betriebskosten auch nicht durch Werbung voll abdecken. Deshalb bitten sie den zur Kasse,
der den Nutzen von diesem zusätzlichen Programmangebot hat: den Endverbraucher. Dafür
werden ihm Programme angeboten, die er z.T. in den öffentlich–rechtlichen Kanälen nicht
bekommt. Zum Beispiel werden die neuesten Kinofilme gezeigt, die zu sehen man im Kino ja
auch bezahlen muß.

Um nun sicherzustellen, daß nur die Teilnehmer zuschauen, die dafür bezahlt haben, werden Pay–TV Kanäle verschlüsselt, so daß sie nur von dem empfangen werden können, der den "Schlüssel" besitzt. Das Bild und der Begleitton werden hierzu zerstückelt, invertiert, und Synchronisationsimpulse verändert. Oft ist diese Verschlüsselung vor allem bei analogen Verfahren mit einer gewissen Qualitätseinbuße verbunden. Auch bei digitalen Verfahren wurde von den Autoren oft nach einer impulsförmigen Störung ein Ausfall von ganzen Zeilen bemerkt (siehe Kap. 3.8.2) /15,16,17/.

In USA werden derzeit Systeme erprobt, die es dem Betreiber erlauben, die Schlüssel monatlich zu ändern, so daß auch Zuschauer ausgeschaltet werden können, die in Zahlungsverzug sind.

Eine der erfolgreichen amerikanischen Fernsehgesellschaften, *Home Box Office* (HBO), verteilte ihre Programme gegen Gebühr und über gemietete Transponder auf den Hughes-Satelliten *Galaxy I* an Hotels, Bars, Restaurants und Wohnblöcke. 1984 entschied die amerikanische Regierung, daß der Besitz und Betrieb von Heimempfangsanlagen nicht genehmigungspflichtig sei. Damit wuchs die Zahl der "Schwarzseher" sprunghaft an. HBO ließ sich daraufhin einen *Scrambler* herstellen, VIDEOCIPHER II, der das Audiosignal digital und das Videosignal analog zerwürfelt, so daß nur gebührenzahlende Empfänger, die von HBO den Descrambler bekamen, in den Genuß des Empfangs kommen sollten.

Der Scrambler wurden 1986 in Betrieb genommen – natürlich zum Ärger all jener, die bisher "schwarz" gesehen hatten und nun ca. 25,– DM pro Monat entrichten mußten, wollten sie die HBO–Programme weiterhin empfangen.

Drei Monate später reagierte ein Fernsehtechniker, der in einer (nicht HBO–) Programmeinspeisestation arbeitete, seinen Ärger damit ab, daß er im *Galaxy I*–Transponder der HBO die folgende Nachricht absetzte:

"Guten Abend HBO: $12.95 pro Monat – Nein Danke. Ihr Captain Midnight"

'*Captain Midnight*' war 1930 ein Hörspiel und 1940 eine wöchentliche Fernsehserie, in der eine Art elektronischer Zorro mitternächtlich in Radioausstrahlungen einbrach, um seine Kritik am Establishment zu äußern.

Die HBO–Programmeinspeisestation konterte mit Erhöhung ihrer Sendeleistung und verdrängte so nach fünf Minuten die Piratensendung. Knapp drei Monate später war der Missetäter überführt. Er wurde empfindlich bestraft.

Bei den Verfahren zum Verschlüsseln von Fernsehsignalen unterscheidet man verschiedene Sicherheitsstufen hinsichtlich der Leichtigkeit, mit der das ursprüngliche Signal wieder regeneriert werden kann. Viele der bisherigen Verfahren wurden für militärische Anwendung entwickelt und werden dann, wenn sie dort überholt sind, für kommerzielle Zwecke verwendet. Inzwischen hat aber insbesondere in den USA das "Pay-TV" solche Ausmaße angenommen, daß auch speziell auf diese Anwendung hin orientierte Verfahren entwickelt werden. Dasselbe gilt natürlich auch für das Verschlüsseln von MAC-Fernsehen. Bei allen für die breite Anwendung gedachten Verfahren kann die Begleitton (Audio–) Information am schwersten entschlüsselt werden, da dort digitale Verfahren verwendet werden. Erst wenn digitale Übertragungen oder zumindest digitale Aufbereitung der Fernsehsignale im Fernsehempfänger (D2-MAC) weiterverbreitet sind, kann auch die Videoinformation mit höherer Sicherheit verschlüsselt werden, wobei es sich um vier Informationen handelt:

– die Videoinformation;
– die Begleittoninformation;
– die Steuerinformation für den Decoder und
– Zusatzdienste wie Untertitel Videotext, etc.

Die Steuerinformation für den Decoder kann zur laufenden Steuerung oder auch nur für einmalige Autorisierung des Zugriffs verwendet werden. Meist liegt eine Kombination beider Methoden vor.

Schlüssel und Algorithmus

Beim Verschlüsseln wird ein Informationsstrom nach einer bestimmten Vorschrift, einem sog. Algorithmus verarbeitet; die Bearbeitung selbst erfolgt mit einem sog. Schlüssel. Ein Beispiel veranschaulicht das Verfahren. Der Datenstrom bestehe aus vier Bit, der Algorithmus soll darin bestehen, den Schlüssel zur letzten Zahl jeder Gruppe zu addieren (Algorithmus = Rechenvorschrift). Wenn der Schlüssel z.B. 0001 ist und die Ausgangsdaten

$$0111 \quad 0101 \quad 1110,$$

dann erhält man nach binärer Addition die verschlüsselte Version

$$1000 \quad 0110 \quad 1111.$$

Zur Decodierung muß der Schlüssel vom Decoder, der meist den Algorithmus schon kennt, subtrahiert werden und man erhält das Ausgangssignal wieder. Der Schlüssel und manchmal auch der Algorithmus werden dem Decoder wiederum verschlüsselt übermittelt. Selbst wenn der Algorithmus bekannt würde, kann man mit Schlüsseln, die bis zu 64 bit lang sein können ($1,8446 \cdot 10^{19}$ Möglichkeiten) das Entschlüsseln beliebig schwer machen.

Der kritische Punkt bei den Systemen ist das Weiterleiten des Schlüssels von der Sendestation zum Decoder. Die Schlüssel werden dabei meist nicht nur einmal, sondern öfters mit Schlüsseln höherer Ebene verschlüsselt. Außerdem werden die Schlüssel oft geändert, es ist dies dann in der Software des Decoders bereits berücksichtigt.

Adressierung des Decoders

Jeder Decoder hat eine bestimmte Adresse (ähnlich einer Telefonnummer). Damit kann jeder Abonnent individuell an- oder abgeschaltet werden oder z.B. Informationen über den Gebührenstand bekommen. Die Adressen sind in Form von PROM oder EPROM im Decoder gespeichert (gegen Ausbau oder Änderung plombiert). Dies ist trotzdem ein schwacher Punkt mancher Systeme. Wenn es gelingt, die Adresse eines autorisierten Abonnenten in einen identischen Decoder zu kopieren, dann kann auch dieser Decoder die Signale decodieren, solange der erste Abonnent für den bestimmten Dienst bezahlt. In manchen Fällen ist das in den USA praktiziert worden. Man hat den betreffenden IC des autorisierten Decoders "geklont", also die Information vervielfältigt und solche Decoder verkauft.

Die einzelnen Verschlüsselungssysteme unterscheiden sich noch hinsichtlich der Art, wie der Decoder adressiert wird.

– Adressierung durch Aussendung in getrenntem Band und
– Adressierung durch Aussendung im gleichen Band wie die Fernsehübertragung.

Zur Adressierung der Decoder in einem getrennten Band wird die Steuerinformation (in den USA zwischen Kanal 4 und 5 oder bei 108 MHz) auf einen Hilfsträger moduliert. Zur Adressierung im gleichem Band wird gewöhnlich die vertikale oder horizontale Austastlücke (H-Lücke) verwendet. Oft wird der H-Impuls total eliminiert, um mehr Platz für Steuer- und Toninformationen zu erhalten. Der H-Impuls wird dann vom Decoder regeneriert. In dieser H-Lücke ist genügend Kapazität vorhanden zur Adressierung von Millionen von Abonnenten und zur laufenden Übermittlung von sich ändernden Schlüsseln. Videotext und Untertitel können ebenso wie Ton- und Steuerinformationen übertragen und genau wie diese verschlüsselt werden.

3.5.1 Einfache Verfahren des Abonnentenfernsehens

Die einfachste Methode, nur zahlenden Kunden bestimmte Programme zugänglich zu machen, ist die Verwendung von Sperrkreisen oder Filtern. Dabei gibt es zwei Möglichkeiten:

– Sperrkreise für bestimmte TV-Kanäle;
– Entfernung eines absichtlich eingeführten Störträgers aus dem TV-Band.

Die erste Methode ist in Deutschland bei Kabelanschlüssen bekannt: bestimmte Kabel-kanäle werden von der Bundespost gesperrt, wenn der Kunde dafür nicht zusätzlich bezahlen will (die Kosten für das Sperrfilter allerdings muß er selbst bezahlen). In den USA gibt es adressierbare Sperrkreise, die ein dynamisches Ausschalten des Filters von einer Zentrale aus ermöglichen, wenn nach Zahlung ein Programm empfangen werden darf. Diese Filter sind entweder im Haus des Abonnenten oder in der Kabelanlage installiert.

Das Prinzip des Systems basiert auf der Tatsache, daß bestimmte Bereiche innerhalb des Basisbandes relativ wenig Bildinformation enthalten. Ein solcher Bereich liegt zwischen 1,5 und 2,3 MHz über der Mittenfrequenz des Bildträgers. Deshalb werden die Störträger bei 2,25 MHz oder mit 2 Störsignalen bei 2,225 und 2,275 MHz eingefügt. Meist werden zwei Signale auf die Störträger aufmoduliert. Ein 1 kHz-Signal führt zu horizontalen weißen Streifen und wirkt sehr störend auf den Begleitton. Die Harmonischen eines 15 kHz-Signales stören AGC, Farbwiedergabe und die Vertikalsynchronisation: das Bild läuft durch und springt. Durch Filter werden die Störträger beim Decoder wieder entfernt, das Fernsehsignal ist wieder einwandfrei, wenn auch etwas schlechter in der Qualität.

Bei der zweiten Methode ist es etwas aufwendiger, die Sperre zu umgehen. Ein oder mehrere Störträger werden zum TV-Signal hinzugefügt. Bereits bei Pegeln, die 40 dB unter dem Bildträgerpegel liegen, sind Störungen sichtbar. Bei Amplituden um den Bildträgerpegel ist das Bild nicht mehr zu erkennen. Bild 3.27 zeigt das Prinzip mit dem Störträger.

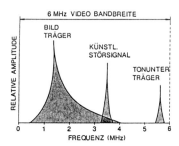

Bild 3.27 Addition eines
Störträgers zum TV-Signal

3.5.2 Verschlüsselung von Begleittönen

Analoge Verfahren zur Verschlüsselung von Toninformationen verwenden einen zweiten Unterträger, um die Toninformation zu verschleiern oder verschieben den Tonträger zu einer höheren Frequenz. Auch eine Spektrumsinversion kann Verwendung finden. Das Tonsignal-spektrum ist dabei so gespiegelt, daß ein 1 kHz-Signal zum 14 kHz-Signal wird.

Am einfachsten ist die Verschlüsselung bei digital übertragenen Begleittönen wie beim *Sound in Sync*-Verfahren oder D2-MAC. Beim deutschen *Sound in Sync*-Verfahren TV-PCM2 wurden Probleme beim Empfang mit Anlagen, die nahe der FM-Schwelle arbeiten, registriert. Der Ton fällt dann nicht wie üblich nach dem Bild, sondern bereits vorher aus.

Durch Manipulation der Paketadressen in den Datenbursts von D2-MAC ist es leicht mög-lich, den Ton zu verschlüsseln ohne die Qualität zu beeinträchtigen. Geräte zum Verschlüsseln gibt es für D2-MAC noch nicht, nur bei B-MAC (in Australien verwendet) ist diese Möglich-keit im System integriert (z.B. *Scientific Atlanta System*; siehe Kap. 3.5.4).

Bei konventioneller Übertragung wird heute bei fast allen Verfahren das Tonsignal digitali-siert und digital verschlüsselt. Das Tonsignal wird dann mit Steuer- und Adreßsignalen kombi-niert und in das Videosignal eingefügt. Meist geschieht dies in der H-Lücke: der H-Impuls wird entfernt. Für die Verschlüsselung wird z.B. bei VIDEOCIPHER II der sog. DES (*Digital Encryption Standard*) verwendet, der vom amerikanischen *Bureau of Standards* entwickelt wurde. Der Vorgang der Ver- und Entschlüsselung wird im Beispiel in Kap. 3.5.4 weiter er-läutert. Wichtig ist hier noch einmal festzuhalten, daß die Sicherheit vieler Verfahren auf der Sicherheit des Audio-Systems beruht, da beim Verschlüsseln von Videoinformationen nur die digitale Methode sicher ist, und diese eben bisher nur in Ausnahmefällen benutzt wird.

3.5.3 Verfahren zum Verschlüsseln von Videoinformationen

Beim Verschlüsseln von Videoinformationen kann man den Inhalt unverändert lassen und sich auf die Modifikation oder Entfernung von Synchronisations–Impulsen beschränken. Man kann die Bildinformation selbst aber auch durch Invertierung des Signals, Verschiebung von Pegeln, Verschieben oder Verwürfeln einzelner Zeilen oder wie oben beschrieben, durch Störträger verschlüsseln. Bild 3.28 zeigt ein digital verschlüsseltes Fernsehbild.

Eine einfache Möglichkeit Fernsehsignale zu verändern, ist die Inversion des Videosignals. Bild 3.29 zeigt das Videosignal vor und nach Inversion.

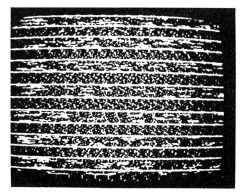

Bild 3.28 Digital verschlüsseltes
Fernsehbild

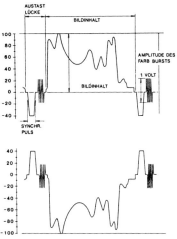

Bild 3.29 Inversion eines Videosignales

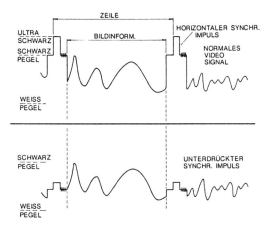

Bild 3.30 Verringerung des Pegels des Horizontal-
synchronisations–Impulses

Die Inversion kann sehr leicht durch einen invertierenden Verstärker im Empfänger rückgängig gemacht werden. Deshalb verwendet man die sog. dynamische Inversion; dabei wird das Signal nach einer Zufallsfolge von einer Zeile oder einem Teilbild zum nächsten invertiert. Das Steuersignal schaltet dann nach Bedarf im Empfänger einen Inverter in den Signalweg oder nicht. Die Synchronisations–Impulse bleiben dabei meist unverändert.

Eine weit verbreitete Methode ist die Reduzierung der Amplitude oder Breite des horizontalen Synchronisations–Impulses (H–Impuls, siehe Bild 3.30). Wenn die Amplitude z.B. um 6 dB reduziert wird, dann ist der Pegel des Sync–Impulses kleiner als der Schwarz–Pegel und Bildinformationen führen zu Fehltriggerungen. Das Bild "fällt um"; es wirkt wellenförmig.

Die geringere Amplitude des Synchronisations–Impulses führt auch zur Störung der automatischen Verstärkungsregelung (AGC), da der H–Impuls als Referenz für die AGC dient. Dadurch werden die Grautöne des Bildes verschoben. Zur Resynchronisation werden oft Impulse in der vertikalen Austastlücke verwendet, auch mit der Toninformation werden manchmal Decodierimpulse gesendet.

Da bei der Methode der Verringerung des Pegels des H–Impulses auch der Pegel des Bildsignales entsprechend reduziert wird (um die Decodierung zu erleichtern), sinkt das Signal/Rauschverhältnis des Bildes bei dieser Methode. Um den "Piraten" die Decodierung zu erschweren, werden oft mit einem Steuersignal schaltbare verschiedene Pegelstufen für den H–Impuls und das Videoband verwendet. Die komplette Entfernung des H–Impulses ist jedoch noch wirksamer. Die Wiedereinfügung erfolgt durch IC, die alle Synchronisations–Impulse erzeugen können; sie werden synchronisiert, indem man sie durch das Takt–Signal der Datenübertragung oder des Steuersignales triggert. Das Referenzsignal für die Impulshöhe wird in der vertikalen Austastlücke übertragen.

Das Verwürfeln von Teilen einzelner Zeilen wird bei digitaler Übertragung oder bei digitaler Verarbeitung der Signale im Sender und Empfänger, wie bei MAC möglich. Nach einem bestimmten Algorithmus können die Zeilen zerstückelt werden, z.B. können die ersten 25 µs der Zeile 60 an das Ende der Zeile 65 geschoben werden und umgekehrt. Diese Verfahren setzen einen Bildspeicher im Empfänger voraus.

3.5.4 Geräte bzw. Systeme zum Verschlüsseln von TV–Signalen

Durch die Kombination der o.a. Methode der Verschlüsselung ist eine Vielzahl von Verschlüsselungssystemen möglich. Im folgenden seien einige typische Methoden beschrieben, die zeigen sollen, wie komplex die Gesamtsysteme sind.

Das OAK–ORION–System

Dieses System wird u.a. zum Verschlüsseln des *Sky–Channels* auf ECS verwendet. Es ist das in Europa verbreitetste System.

Beim ORION (*OAK Restricted Information and Operation Network*)–System wird die Toninformation digital, die Bildinformation analog verschlüsselt. Der Sicherheitsgrad ist insgesamt hoch. Das Videosignal wird durch eine Kombination der Entfernung von Horizontal– und Vertikalsynchronisations–Impulsen und statistisch verteilten Videoinversionen verschlüsselt. Der Steuercomputer beim Sender kann jede Inversionsmethode frei auswählen. Innerhalb jedes Teilbildes werden vier verschiedene Sequenzen für die Videopolarität benutzt:

– Wechsel der Polarität für gerade Zeilennummern;
– Wechsel der Polarität für ungerade Zeilennummern;
– Inversion des gesamten Halbbildes;
– Das gesamte Halbbild wird nicht invertiert.

Die Information über diesen Wechsel wird in der H–Lücke von Zeile 22 übertragen. Zusätzlich wird ein Änderungsdetektor vorgesehen; damit wird die Verschlüsselungsmethode geändert, wenn sich der Bildinhalt abrupt verändert. Die Begleittöne werden digitalisiert und in der H–Lücke übertragen. Die Verschlüsselung erfolgt durch einen 12–stelligen Schlüssel. Der Tonunterträger wird nicht für die Tonübertragung benötigt und kann deshalb für die Übertragung zusätzlichen Begleittons oder für 2,4 kbit Daten verwendet werden. Die Audiobandbreite ist mit ± 1dB von 20 Hz bis 7,5 kHz und −3 dB bei 10 kHz etwas eingeschränkt. Das System ist vollkommen transparent für alle Fernsehstandards.

Die Adressinformation wird in der vertikalen Austastlücke übertragen. Etwa 1000 Abonnenten können pro Minute adressiert werden; durch vorherige Übertragung einer Vorautorisierung können jedoch alle Abonnenten praktisch gleichzeitig angeschaltet werden. Wie auch beim VIDEOCIPHER kann bei diesem System der Verschlüsselung ein sog. *Master–Slave–*Verfahren verwendet werden. Eine *Master–Station* sendet dabei ein verschlüsseltes Fernsehprogramm inklusive Adressen und Steuerdaten, z.B. zu einem Satelliten. Von einer *Slave-Station* wird das komplette Signal empfangen und die Adressen– und Steuerdaten decodiert.

Ein neues Fernsehsignal wird diesen Steuerdaten entsprechend codiert und die Adressen hinzugefügt. Dann wird das Signal gesendet. Auf diese Weise wird für weitere Programme die Generierung von Steuerdaten und Adressen eingespart und eine ganze Kette von Programmen kann von einer Stelle aus betreut und gesteuert werden. Dabei können bis zu 2 Millionen Adressen betreut werden.

Das VIDEOCIPHER I - System

Wie beim ORION-System wird die Toninformation digitalisiert und in der H-Lücke übertragen. Deshalb fehlen die Tonträger, und das Basisband ist schmäler. Nach Gl. 2.5 resultiert das in einer Verbesserung des Video-Signal/Rauschverhältnisses, die beim VIDEOCIPHER-System ca. 2 dB beträgt. Das VIDEOCIPHER I-System wurde entwickelt von der Firma *M/A-COM*. Es verwendet digitale Verschlüsselung, sowohl von Ton als auch Bild. Das Bildsignal wird mit der vierfachen Farbburst-Frequenz abgetastet und dann digitalisiert. Die Digitalinformation wird in einem Bildspeicher gespeichert und nach dem *Digital Encryption Standard*-Algorithmus (DES) in verschieden lange Segmente verwürfelt. Diese Segmente werden in verwürfelter Form ausgelesen und nach D/A-Wandlung in analoger Form gesendet.

Die Toninformation wird mit 44,056 kHz Abtastfrequenz abgetastet. Die Auflösung beträgt 15 bit. Es erfolgt eine digitale Kompandierung des Signales. Das Tonsignal wird ebenso wie das Bild nach dem DES-Algorithmus verschlüsselt und in der H-Lücke zusammen mit den Steuerdaten ausgesendet.

Das System verwendet eine Fehlerkorrektur, die Einzelfehler korrigieren und Doppelfehler verschleiern kann. Durch den DES-Algorithmus erfolgt eine Verwürfelung des Signales, so daß Bündelfehler als korrigierbare Einzelfehler auftreten. Die digitale Toninformation wird auf Bit für Bit Basis verschlüsselt, was infolge der gegen die Videorate niedrigen Tonbitrate möglich ist. Der DES-Algorithmus wird mit einem 64 bit-Schlüssel (2^{64} oder $2 \cdot 10^{19}$ Kombinationsmöglichkeiten) verwendet.

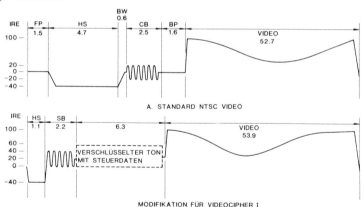

Bild 3.31 Modifikation der H-Lücke, die für VIDEOCIPHER I nötig ist.
          BP – Back Porch;   BW – Breeze Way;   CB – Color Burst;
          FP – Front Porch;   SB – Sync Burst;   HS – Horizontal Sync

Adressierung und Steuerdaten

Die Übertragung von Schlüsseln wird in bestimmten Hierarchien durchgeführt. Jeder Decoder hat eine große Zahl von vorher festgelegten Schlüsseln gespeichert, die von der Sendestation angewählt und aktiviert werden. Die Schlüssel werden in bestimmten Intervallen geändert, z.B. jede halbe Stunde oder bei Beginn eines neuen Programms. Die Schlüssel selbst sind in einem Mikroprozessorchip gespeichert. Mit Hilfe von sog. Kanal-Schlüsseln kann eine große Zahl von Decodern auf einmal für ein bestimmtes Programm autorisiert werden. Bei der Übertragung wird eine Fehlererkennungsstrategie verwendet. Wird ein Fehler festgestellt, dann wird die Übermittlung nicht akzeptiert. Jede Botschaft, die Informationen über den Schlüssel enthält, wird laufend wiederholt und muß zweimal richtig decodiert werden, bevor sie als richtig akzeptiert wird. Bild 3.31 zeigt die Modifikation in der H–Lücke, die für VIDEOCIPHER I Verschlüsselung nötig ist.

Das VIDEOCIPHER II–System

Das VIDEOCIPHER II–System (siehe Bild 3.32) wurde für NTSC entwickelt und gestattet es, außer der Videoinformation noch zwei Tonkanäle und einen Datenkanal zu verschlüsseln. Das Tonsignal wird digital und das Videosignal analog verschlüsselt.

Das Video–Basisbandsignal wird verschlüsselt, indem sowohl die Horizontal– als auch Vertikalsynchronisationsimpulse entfernt werden, das Videosignal invertiert und der Farbburst im Pegel verschoben wird. Der Farbburst wird auf den Schwarzwert reduziert, um eine Synchronisation zu verhindern. Insgesamt sind 13 Kombinationen beim Verschlüsseln möglich. Spezielle VLSI–Schaltkreise dienen zum Decodieren der Information.

Bild 3.32 VIDEOCIPHER II–Verschlüsselungsgerät und Handbedienung

Verschlüsseln der Toninformation

Zum Übertragen der Toninformation werden die Daten der beiden Tonkanäle mit Adressierungs– und Steuerdaten kombiniert und an Stelle des H–Impulses in jeder Zeile als drei 8 bit–Wörter eingefügt. Mit dem DES–Algorithmus wird das digitale Signal verschlüsselt. Der Schlüssel hat 56 bit und damit 2^{56} oder $7 \cdot 10^{16}$ verschiedene Werte. Bild 3.33 zeigt die Struktur einer Zeile im VIDEOCIPHER II–Format. Die Zeit ist in Mikrosekunden angegeben; die Daten werden in Pulscodemodulation übertragen.

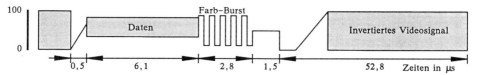

Bild 3.33 Zeilenformat für Videocipher II

Adressierung

Jeder VIDEOCIPHER II–Decoder hat einen ganzen Satz von 56 bit langen Schlüsseln in einem Festwertspeicher. Der DES–Programmschlüssel kann jede halbe Stunde oder bei Programmwechsel geändert werden. Der Programmschlüssel entspricht einer Telefonnummer. Im Gegensatz zum Telefon, wo die Verbindung erst unterbrochen wird, wenn ein Teilnehmer auflegt, wird bei VIDEOCIPHER II durch eine eingebaute Uhr nach einer bestimmten Zeit die Decodierung unterbrochen, wenn der Decoder den Schlüssel nicht weiterhin empfängt. Dieser Programmschlüssel ist Teil eines allgemeinen, monatlichen Schlüssels. Der Zeitraum ist so gewählt, weil die Bezahlung gewöhnlich monatlich erfolgt.

Maximal können 56 Programme durch den Decoder entschlüsselt werden, jedoch immer nur eines gleichzeitig. Das Gesamtsystem kann bis zu 100 Millionen Decoder bedienen. 600 000 Abonnenten pro Stunde oder 167 pro Sekunde können adressiert werden. Es gibt VIDEOCIPHER II-Geräte nur für das Basisband oder mit Basisband/HF-Eingang. Die Eingangsspannung beim Basisband sollte ca. 1 V sein. Beim HF-Teil muß das Signal zwischen 3 µV und 1 mV (-55 dBm bis 2 dBm und damit im selben Bereich wie beim digitalen Hörfunkempfänger) liegen. Das minimale Signal/Rauchverhältnis sollte 9 dB betragen.

Mit VIDEOCIPHER II können auf dem TV-Schirm auch die folgenden Typen von Botschaften dargestellt werden:

- Botschaften, die im Speicher des Decoders abgelegt sind, z.B. "Sie haben für dieses Programm nicht bezahlt";

- Botschaften, die vom Sender kommen, wie elektronische Post, Untertitel, etc.;

- Botschaften, die vom Abonnenten eingegeben wurden, z.B. von den Eltern "Diese Sendung solltest Du nicht sehen".

Das B-MAC-System

Dieses System wird in Australien verwendet, sowie zum Verschlüsseln von Sendungen, die über INTELSAT V (60°O) für die amerikanischen Streitkräfte in Europa verteilt werden (AFN). Bild 3.34 zeigt die Struktur des B-MAC-Signals. In einer 63,5 µs langen Zeile werden 11 µs lang Daten, 17,5 µs lang komprimiertes Farbdifferenzsignal und für 34,9 µs das Lumi- nanzsignal übertragen.

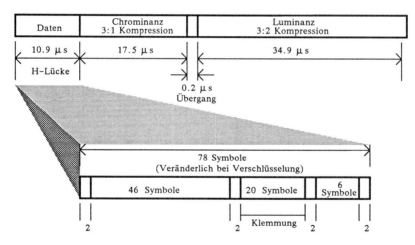

Bild 3.34 Struktur der Zeilen in B-MAC-Standard

Insgesamt werden 1,86 Mbit/s Daten zusammen mit dem Videosignal übertragen, zur Übermittlung von digitalem Ton, Steuersignalen und Zusatzdiensten. Sechs Tonkanäle benötigen 1,510 Mbit/s und die verbleibenden 62,9 kbit/s dienen einem Datenkanal. Ein 9,6 kbit/s RS 232-Ausgang kann zum Anschluß eines Mikroprozessors dienen. Auch der gesamte Videobereich könnte zur Übertragung von Daten von 10,8 Mbit/s verwendet werden, genauso wie vier der sechs Tonkanäle mit je 204 kbit/s. Die Tonkanäle bieten eine Bandbreite von 20 Hz bis 18 kHz und verwenden Kompandierung zur Datenreduktion.

Alle Daten zum Steuern des Systems werden in der vertikalen Austastlücke in Form von Paketen übertragen. Mit Hilfe der Zeilen 1 bis 8 wird der Takt und die Synchronisation gesteuert und die Adressen der Abonnenten übermittelt. In den Zeilen 9 bis 13 wird Videotext in Zeilen von jeweils 40 ASCII–Zeichen übertragen. Informationen, die dem Bild aufgezwungen werden, wie Katastrophenwarnungen, sind ebenso möglich wie persönliche Botschaften.

3.6 Schrifttum

/1/ Limann, O.: 'Fernsehtechnik ohne Ballast'. München: Franzis 1979

/2/ CCIR–Broschüre: 'Television Systems used around the World'. ISBN 92–61–02971–X

/3/ Rhode & Schwarz: 'Fernsehstandards nach CCIR und FCC'. Sonderdruck

/4/ Schell, G.: 'Übersicht über die unterschiedlichen Übertragungsverfahren für Satellitenrundfunk in Europa: Hörfunk und Fernsehen'. 10. Europäische Kongressmesse für Technische Kommunikation, Hamburg, 1987

/5/ Liesenkötter, B.: '12 GHz–Satellitenempfang; TV–Direktempfang für Praktiker'. Heidelberg: Hüthig 1988

/6/ Multipoint Communications Ltd.: 'Ultra Low Threshold Video Demodulator M 14000'. Satellite House, Eastways Industrial Park, Witham, Essex CM83, England

/7/ FUBA: 'FUBA Satelliten Stereo und Datenprozessoren der Fa. Wegener, USA'. FUBA Spiegel 01/1986, sowie Datenblätter der Fa. FUBA von den Wegener Prozessoren

/8/ SEL: 'Technische Information Fernsehtonübertragung TV–PCM2'. 1980

/9/ Dirks, H., Steudel, G., Zschunke, W.: 'Möglichkeiten der Fernsehbegleittonübertragung'. Fernseh– und Kinotechnik, 31. Jahrgang, Nr. 4, 1977, S. 129 – 133

/10/ Dosch, Ch.: 'C–MAC/Paket – Normvorschlag der europäischen Rundfunkunion für den Satellitenfunk'. Rundfunktechnische Mitteilungen, Jahrgang 29, 1985, H–1, S. 23 – 35

/11/ Vollmer, R.: 'Satellitenfernsehen mit D2–MAC/Paket'. Blaupunkt Broschüre, 1986

/12/ Dosch, Ch.: 'D–MAC und D2–MAC/Paket – die Mitglieder der MAC–Fernsehfamilie mit geschlosener Basisbanddarstellung'. Rundfunktechnische Mitteilungen, Jahrgang 29 (1985), S. 229 – 246

/13/ Specification of the D2–MAC/Paket System; Premier Ministere Secretariat d'Etat Charge des Techniques de la Communication Ministere du Redeploiment Industriel et du Commerce Exterieur, Ministere des Postes, des Telecommunications et de la Telediffusion

/14/ Bildqualität bei Satellitenübertragung; EBU–Tests, Gatwick, 1983

/15/ Gale, B., Bayline, F.: 'Satellite and Cable TV; Scrambling and Desrambling'. Baylin/Gale–Productions, 1986

/16/ Graf, R., Smeets, W.: 'Video Scrambling & Descrambling for Satellite TV & Cable TV'. SAMS 22499, Indianapolis, 1987

/17/ Müller–Römer, F.: 'Pay TV', Bayerischer Rundfunk. 03/1984

4 Digitaler Hörfunk über Satelliten

In der Vergangenheit konnte der FM–Hörfunk durchaus mit den Speichermedien wie Schallplatte, Tonband und Kassettenrekorder qualitativ mithalten. Mit der Einführung der digitalen Aufnahmetechnik in den Studios und der digitalen Schallplatte (CD) hat sich die Situation jedoch verändert.

Über herkömmlichen FM–Rundfunk läßt sich die gesteigerte Qualität der Aufnahmen nicht mehr an den Hörer weitergeben. Dazu trägt auch bei, daß durch immer mehr FM–Sender diese einander stören und Intermodulationsgeräusche entstehen, die noch viel störender als Rauschen sind. Zur Lösung dieses Dilemmas bietet sich eine digitale Übertragung der Rundfunkprogramme bis zum Endverbraucher an. Bei der Digitalisierung fallen erhebliche Datenmengen an, die wiederum hohe Bandbreiten zur Übertragung benötigen. Diese Bandbreiten stehen terrestrisch nicht zur Verfügung.

Bei der Funkverwaltungskonferenz 1977 in Genf wurden den europäischen Staaten je fünf Satellitenkanäle für Satellitendirektempfang zugeteilt. Diese Kanäle waren ursprünglich fürs Fernsehen gedacht, es dürfen aber auch andere Dienste abgestrahlt werden, sofern diese nicht zu erhöhten Störungen gegenüber anderen Kanälen führen. Im Auftrag des Bundesministeriums für Forschung und Technologie wurde von der deutschen Industrie ein digitales Hörfunksystem für Satelliten DSR (Digitaler Satelliten–Rundfunk) entwickelt, das in einem der fünf Kanäle des deutschen TV–SAT ausgesendet werden soll /1/. Mit diesem System wird es, unter Einhaltung der *WARC*–Grenzen für die Leistungsflußdichte von -103 dBW/m^2 an den Grenzen Deutschlands, möglich sein, große Bereiche Mitteleuropas abzudecken. Nach dem Prinzip der Komplexitätsinversion werden durch einen starken Satellitensender und höheren Aufwand an der Bodenstation einfache und preiswerte Empfänger verwendbar.

Innerhalb Deutschlands wird ein Empfang des Hörfunks mit Parabolantennen mit einem Durchmesser von ca. 30 cm möglich sein. In Großbritannien und Süditalien wird Empfang mit 60 cm–Antennen möglich sein. Damit kombiniert das neue digitale Satellitenhörfunksystem einmal die Vorteile der hohen Qualität mit einem Versorgungsgebiet wie es sonst nur die Kurzwelle bietet.

4.1 Systemkonzept

Im Studiobereich zeichnet sich eine Standardisierung von 16 bit Auflösung und 48 kHz Abtastfrequenz ab. Es werden jedoch auch weiterhin analoge Signale angeboten werden. Für die Übertragung vom Studio zur Erdfunkstelle findet die DS1–Leitung (siehe Kap. 4.3.2) Verwendung. Sowohl auf dieser Strecke wie auch auf dem Satellitenkanal können aus Gründen der Frequenzökonomie und aus Kostengründen nur Wortlängen von 14 bit und eine Abtastrate von 32 kHz Verwendung finden. Berücksichtigt man die Aussteuerungsreserve von 10 dB, so reicht die noch verbleibende Dynamik eines 14 bit linear codierten Systems nicht mehr für hochwertige Übertragung aus. Deshalb wurde eine 16/14 bit–Gleitkommatechnik verwendet. Durch die gleichzeitige Einführung eines Skalenfaktors können Amplitudenfehler bei leisen Passagen um bis zu 36 dB verringert werden. So wird akzeptabler Empfang bei Bitfehlerraten bis zu 10^{-2} möglich (ohne Skalenfaktor 10^{-3}).

Die Signale, die mittels DS1–Strecke zur Satellitenbodenstation gelangen, werden dort für die Satellitenübertragung neu codiert. Es wird ein Fehlerschutz mit einer Kombination von Fehlerkorrektur und Fehlererkennung mit Interpolation verwendet. Der verwendete BCH–(63,44)Code erlaubt 2 Fehlerkorrekturen und die Erkennung von 3 weiteren Fehlern. Der Rahmen umfaßt neben den Abtastwerten (von denen nur die 11 höherwertigen Bit geschützt werden) 19 Prüfbit und informationsgewählte BCH–Codebit für Sender- und Programmartenkennung. Zum Schutz vor Bündelfehlern in der am Empfang anschließenden Kabelverteilung wird Interleaving angewendet. BCH–Blöcke eines bestimmten Stereokanals haben einen Abstand von mindestens 250 bit und sind auch gegen längere Störungen geschützt.

Zwei Halbrahmen werden in einem QPSK–Modulator zu einem Signal mit 20,48 Mbit/s kombiniert. Bei einer Bandbreiteneffizienz von ca. 1,5 bit/Hz benötigt dieses Signal eine HF–

Bandbreite von 15 MHz und kann in einem 27 MHz–Transponder des TV–SAT übertragen
werden.

Das Signal wird mit einer Frequenz von 18 GHz zum Satelliten gesendet, dort umgesetzt
und verstärkt im 12 GHz–Band zur Erde zurückgestrahlt. Der Empfang erfolgt mit Parabolantennen, die entweder für TV– und Hörfunkempfang (60 cm Durchmesser) oder nur für
Hörfunkempfang (30 cm Durchmesser) ausgelegt sind. Die Außeneinheit kann entweder auf
einen Frequenzbereich von 950 – 1750 MHz umsetzen, und die Signale werden dann verteilt,
oder es erfolgt eine weitere Umsetzung in den Bereich 118±7 MHz (S2+S3), der von der
Bundespost für die Verteilung von DSR in Kabelanlagen vorgesehen ist. Es ist auch bereits
eine preiswerte Antennenanlage entwickelt worden, deren Außeneinheit direkt auf 118 MHz
umsetzt, also nur für digitalen Hörfunk bestimmt ist (40 cm offset–gespeiste Parabolantenne).

4.2 Quellcodierung

4.2.1 Abtastfrequenz

Die Abtastfrequenz muß mindestens doppelt so hoch sein wie die höchste Frequenz des
Tonkanales. Für den Studiobereich wird eine Abtastfrequenz von 48 kHz verwendet (bei der
digitalen CD–Schallplatte sind es 44,1 kHz). Damit können Grenzfrequenzen von mehr als 20
kHz erreicht werden. Untersuchungen am Institut für Rundfunktechnik /2/ haben ergeben,
daß eine Begrenzung der Audiobandbreite auf 15 kHz nur von ganz wenigen Hörern erkannt
wird. 15 kHz sind mit einer Abtastfrequenz von 32 kHz zu erreichen. Diese Abtastfrequenz
wird gleichzeitig international für digitale Tonübertragungsleitungen verwendet, so muß keine
Abtastwandlung vorgenommen werden. Nur mit 32 kHz Abtastfrequenz und der unten
erwähnten Auflösung ist schließlich sowohl Zubringung der Signale als auch Verteilung im
Satelliten ökonomisch realisierbar.

4.2.2 Wahl der Auflösung

Die Zahl der Bit pro Abtastwert ist neben der Abtastfrequenz eine qualitätsbestimmende
Größe eines digitalen Tonübertragungssystems. Es gilt näherungsweise

$$S\text{-}R \approx (6\,n + 2)\ \text{dB} \tag{4.1}$$

wobei n die Zahl der Bit pro Abtastwert ist. Die Rundfunkanstalten möchten nun gerne
eine Aussteuerungsreserve von 10 dB nach oben (Headroom) und einen Abstand vom Quantisierungsrauschen von 20 dB (*Footroom*) haben. Berücksichtigt man diese Werte, so ergibt
sich bei 14 bit Auflösung ein unterer Dynamikbereich von 56 dB, was etwas knapp ist. Eine
Auflösung von 16 bit liefert einen unteren Dynamikbereich von 68 dB, der ausreichend ist.

Für die Übertragung in der niedrigsten Postleitungshierarchie von 2,048 Mbit/s steht eine
Nettobitrate von 1,92 Mbit/s zur Verfügung. Eine optimale Nutzung ist allerdings nur mit einer
Begrenzung der Wortlänge auf 14 bit bei 32 kHz Abtastrate möglich. Bei einem zusätzlichen
Paritätsbit pro Abtastwert ergibt sich eine Kanalbitrate von 480 kbit/s, und vier Kanäle passen
dann exakt in die 1,92 Mbit/s. Die Diskrepanz zwischen dem Wunsch nach 16 bit Auflösung
einerseits und ökonomischer Zubringerstrecke andererseits, kann gelöst werden durch
Verwendung einer 16/14 bit–Gleitkommatechnik. Dabei wird durch einen 3 bit–Skalenfaktor,
der aus dem 16 bit–Quellsignalwort abgeleitet ist, angegeben, in welchem von 8 verschiedenen
Pegelbereichen das Signal den höchsten Wert aufweist (siehe Bild 4.1).

Der Wert des Skalenfaktors gibt an, wie weit (in $n\cdot 6$ dB) der Signalpegel vom System-
grenzpegel entfernt ist. Eine andere Darstellung zeigt Bild 4.2. Dort ist der vom Signal nicht
genutzte Pegelbereich daran zu erkennen, daß die Bit, die unmittelbar dem Vorzeichenbit Y1
folgen, den gleichen Wert wie dieses haben. Gibt man deren Zahl (0–7) durch den
Skalenfaktor an, so brauchen diese Bit nicht mehr übertragen zu werden. Die verbleibenden,
nicht redundanten Bit, können nun an das Vorzeichenbit herangeschoben werden, wodurch
eine Übertragung im Extremfalle mit bis zu 14 + 7, also 21 bit Auflösung erfolgen kann.

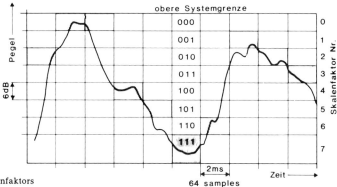

Bild 4.1 Ableitung des Skalenfaktors
aus dem Quellensignal

Skalenfaktor

a)Codiervorschrift

b)Übertragungsformat

0	0 0 0
1	0 0 1
2	0 1 0
3	0 1 1
4	1 0 0
5	1 0 1
6	1 1 0
7	1 1 1
7	1 1 1
6	1 1 0
5	1 0 1
4	1 0 0
3	0 1 1
2	0 1 0
1	0 0 1
0	0 0 0

Y1 Y2 Y3 Y4 Y5 Y6 Y7 Y8 Y9 Y10 Y11 Y12 Y13 Y14 Y15 Y16 Z1 Z2 Z3 Z4 Z5

übertragener Teil der 16-bit-Tonabtastwerte

XX nicht übertragbare Bit der 16-bit-Tonabtastwerte

Bild 4.2 16/14 bit-Gleitkommatechnik

Beim Empfang des Signals werden die Bit nach Maßgabe des Skalenfaktors wieder in die ursprüngliche Position zurückgeschoben und der Raum hinter dem Vorzeichenbit aufgefüllt mit Bit von der Wertigkeit des Vorzeichenbit. Damit stehen wieder 16 bit–Quellsignalwörter zur Verfügung. Dies alles gilt für Passagen mittlerer bis kleiner Aussteuerung, wo aber auch die Erhöhung auf 16 bit–Auflösung am wichtigsten ist. Bei sehr hoher Aussteuerung, die allerdings infolge des 10 dB–*Headrooms* kaum vorkommt, kann es sich ergeben, daß die Auflösung nur 15 oder 14 bit entspricht. Hörtests des IRT haben gezeigt, daß zwischen gleichförmig quantisiertem 16 bit–Signal und 16/14 bit–Gleitkommasignal kein Unterschied in der Qualität festzustellen ist. Der zusätzliche Aufwand für die Übertragung des Skalenfaktors ist gering, da es ausreichend ist, aus Blöcken von 64 aufeinanderfolgenden Abtastwerten (je 2 ms), den jeweils höchsten Amplitudenwert zu übertragen. Auf der Postzubringerstrecke wird der Skalenfaktor innerhalb der gegebenen Paritätsbit übertragen.

4.2.3 Zusatzinformationen und Sonderdienste

Vorgreifend auf eine Beschreibung des Übertragungsrahmens sei hier festgestellt, daß für Zusatzinformationen 11 kbit/s und ein Stereokanal zur Verfügung stehen, dies ist weit mehr als in terrestrischen Netzen. Über die Verwendung nur eines Teils dieser Zusatzinformationen ist entschieden. Man unterscheidet Zusatzinformationen, die direkt das Programmsignal betreffen oder steuern und Informationen über die Quelle des Programmsignales. Eine Auflistung zeigt, was damit gemeint ist:

Kategorie I

a)   Programmzeitangaben;   d)   Sprache – Musik;
b)   Status (Mono, Stereo, Quadro);   e)   Originallautstärke;
c)   Programmart;   f)   Dynamik;

Kategorie II

a)   einfache Quellenangaben (über alphanumerisches Display);
b)   erweiterte Quellenangaben (über TV–Bildschirm).

Wesentlich ist, daß eine Kennung über Mono–Stereoempfang erfolgt. Die 16 Stereokanäle
könnten im Extremfall wegen der guten Kanaltrennung von 90 dB auch als 32 Monokanäle
betrieben werden. Eine Kennung von Sprache und Musik kann in 2 verschiedenen Lautstär-
kereglern für Sprache und Musik genutzt werden. Die persönlich oft unterschiedlich empfun-
denen Schallpegel können so dem persönlichen Geschmack entsprechend eingestellt werden.
   Die Programmartenkennung gestattet dem Hörer sehr schnell ein Programm seines Ge-
schmacks zu finden. Es sind z.Zt. 16 Programmarten international definiert (s. Tabelle 4.1).

Tabelle 4.1 International definierte Programmarten

Nr.	Bedeutung	Nr.	Bedeutung
0	keine Programmart-Kennzeichnung	8	religiöse Sendung, Kirchenfunk
1	Nachrichten	9	Hörspiel
2	Kommentare, Features	10	Pop und Rock
3	Magazinsendung	11	Unterhaltungsmusik
4	Sport	12	ernste Musik (z.B. Oper, Sinfonie, Kammermusik)
5	Bildungsprogramm	13	Jazz
6	Kinderprogramm	14	Volksmusik
7	Jugendprogramm	15	Verschiedenes (z.B. Quiz, Telefonspiel, etc.)

Beim Drücken der entsprechenden Taste wird auf den ersten Kanal der betreffenden
Programmart geschaltet (falls vorhanden). Durch nochmaliges Betätigen der Taste wird auf
weitere Programme der gleichen Art geschaltet oder aber, falls nur ein Programm dieser Art
vorhanden ist, das erste beibehalten. Falls ein Sender die gewählte Programmart nicht mehr
sendet, wird automatisch ein weiteres Programm der gleichen Kennung gesucht.

4.3 Übertragungstechnik

Die wesentlichen Signalparameter des DSR–Systems sind in erster Linie für die Satellitenübertragung optimiert. Für die Signalzuführung zur Erdfunkstelle wird eine spezielle Multi-
plextechnik, basierend auf dem PCM 30–Grundsystem, mit 2,048 Mbit/s (nach CCITT-
Empfehlung G732) verwendet. Der Erdfunkstelle werden dann die einzelnen Stereosignale mit
1,024 Mbit/s zur Verfügung gestellt. Dort werden Kanalcodierung, Multiplexbildung, Modulation, Aufwärtsmischung und Leistungsverstärkung vorgenommen.

4.3.1 Zuführungstechnik, DS1–Signal

Das DS1–Signal enthält entweder einen Stereokanal oder zwei Monokanäle und Zusatzin-
formation für diese Programme. Die detaillierte Erklärung der unterschiedlich gekennzeich-
neten Rahmen für Stereo– und Monoübertragung führt hier zu weit, es sei deshalb auf die
Literatur /1, 3, 4/ verwiesen.
   Bild 4.3 zeigt den DS1–Rahmen für ein Stereosignal, anhand dessen die wesentlichen
Merkmale zu erkennen sind. Der DS1–Rahmen ist als horizontaler Balken zu sehen. Aufeinanderfolgende Rahmen werden untereinander gezeichnet. Der DS1–Rahmen besteht aus dem
Rahmenkennungswort RK mit 8 bit Länge. Es folgen 8 Wörter von 15 bit Länge, 14 Informa-
tionsbit eines Abtastwertes und ein Paritätsbit.

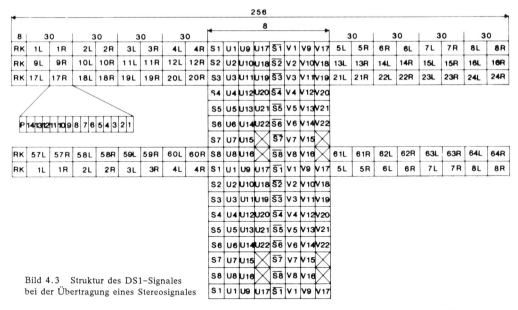

Bild 4.3   Struktur des DS1-Signales
bei der Übertragung eines Stereosignales

Das 8 bit–Wort in der Mitte des Rahmens enthält 2 Synchronisationsbit S1 und $\overline{S1}$, die in aufeinanderfolgenden Rahmen das 8 bit–Sync–Wort darstellen. Dieser Block besteht aus 64 Abtastwerten des Audiosignals, für die jeweils ein Skalenfaktor ermittelt wurde.

Die Verwendung der U–Bit ist bisher noch nicht definiert. Der V–Bitstrom weist eine Paketstruktur auf. Dieser Bitstrom dient zur Übertragung von Programmartenkennung und Sprache–Musikumschaltung.

Der Skalenfaktor wird durch die Paritätsbit der 15 Bitwörter übertragen. Mit 63 dieser 64 bit wird der 3 bit–Skalenfaktor 21mal übertragen. Das Paritätsbit wird dabei invertiert, wenn das zugehörige Skalenfaktorbit logisch "1" ist, und umgekehrt nicht invertiert für eine logische "0". Der Skalenfaktor wird durch Mehrheitsentscheidung aus den 21 Werten gebildet.

Im Fall der Stereoübertragung wird der Datenstrom U im linken ZI–Kanal übertragen und der Datenstrom V im rechten Kanal. Bei Monoübertragung werden die Datenströme U und V je zur Hälfte beiden Monokanälen zugeordnet. In einem ZI–Monokanal werden die Datenströme blockweise alternierend übertragen, jeweils erkennbar durch das zugehörige Synchronwort. Die gewählte ZI–Struktur berücksichtigt die Tatsache, daß pro Stereokanal des Satelliten–Hörfunksystems nur 11 kbit/s an Programmbegleitinformationskapazität zur Verfügung stehen, verglichen mit möglichen 24 kbit/s in den Datenkanälen U und V der DS1–Leitung.

4.3.2 Satellitenstrecke

4.3.2.1 Kanalcodierung des DSR–Systems

Da bei jedem System Übertragungsfehler unvermeidlich sind, ist es erforderlich, einen Fehlerschutz vorzusehen. Dabei ist darauf zu achten, daß in Kabelnetzen häufig Bündelfehler auftreten. Bei der Fehlerschutzschaltung wird davon ausgegangen, daß nur wenige LSB (*Least Significant Bit*) ungeschützt bleiben sollen. Bei einer Bitfehlerrate der Übertragung von 10^{-3} wird bei 3 ungeschützten LSB jeweils ein Wort aus tausend mit 18 dB bzw. mit 12 bzw. 6 dB erhöhtem Quantisierungsrauschen übertragen. Dies führt zu keiner erkennbaren Degradation der Signalqualität. Für unser System mit 14 bit gilt für die 11 MSB (*Most Significant Bit*):

– Korrektur der Fehler derart, daß die Restfehlerrate 10^{-5} bis 10^{-6} beträgt;
– Erkennung möglichst vieler nicht korrigierter Fehler, so daß deren Wahrscheinlichkeit verschwindend klein ist. Erkannte Fehler werden durch Interpolation verschleiert.

Versuche des IRT haben ergeben, daß eine Interpolationshäufigkeit von max. 2,5 pro Sekunde keine signifikante Qualitätseinbuße ergibt. Für das DSR–System wurde ein BCH–Code zum Fehlerschutz verwendet. Dabei wurden in einem 63 bit–Codewort $4 \cdot 11$ bit (MSB) zweier Stereokanäle angeordnet. Die jeweiligen 3 LSB eines 14 bit–Abtastwertes werden ungeschützt übertragen. Es ergibt sich ein BCH(63,44)–Code. Damit ist die Korrektur von 2 Fehlern und die Erkennung von 3 weiteren Fehlern möglich. Diese Kombination von Fehlererkennung und Verschleierung erweist sich als sehr wirksam. Tabelle 4.2 gibt hierfür die Fehlerrate in Abhängigkeit von verschiedenen Bitfehlerraten an.

Tabelle 4.2 Fehlerrate als Funktion der Bitfehlerrate

BER (Bitfehlerrate)	Fehlerkorrektur		Fehlererkennung	
	codierte Fehlerrate (Restfehlerrate)	mittlere störfreie Übertragungszeit (Concealmentrate)	codierte Fehlerrate (Restfehlerrate)	mittlere störfreie Übertragungszeit ohne Knacken
$3 \cdot 10^{-3}$	$8,95 \cdot 10^{-4}$	0,03 s	$4,17 \cdot 10^{-8}$	12,47 min
10^{-3}	$3,73 \cdot 10^{-5}$	0,84 s	$6,41 \cdot 10^{-11}$	5,63 d
$3 \cdot 10^{-4}$	$1,05 \cdot 10^{-6}$	29,60 s	$4,86 \cdot 10^{-14}$	20,32 a
10^{-4}	$3,94 \cdot 10^{-8}$	13,18 min	$6,75 \cdot 10^{-17}$	14650 a

Der gewählte BCH(63,44)Code hat eine Blocklänge n von 63 bit. Die zu übertragende Information ist mit $k = 44$ bit codiert. Die verbleibenden $n-k$ bit sind die Prüfstellen bzw. die Redundanz des Codes. Der BCH(63,44)Code wird durch sein Generatorpolynom

$$g(x) = x^{19} + x^{10} + x^9 + x^8 + x^6 + x^4 + x^0 \qquad (4.2)$$

eindeutig beschrieben. Auf die schaltungsmäßige Ausführung von Codierung und Decodierung soll hier nicht eingegangen werden.

Bündelfehlerkorrektur

Der BCH–Code ist bei der Decoderstrategie von gemischter Fehlerkorrektur und Fehlererkennung sehr gut geeignet für zufällig verteilte Fehler, also hervorragend für den Satellitenkanal. Bei der Verteilung in KTV–Anlagen ist jedoch mit Bündelfehlern zu rechnen. Der Rahmenaufbau wird in Kap. 4.3.3 behandelt. Es ergibt sich daraus, daß durch Interleaving (Blockspreizung) die einem Programm zugeordneten BCH–Blöcke um mindestens 160 bit getrennt sind. Dadurch wird auch vermieden, daß Fehlerbündel mehr als einen BCH–Block eines bestimmten Programmes stören /1, 5/.

Skalenfaktor

Der oben beschriebene Fehlerschutz gewährt eine hervorragende Qualität bis zu Restfehlerraten (unerkannte Fehler) von 10^{-3}. Bei einer Restfehlerrate von 10^{-2} treten im Mittel ca. zwei Knacke je Sekunde verschiedener Intensität auf. Das bedeutet einen abrupten Übergang zwischen sehr guter und sehr schlechter Qualität zwischen den Bitfehlerraten von 10^{-3} bzw. 10^{-2}.

Bei Verwendung einer 16/14 bit–Gleitkommadarstellung mit Skalenfaktor ist die subjektive Auswirkung unerkannter Restfehler weitaus geringer. Durch Restfehler entstehende Störungen können nicht größer als der durch den Skalenfaktor bestimmte Amplitudenbereich sein, da ein abrupter Signalanstieg, der über diesen Wert hinausgeht, vom System als Fehler erkannt und zurückgewiesen wird.

Bild 4.4 zeigt die Verringerung der maximal möglichen Amplitudenfehler durch Verwendung von 16/14 bit–Gleitkommadarstellung mit Skalenfaktor.

Bei gleichförmiger Quantisierung ist der Maximalfehler bei leisen Tonpassagen immer noch halb so groß wie bei sehr lauten Passagen. Bei 16/14 bit–Gleitkommadarstellung mit Skalenfaktor hingegen ist der Maximalfehler gleich dem momentanen Amplitudenbereich, der bei leisen Passagen weniger als 1% des Gesamtbereiches beträgt, was einer Verbesserung von 36 dB gegenüber gleichförmiger Quantisierung entspricht. Diese Verringerung der Amplitudenfehler führt zu einer akzeptablen Qualität auch noch bei Restfehlerraten von 10^{-2}. Außerdem erfolgt der Übergang von sehr guter zu sehr schlechter Qualität viel langsamer.

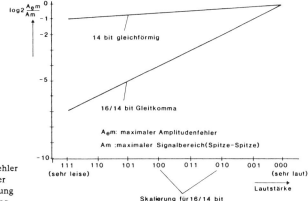

Bild 4.4 Maximimaler Amplitudenfehler durch unerkannte Übertragungsfehler bei 14 bit gleichförmiger Quantitsierung und 16/14 bit-Gleitkommadarstellung

4.3.2.2 Modulationsverfahren

Die Leistungsfähigkeit eines Modulationssystems kann durch folgende Parameter beurteilt werden:

- Leistungsbedarf;
- Bandbreitenbedarf;
- Komplexität von Sender und Empfänger.

Die Berücksichtigung verschiedener Faktoren wie Übertragung im leistungsbegrenzten Satellitenkanal und terrestrische Übertragung im 14 MHz breiten Kanal, führten zur Wahl von 4PSK als Modulationsart für das DSR–System.

Im Sender wird eine Differenzcodierung angewandt, damit das Signal im Empfänger wahlweise kohärent oder differentiell demoduliert werden kann. Der aufwendigere kohärente Demodulator weist dabei ein um 2 dB besseres Systemverhalten auf. Bei Annahme einer Degradation auf der Satellitenstrecke von ca. 1,2 dB und einer Degradation des Demodulators bei einer Bitfehlerrate von 10^{-3} ergeben sich 3,2 dB als Gesamtdegradation. Mit diesen Werten erhält man für kohärente Demodulation

$$C-N = 13,0 \text{ dB in } 10,24 \text{ MHz Rauschbandbreite oder}$$
$$C-N \approx 8,9 \text{ dB in } 27,00 \text{ MHz (WARC–Kanal)}.$$

Am Rande der Bundesrepublik ergibt sich für $G-T = 8$ dBi/K für Einzelempfang ein $C-N = 17$ dB im 'WARC–Kanal', so daß eine Systemreserve von 8 dB vorhanden ist. Das ermöglicht:

- Empfang außerhalb der Bundesrepublik Deutschland;
- Verwendung kleinerer Empfangsanlagen für Hörfunk allein;
- Verwendung eines differentiellen Demodulators.

Zur Energieverwischung des Signales und sicheren Bittaktableitung in Modulationspausen wird eine Verwürfelung des Signales vorgenommen. Dazu werden die Bitströme der Hauptrahmen A und B mit Ausnahme der Synchronworte und der Sonderdienstbit mit der Pseudozufallsfolge eines Scrambling–Generators verknüpft. Nach Spektrumsformung weist das vom linear verstärkenden Teil der Erdfunkstelle abgegebene Signalspektrum ein $\sqrt{50\% \text{cos-}Roll\text{-}Off}$ auf.

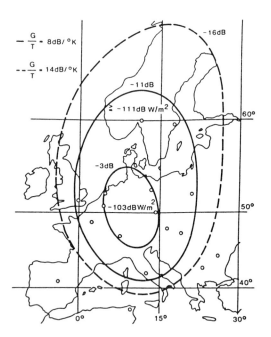

Bild 4.5 Versorgungsgebiet
des digitalen Hörfunks

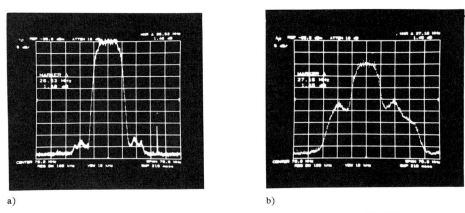

a)   b)

Bild 4.6 Spektrum eines 4PSK digitalen Hörfunksignals; a) am Senderausgang (70 MHz gefiltert, ohne
Satellit), und b) nach Durchlaufen der Satellitenstrecke

Bild 4.5 zeigt das erweiterte Versorgungsgebiet des digitalen Hörfunks unter Einhaltung der
WARC–Bedingungen. Bild 4.6 zeigt das Spektrum eines 4 PSK–Signales nach Filterung am
Ausgang des Senders a) und nach Durchlaufen der Satellitenstrecke b). Da das 4 PSK–Signal
keine konstante Hüllkurve hat, erfährt es eine Spektrumsverbreiterung, die vor Einspeisung in
Kabelanlagen wieder abgeschnitten werden muß. Diese Verbreiterung spielt auch eine Rolle
bei den in Kap. 4.7 beschriebenen Kompatibilitätsmessungen .

4.3.2.3 Rahmenaufbau des DSR

Für den Rahmenaufbau müssen die folgenden Randbedingungen gelten:

o 63/44 bit BCH–Blockcodierung;
o 32 kHz Abtastfrequenz;
o 14/16 bit Gleitkommaübertragung, Skalenfaktorbezugszeit = 2 ms.

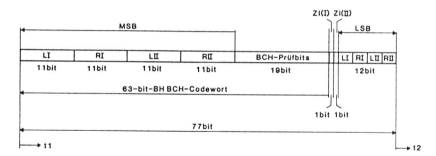

Bild 4.7 Struktur des 77 bit langen Blocks (I, II Stereokanalnummern, L = Linker Kanal, entspricht Monokanal 1; R = rechter Kanal, entspricht Monokanal 2; ZI = Zusatzinformation)

Dem 4 PSK−Verfahren entsprechend, müssen zwei Bitströme bzw. zwei Teilrahmen gleicher Länge definiert werden. Die Struktur des 77 bit−Blocks ist im Bild 4.7 gezeigt /6/.

Man erkennt die Aufteilung in 4·11 geschützte MSB und 4·3 ungeschützte LSB, sowie die Einfügung der Zusatzinformationsbit. Mehrere 77 bit−Blöcke von Bild 4.7 werden, wie in Bild 4.8 gezeigt, zu einem Hauptrahmen zusammengefügt; dabei sind jeweils zwei aufeinanderfolgende Blöcke bitweise verkämmt zur Unterdrückung von Bündelfehlern und zur Unterdrückung von Doppelfehlern durch die differentielle Codierung.

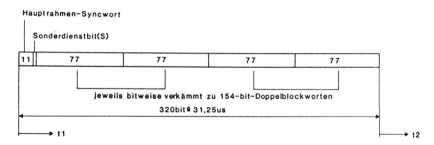

Bild 4.8 Hauptrahmenstruktur

Für die Rahmensynchronisation wird ein 11 bit Barker−Codewort (11100010010) je Teilrahmen benutzt, das im Teilrahmen B invertiert ist, um eine Vertauschung der Rahmen detektieren zu können. Das SD1−Bit dient zur Übertragung von

o Programmartenkennung;
o Mono − Stereoprogrammerkennung;
o Sprache − Musikumschaltung.

Die einmal pro Hauptrahmen übertragenen SD1−Bit werden dafür zu einem neuen Rahmen mit 8 Blöcken zu je 64 bit und einer Gesamtlänge von 512 bit zusammengesetzt (siehe Bild 4.9). Jeder Überrahmen enthält ein 16 bit langes Synchronwort SYNC 1 (*WILLIARD*−Code), sowie vier 8 bit lange Kennungsinformationen für vier Kanäle z.B. PA−LI, PA−RI, PA−LII, PA−RII. Zwei 8 bit lange Teilstücke in jedem Block sind noch frei (DI, DII) für zukünftige Anwendungen. Die weiteren 7 Sonderdienstrahmen werden mit einem modifizierten Synchronwort SY 2 gestartet. Dieses Sync−Wort dient gleichzeitig zur Einordnung der mit den ZI−Bit übertragenen Information.

Durch die Zusammenfassung von jeweils 64 Hauptrahmen zu einem Überrahmen kommt es auch zu einer Rahmenbildung für die ZI−Bit. In diesem Rahmen werden die Skalenfaktoren für zwei Tonkanäle übertragen (siehe Bild 4.10). Die restliche Kapazität ist für Übertragung von Programmbegleitinformation (PI) vorgesehen.

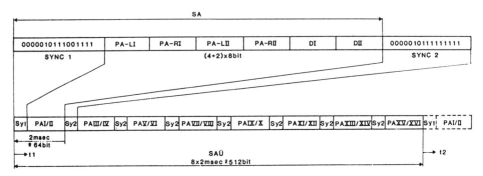

Bild 4.9 Sonderdienstrahmen SA und Sonderdienstüberrahmen SAÜ (I, II = Stereokanalnummern, Sy = Synchronwort, PA = Programmangebot, L = linker Kanal, R = rechter Kanal, D frei für zuk. Anwendungen)

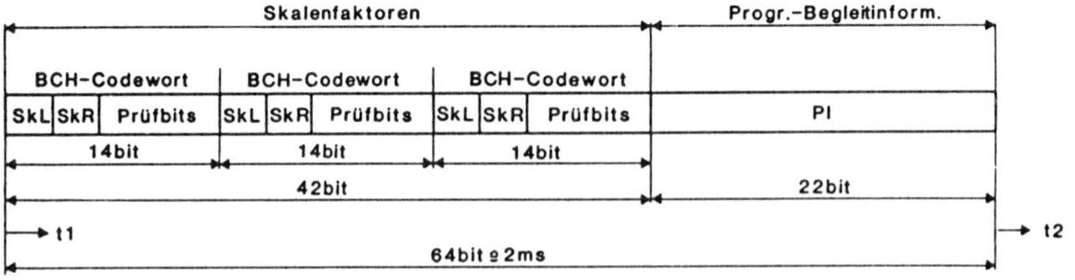

Bild 4.10   Zusatzinformationsrahmen

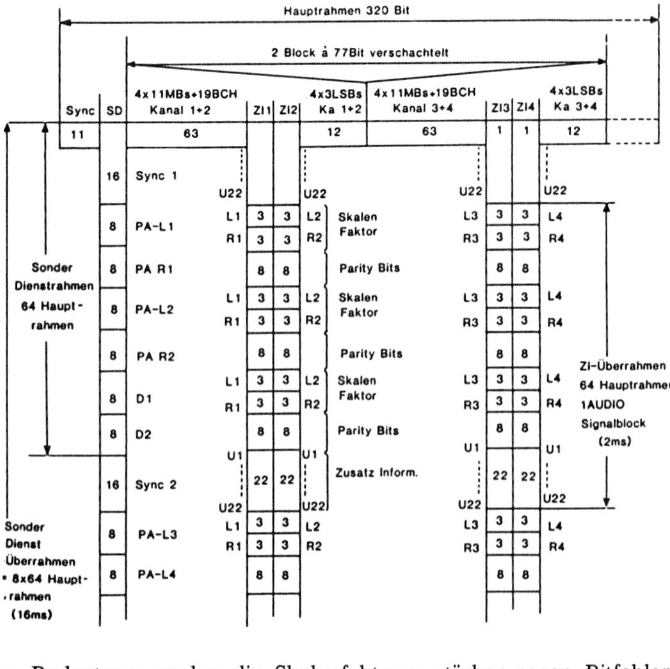

Bild 4.11 Gesamtes Rahmenformat des DSR-Systems

Wegen ihrer großen Bedeutung werden die Skalenfaktoren stärker gegen Bitfehler geschützt als die Tonsignalabtastwerte. Dazu werden die 3 bit-Skalenfaktoren eines linken und rechten Kanals (also 6 bit) jeweils mit dem MSB(14/6)-Code geschützt, und dieses BCH-Codewort wird dreifach übertragen. Der Beginn der Skalenfaktorübertragung eilt dem ersten Tonsignalcodewort um 4 ms (2 Tonsignalblöcke) voraus. Im Rhythmus von 2 ms steht innerhalb des ZI-Rahmens noch eine Datenkapazität von 22 bit pro Stereokanal zur Übertragung

von Programmbegleitinformation zur Verfügung (U1 bis U22 in Bild 4.11). Bild 4.11 gibt zur
besseren Übersicht noch das gesamte Rahmenformat des DSR-Systems in übersichtlicher
Form wieder. Die Zeitachse verläuft dabei von links nach rechts und von oben nach unten um
die Einbindung der Überrahmen zu veranschaulichen.

4.4 Verträglichkeit des DSR-Spektrums mit dem WARC-DBS-1977-Plan

Der *WARC-DBS*-1977-Plan /7/ wurde für FM-TV aufgestellt mit einem analogen Ton auf
Unterträger. Dabei gelten folgende Schutzabstände:

31 dB für Gleichkanal- und
15 dB für Nachbarkanalstörungen.

Eine Reihe von Tests wurde durchgeführt /8/. Dabei wurde das nach dem Empfang von
Satelliten verbreiterte Signal nach Bild 4.6b und ein verwischtes *WARC*-TV-Signal mit
analogem 5,5 MHz-Tonträger verwendet. In den Bildern 4.12 und 4.13 werden Nachbar-
und Gleichkanalstörungen zwischen *WARC*-TV und dem DSR-System gezeigt. Dabei wurde
die Bildqualität in 5 Stufen gemessen.

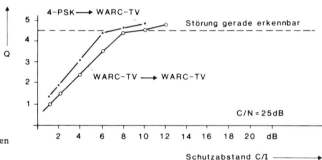

Bild 4.12   Nachbarkanalstörungen
(Q = 5: keine Störung erkennbar;
Q = 1: sehr störend)

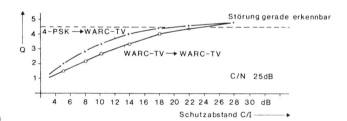

Bild 4.13 Gleichkanalstörungen

Aus den Meßdaten ergeben sich folgende Werte für den Schutzabstand:

Störer:	Gleichkanal	Nachbarkanal
WARC-TV	25 dB	9,5 dB
Dig. 4 PSK-Signal	22 dB	6,0 dB
Erwünschtes Signal;	*WARC*-TV in allen Fällen	

Sowohl für Gleichkanal- als auch für Nachbarkanalbetrieb sind die Störungen, die durch
ein *WARC*-TV-Signal hervorgerufen werden, größer als die durch das DSR-Signal (verwürfelt), da keine diskreten Frequenzen vorhanden sind. Damit ist die volle *WARC*-Kompatibili-
tät garantiert. Wenn das *WARC*-TV-Signal als Störer benutzt wird, so zeigt sich das DSR-
System als sehr robust gegen Störer. Nachbarkanalstörungen sind vernachlässigbar, und
Gleichkanalschutzabstände von ca. 14 dB sind nötig /8/.

4.5 Empfang in Einzel-, Gemeinschafts- und Kabelanlagen

Bild 4.14 zeigt den gesamten Empfangszug für Satellitenrundfunkempfang. Da beim
Mischen der 12 GHz–Eingangsfrequenz auf 1 GHz meist dielektrische Resonatoren (DRO) als
Oszillatoren verwendet werden, kann das Phasenrauschen dieser DRO die Leistung des
Gesamtsystems reduzieren. Ein weiteres Problem ist das der Frequenzkonstanz dieser Mi-
scher. In den Spezifikationen für DSR wird für optimalen Empfang eine Frequenzgenauigkeit
von ±50 kHz verlangt. Aus diesem Grund ist eine exakte Frequenznachführung (*Automatic
Frequency Control, AFC*) nötig.

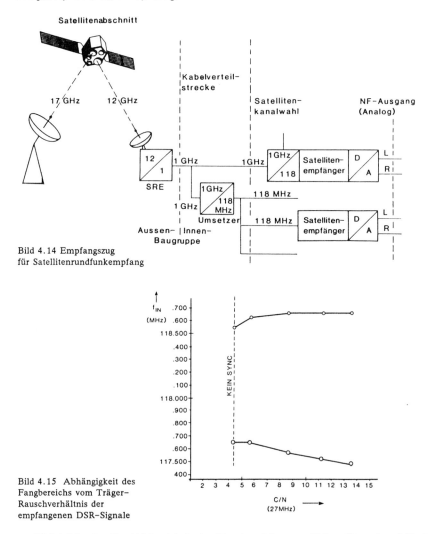

Bild 4.14 Empfangszug
für Satellitenrundfunkempfang

Bild 4.15 Abhängigkeit des
Fangbereichs vom Träger–
Rauschverhältnis der
empfangenen DSR–Signale

Bild 4.15 zeigt die Abhängigkeit des Fangbereichs vom Träger/Rauschverhältnis der empfangenen DSR–Signale. Man sieht daraus, daß der Fangbereich für die neue Empfängergene-
ration doch recht groß ist. Der Haltebereich ist natürlich noch größer.

Ein letzter Punkt, der noch geklärt werden muß, bevor das DSR–Signal in Kabelnetze eingespeist werden kann, ist das Filter, das nötig ist, um das DSR–Signal auf 14 MHz zu
begrenzen. Bisher gibt es noch keine billigen Filter, die für Sonderkanäle S2 und S3 geeignet
sind. Wie Kabeleinspeisungen z.B. in der ICC–Anlage in Berlin gezeigt haben, müssen auch

exakte Pegel für die Einspeisung von DSR angegeben und Meßgeräte geschaffen werden, mit denen der Pegel in S2 und S3 gemessen werden kann.

4.6 Gerätetechnik, Technische Daten von Sender und Empfänger

4.6.1 PCM-Sender und Modulationseinrichtungen in der Erdfunkstelle

Die technischen Daten des PCM-Senders sind in Tabelle 4.3 zusammengestellt.

Tabelle 4.3 Technische Daten des PCM-Senders.

A Allgemeine Systemdaten		B DS1-Schnittstelle	
Zahl der Tonkanäle	16 Stereo/32 Mono	Impedanz	120 Ω, symmetrisch
Bitrate	1,024 Mbit/s / Tonkanal	Eingangsbuchsen	Klinkensteckerverbinder
Übertragung	2 parallele Datenströme		konzentrisch, symme-
	je 8 Stereo- bzw. 16 Mono-		trisch (Siemens)
	kanäle	Leitungscode	HDB-3
Rahmenfrequenz	32 kHz	Zulässiger Taktwandler	
Übertragungsbitrate	20,48 Mbit/s	(Taktphasenverschiebung	±1/2 Rahmenlänge
Symbolrate	320 kbit/s pro Datenstrom	relativ zum Referenztakt)	bzw. ±128 bit
FEC-Codierung			
– Tonkanäle	BCH 63/44		
– Codierblock	4x11 MSB von jeweils	**D ZF-Schnittstelle**	
	2 Stereo-/4 Mono-Kanäle	Mittenfrequenz	70 MHz
– Skalenfaktor	BCH 14/6, verkürzt	Bandbreite	20 MHz (transparent für
– Codierblock	2 x 3 bit jeweils von einem		Nutzsignal)
	linken und rechten Kanal	Impedanz	75 Ω
Modulation	QPSK, differenzcodiert	Pegel	+5,2 dBm
Spektrale Formung	√50 % cos-roll-off mit	Reflexionsdämpfung	≥20 dBm
	x/sinx-Anhebung	Außerbandsignale	≥50 dB Abstand zum
Modulationsgenauigkeit	0,1 dB; ±1°		Nutzsignal
		Buchse	1,6/5,6 mm (Siemens)
C Referenztakt			
Taktquelle / Frequenz	extern DBP / 2,048 MHz		
Schnittstelle	CCITT Rec.G. 703		

4.6.2 Technische Daten des PCM-Heimempfängers

Die technischen Daten des PCM-Empfängers enthält Tabelle 4.4. Bei der Beschreibung des Empfängers sollen auch Informationen zum gegenwärtigen Stand der Entwicklung von Heimempfängern gegeben werden. Es gibt fünf Empfänger auf dem Markt von den Firmen Blaupunkt, Telefunken, Philips, Sony und Grundig (siehe Bild 4.16).

Dabei ist der Telefunken-Empfänger am längsten auf dem Markt /9/. Die Entwicklung von *Gate Arrays* bei Telefunken ist abgeschlossen. Seriengeräte sind seit Anfang 1988 erhältlich und kosteten anfangs um DM 1000,–.

Tabelle 4.4 Technische Daten des PCM-Empfängers

RF-Eingangssignalbereich, $f = 118$ MHz	−55 ... −15 dBm
NF-Übertragungsdaten (die im folgenden angegebenen Werte gelten auch für die Gesamteinrichtung):	
Übertragungsfrequenzbereich	15 ... 15000 Hz
Dynamikbereich	≥85 dB (plus ca. 6 dB Übertragungsreserve)
Übersprechdämpfung zwischen den Kanälen	≥80 dB (gilt auch zwischen zwei Stereoteilkanälen)
Klirrfaktor bzw. THD	≤0,02 %
NF-Ausgangsspannung	1 V nominal
NF-Pegeleinstellung	+10 /−30 dB (für Musik und Sprache getrennt einstellbar; automatische Umschaltung mit übertragenem Kennungssignal)

Die Überprüfung der Funktion der Empfänger und der gesamten Empfangsanlage wird infolge der komplizierten Technik anfangs schwierig sein. Deshalb ist zu überlegen, ob man nicht einen Anschluß zur Bestimmung der Bitfehlerrate des Systems durch Auswertung der

Sync–Fehler vorsieht. Eine weitere einfachere Möglichkeit, die Leistung des Systems mit kon–
ventionellen Mitteln zu bestimmen, ist das Augendiagramm. Mit entsprechenden Ausgängen
am Empfänger kann man, wie aus Bild 4.17 ersichtlich, sehr gut die Qualität des Empfängers
bestimmen. Dieser Ausgang kostet nicht viel und bietet hervorragende Diagnosemöglichkeiten.

a)

b)

c)

d)

e)

Bild 4.16   PCM-Heimempfänger; a) Blaupunkt; b) Telefunken; c)Philips; d)Sony; e) Grundig

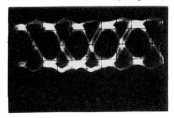
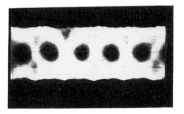

Bild 4.17   Augendiagramm für Werte von $C-N$ = 20 dB (links) und $C-N$ = 6 dB (rechts)

4.7 Übertragungsversuche mit dem DSR-System

Erste Übertragungsversuche mit dem System wurden bereits 1982 mit dem OTS-Satelliten unternommen. Seitdem wurden laufend Versuche und ca. 40 wichtige Demonstrationen des Systems im In- und Ausland gemacht /9,10/. Die Daten der dabei verwendeten DFVLR-Sende- und Empfangsstationen zeigt Tabelle 4.5.

Tabelle 4.5 Daten der DFVLR-Bodenstationen, die für DSR-Tests verwendet werden

	Sendestation	Empfangsstation Nr. 1	Empfangsstation Nr. 2	Empfangsstation Nr. 3
Antennendurchmesser	4,5 m	3,3 m	1,8 m	1,2 m
Antennengewinn	52,3 dBi	49,8 dBi	44,4 dBi	40,5 dBi
$G-T$ in dBi/K	26,0	23,0	19 (mit 280 K GaAsFET)	17,5 (mit 120 K PARAMP)
Systemrauschtemperatur	410,0 K	410,0 K	360,0 K	200,0 K
$C-N$ (27 MHz)	19,0 dB	16,2 dB	12,2 dB	10,7 dB
Max. $EIRP$	80,5 dBW	–	–	–

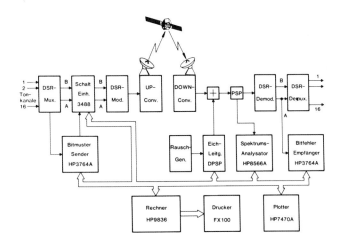

Bild 4.18 Meßaufbau für
DSR-Satellitenmessungen

Mit ECS-1 und INTELSAT V wurden eine Reihe von Systemtests mit dem neuen DSR-System durchgeführt. Den Meßaufbau für die Satellitenmessungen zeigt Bild 4.18. Es sind weitgehend automatisierte Meßvorgänge eingeplant. Hiermit wurden Empfänger von Philips, Sony, Blaupunkt und Telefunken durchgemessen; die Ergebnisse werden in Bild 4.19 gezeigt.

Die Tests zeigten, daß die Degradation des realisierten Systems im Vergleich zu den theoretischen Grenzen für kohärente Demodulation, wie vorher abgeschätzt, im Bereich von 1,5 und 2,0 dB liegen (siehe Kap. 3.3.3).

Bild 4.19 zeigt auch, daß es einen Bereich von 5 dB als Übergangsbereich zwischen sehr guter Wiedergabe und der Grenze der Verständlichkeit gibt. Erst unter BER = $2 \cdot 10^{-2}$ werden Störungen der Rahmensynchronisation festgestellt. Dieser langsame Übergang ist auf die Einführung des Skalenfaktors zurückzuführen. In Bild 4.20 ist die Restfehlerwahrscheinlichkeit als Funktion des Träger/Rauschabstandes aufgezeigt.

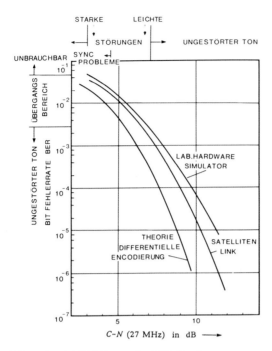

Bild 4.19 zeigt Bitfehlerrate des DSR–Signals
als Funktion des Träger/Rauschverhältnisses

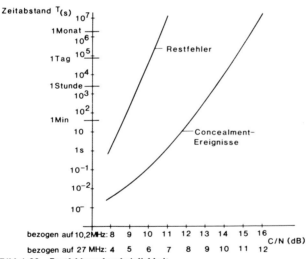

Bild 4.20 Restfehlerwahrscheinlichkeit
als Funktion des Träger/Rauschabstandes

Die Systemtests, die von DFVLR, IRT, FTZ und der beteiligten Industrie durchgeführt
wurden, haben das perfekte Arbeiten von DSR unter allen Aspekten gezeigt. Die technischen
Daten des Systems wurden praktisch verifiziert, das System ist *WARC*–kompatibel. Damit ist
das DSR–System bereit für eine Einführung mit dem TV–SAT.

Die Entwicklung der DSR–Geräte wurde vom Bundesministerium für Forschung und
Technologie bei Telefunken gefördert. Tests in Kabelanlagen und mit preiswerten Konvertern
verliefen erfolgreich /11,12/.

4.8 Digitaler Audiorecorder und Digitaler Satelliten-Rundfunk

Da sich der Digitale Audiorecorder (*Digital Audio Taperecorder; DAT*) und der digitale Satelliten–Hörrundfunk (*DSR*)in idealer Weise ergänzen, soll hier auch auf diesen kurz einge-gangen werden. Das System, das bisher zur Serienreife entwickelt wurde, ist der R–DAT Recorder mit rotierender Kopftrommel und Schrägspuraufzeichnung wie man sie vom Video-recorder her kennt. Ein System mit stationärem Tonkopf, dem sogenannten S–DAT und Aufzeichnung auf mehreren Spuren in Richtung des laufenden Bandes wurde zwar diskutiert, konnte aber noch nicht zur Serienreife gebracht werden.

Der R–DAT Recorder hat eine Spieldauer von 2–3 Stunden mit einer Kassette, die noch kleiner ist als die analoge Kompaktkassette. Er erlaubt Suchlauf zum Auffinden und Über-springen von bestimmten Stücken. Die Kassette hat die Abmessungen 75x54x10,5 mm; sie hat drei Erkennungslöcher für die Bandsorte und eine schaltbare Aufnahmesperre. Innerhalb der Kassette sind zwei Prismen aus Kunststoff eingebaut, die zusammen mit dem durchsichtigen Bandanfang und –ende eine Lichtschranke bilden, die das Gerät steuert. Im Normalmodus beträgt die Bandgeschwindigkeit 8,15 mm/s, also nur etwa ein Fünftel von der des Kompakt-kassettenrecorders.

Das normalerweise verwendete Reineisenband hat eine Breite von 3,81 mm und eine Dicke von 13 µm. Für das Kopieren eines DAT–Bandes sind Kontaktkopierverfahren möglich. Der R–DAT hat verschiedene Aufzeichnungsmoden:

o Modus I ist der normale Modus und arbeitet mit 48 kHz Abtastfrequenz bei 16 bit Auf-lösung (Studionorm);

o Modus II arbeitet mit 32 kHz Abtastfrequenz und 16 bit linearer Quantisierung. In diesem Modus können DSR–Sendungen aufgenommen werden;

o Modus III arbeitet mit 32 kHz Abtastfrequenz und 12 bit nichtlinearer Quantisierung;

o Modus IV erlaubt bei 32 kHz eine 4 kanalige Aufzeichnung.

Für die Wiedergabe von bespielten Kassetten wird eine Samplingfrequenz von 44,1 kHz (wie bei der CD) mit einer 16 bit–linear–Quantisierung vorgesehen. Bei diesem Modus ist z. Zt. die Aufnahmefunktion gesperrt, damit aus Urheberrechtsgründen keine CD–Platten ko-piert werden können.

Tabelle 4.6 faßt die Daten der einzelnen Betriebsarten zusammen /13/. Die Magnetspur ist ca. 13,5 µm breit; ein Datenbit belegt auf dieser Spur 0,67 µm. Mit diesen Werten erreicht die Speicherdichte 17,67 Mbit/cm^2. Innerhalb einer Spur werden die PCM–Daten (Tondaten) der Subcode (Programmnummern und Zeitcodes) und die ATF–Informationen (ATF = *Automatic Track Following* = Automatische Spurnachführung) aufgezeichnet (s. Bild 4.21).

Sowohl für den Subcode als auch die PCM–Daten werden PLL–Steuerimpulse eingefügt. Die Subcode–Zonen können unabhängig von den PCM–Tondaten beschrieben werden, d.h. auch nachträglich, z.B. mit Programmnummern versehen werden.

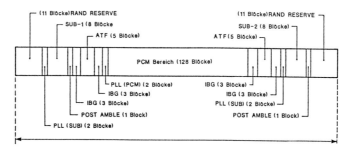

Bild 4.21 Aufteilung der Magnetspur beim R-DAT

Der PCM–Bereich einer Spur hat 128 Blöcke zu 32 Symbolen (1 Symbol=8 bit), also 4069 Symbole. Zu den Tondaten wird u.a. auch ein ID–Block (Identifikations–Block) angefügt, der die folgenden Informationen enthält:

o Abtastfrequenzen   o Kanalzahl

o Quantisierung   o Bandgeschwindigkeit

o Kopierschutz   o Pre- und Deemphase

Tabelle 4.6 Kenndaten der Betriebsarten eines R-DAT Recorders

	MODUS I	MODUS II	MODUS III	MODUS IV
Zahl der Kanäle	2	2	2	4
Abtastfrequenz in kHz	48	32	32	32
Quantisierung	16 linear	16 linear	12 nicht linear	12 nicht linear
Kopftrommel Drehzahl in U/min	2000	2000	1000	2000
Bandgeschwindigkeit in mm/s	8,150	8,150	4,075	8,150
Sub-Code Kapazität in kbit/s	273,1	273,1	136,5	273,1
ID-Code Kapazität in kbit/s	68,3	68,3	34,1	68,3

Die PCM-Blöcke der Tondaten werden je nach der Blockadresse in geradzahlige und un-
geradzahlige Blöcke aufgeteilt und durch kreuzweises Verschachteln (*Cross-Interleaving*;
siehe Bild 4.21) in aufeinanderfolgende Spuren geschrieben. Damit wird eine Fehlerkorrektur
auch bei Ausfall einer ganzen Spur möglich.

Durch Verschachteln (*Interleaving*) der Toninformationen wird es möglich, Bündelfehler,
die bis zu 792 Symbole lang sind, zu korrigieren und in Moden I und II bis zu einer Dauer von
2664 Symbolen, in Moden III und IV bis zu 2592 Symbolen zu verschleiern. Für die Fehlerkorrektur verwendet das R-DAT-System zwei in sich verschachtelte REED-SOLOMON-
Codes.

Für Stereoaufnahmen erhält man bei 48 kHz Abtastrate und 16 bit Auflösung 1536 kbit/s.
Zur Fehlerkorrektur wird eine Redundanz von 37,5% der Originaldatenrate benötigt. Damit
erhält man 2,46 Mbit/s. Durch Subcode-Daten erhöht sich die Bitrate auf 2,7 Mbit/s. Die
Umschlingung des Kontaktes auf der Kopftrommel beträgt nur 90°, so daß man bei 2 Köpfen
nur während der Hälfte der Zeit Band-Kopfkontakt hat. Durch weitere hinzugefügte Daten
und Randreserve ist es möglich, ca. 7,5 Mbit/s aufzuzeichnen, eine erstaunlich hohe Rate.

Durch den geringen Umschlingungswinkel von 90° ist die Reibung mit der Kopftrommel
und der Abrieb des Bandes gering. Das Band kann selbst bei 200facher Bandgeschwindigkeit –
wie im Suchmodus – ohne Schaden zu nehmen am Kopf bleiben.

Wenn vier Köpfe verwendet werden, ist eine Hinterbandkontrolle möglich. Dadurch, daß
man nur während der Hälfte der Zeit Band-Kopf-Kontakt hat, ist es nötig, einen Zwischen-
speicher von 2x64 kByte Kapazität im Gerät zu haben (der Speicher hilft natürlich auch beim
Verwürfeln, Fehlerkorrektur, etc.).

Für Bandtransport, Capstan und Kopftrommel-Antrieb werden aufwendige Servo-Schal-
tungen benützt. Nur durch die Verwendung von LSI-Schaltungen konnte ein relativ niedriger
Preis ermöglicht werden. Eine ähnliche dramatische Preisentwicklung wie bei CD-Spielern ist
zu erwarten, sobald die Stückzahlen der produzierten Geräte steigen. Hierzu muß aber erst die
Unsicherheit bezüglich der Urheberrechte von CD-Platten beseitigt werden (Stand: Mai, '89).

Selbst wenn man über eine analoge Schnittstelle Programme aufnimmt, was einer Verschlechterung im Signalrauschverhalten von einigen Dezibel entspricht, ist die Qualität aber
beträchtlich höher als bei konventionellen analogen Recordern, wie die Gegenüberstellung in
Tabelle 4.7 beweist.

Hinzu kommen die Vorteile durch den Suchbetrieb und die Programmiermöglichkeiten.
Die Einführung des DSR-Systems könnte wegen der dann verfügbaren zahlreichen digitalen
Programmquellen dem R-DAT zum Durchbruch verhelfen /14/.

Tabelle 4.7 Vergleich der Systemparameter von Audio-Kassette und DAT

	Audio-Kassette	DAT
Aufnahmemethode	Analog	Digital
Frequenzgang	25 – 20.000 Hz	5 – 22.000 Hz
Signal/Rauschverhältnis $S-R$	66 dB (Dolby B)	96 dB
Klirrfaktor	0,3 %	0,005 %
Aufnahmezeit	1,5 Std.	2 Std.
Übersprechdämpfung	40 dB	90 dB
Suchgeschwindigkeit	20 fach	200 fach
Bandgeschwindigkeit	4,75 cm/s	0,815 cm/s
Gleichlaufschwankungen	+/- 0,1 %	nicht meßbar
Anzahl der Kanäle	2	2

4.9 Dynamik beim Rundfunkempfang

Unter Dynamik versteht man beim Rundfunkempfang den Bereich der Lautstärke, den ein Gerät und das verwendete Übertragungsverfahren umfassen. Ein Empfänger minderer Qualität kann beispielsweise, ausgehend von der Normallautstärke, auch leise und laut werden, während qualitativ höherwertige Geräte zu extrem leiser und lauter Wiedergabe fähig sind. Gemessen wird die Dynamik als das logarithmische Verhältnis zwischen lautest und leisest möglicher Lautstärke, also

$$D = 10 \log(V_{max}/V_{min}) \qquad \text{in dB} \tag{4.3}$$

Wenn die leisest mögliche Lautstärke V_{min} gleich dem Grundschalldruck $p_0 = 2 \cdot 10^{-5} \, \text{N/m}^2$ ist, dann wird

$$D = 10 \log V_{max} + 47 \text{ dB}.$$

Wie aus Kap. 4.6.2 bzw. Tabelle 4.4 ersichtlich, bieten gute Empfänger 85 bis 90 dB Dynamik. Dies ist sinnvoll, weil das menschliche Ohr tatsächlich einen derart großen Bereich erfaßt. Natürlich muß das Umfeld in dem man hört, auch dafür geeignet sein. Im fahrenden Auto hat man beispielsweise nichts von den superleisen Stellen, da sie vom Umgebungslärm übertönt werden. Die Pianissimo–Stellen eines Konzerts gehen hier verloren. Deshalb gibt es für diesen Anwendungsbereich Kompander, die den Dynamikbereich einengen und die leisen Passagen anheben (IRT–Entwicklung).

4.10 Schrifttum

/1/ Treytl, P. (Herausgeber): Digitaler Hörfunk über Satelliten. (2. geänderte Auflage); Broschüre des BMFT, 1984

/2/ Plenge, G., Jakubowski, H. und Schöne, P.: Which Bandwidth is Necessary for Optimal Sound Transmission. Eng. Soc., Vol. 28, March 1980

/3/ Technische Richtline ARD/ZDF Nr. 3R2: Zusatzinformationsübertragung auf der DS1–Strecke. Herausgegeben vom IRT, München, 1984

/4/ Börner, S.: The Multiplex and Modulation Equipment for the German DBS Sound Broadcasting Service. Proceedings of the ICDSC–7, Munich 1986, pp. 49–56, Berlin, Offenbach: VDE Verlag, 1986

/5/   Schreitmüller, W. und Treytl, P.: DSR – A Digital Broadcasting System for DBS and its Possible Extension to Multiple ACCESS. Proceedings of the ICDSC–7, Munich 1986, pp. 41–48, Berlin, Offenbach: VDE Verlag, 1986

/6/   Technische Richtline ARD/ZDF Nr. 3R1: Digitaler Satelliten–Rundfunk (DSR) Spezifikation des Hörfunk–Übertragungsverfahrens im TV–SAT. Herausgegeben vom IRT, 1984

/7/   Final Acts of the World Administrative Radio Conference for Planning of the Broadcasting–Satellite Service in Frequency–Bands 11.7 –12.2 GHz (in Regions 2 and 3), and 11.7 – 12.5 GHz (in Region 1). Herausgegeben von der ITU/UIT, Genf, 1977

/8/   Dosch, C. und Schambeck, W.: Satellite Tests of the German Digital Sound Broadcasting System Using EUTELSAT–I and INTELSAT V. Proc. of the ICDSC–7, Munich 1986, pp. 63–70, Berlin, Offenbach: VDE Verlag 1986

/9/   Klank, O.: Receiver for Digital Sound Broadcasting Service Satellite DSR. Proc. of the ICDSC–7, Munich 1986, pp. 57–61, VDE Verlag Berlin/Offenbach, 1986

/10/ Schambeck, W.: Digitale Nachrichtenübertragung mittels Fernsehrundfunksatelliten für Direktempfang und Vergleich mit analogen Systemen sowie Vorversuche mit OTS. NTG Fachbericht Nr. 81, Rundfunk–Satellitensysteme, Saarbrücken, Oktober 1982

/11/ Heintz, K., Schambeck, W., Steudel, G.: Messungen mit dem Digitalen Satelliten–Hörfunk–System (DSR) – Satellitenstrecken–Tests und Einspeisung im Breitband–Kabelnetz. Rundfunktechnische Mitteilungen, Jahrgang 31, 1987, Heft 4, S. 153 – 160

/12/ Schambeck, W.: Erprobung des deutschen Satelliten–Hörrundfunksystems mit Kommunikationssatelliten. Telematica Kongreßband 1988, Verlag R. Fischer, S. 547 – 554

/13/ Schambeck, W., et al.: TV–SAT. Band 237, Expert Verlag, 1987, S. 145 – 177

/14/ Hasbargen, F.: R–DAT Technologie I. Sony Technical Training–Broschüre, Juni 1987, Sony Deutschland

5 Bodenstationen

5.1 Prinzipieller Aufbau

Die Erdfunkstelle stellt das Gegenstück zum Satelliten dar: die Funkstelle auf der Erde, die Signale an den Satelliten absetzt und/oder empfängt. Daneben gibt es die Bodenstation für den Satellitenbetrieb. Über sie wird der Satellit rund um die Uhr kontrolliert und gesteuert. Im folgenden wollen wir kurz auf die Erdfunkstellen eingehen, besonders auf die Station, die Hörfunk- und Fernsehprogramme in den TV-SAT einspeist. Danach ausführlicher auf die kleinen Empfangsstationen, mit denen man die vom Satelliten ausgestrahlten Programme empfangen kann.

Charakteristische Größen einer Erdfunkstelle sind im Empfangsbereich der $G-T$-Wert und im Sendebereich ihre $EIRP$. $G-T$ ist ein theoretisch ermittelter Wert, der im allgemeinen nicht direkt gemessen werden kann. G ist der effektive Antennengewinn am Ausgangsflansch und T die äquivalente Systemrauschtemperatur (der Erdfunkstelle) bezogen auf denselben Antennenflansch. Das Verhältnis $G-T$ ist ein Kriterium für die Qualität einer Erdfunkstelle. Der Ausdruck $G-T$ wird in der Literatur *Güte* genannt.

Reine Empfangsstationen sind einfacher in der Auslegung, da man wegen des fehlenden Sendezweiges die damit verbundenen Verbindungsbilanzprobleme nicht berücksichtigen muß. Die Auslegung von reinen Empfangsstationen hängt nur von der geforderten Signalqualität und der Satelliten-$EIRP$ ab. Mit steigender Satelliten-$EIRP$ verringert sich die Anforderungen an die Güte $G-T$ der Erdfunkstelle bei gleicher Empfangsqualität.

Für den Verkehr mit Stationen niedrigerer Güte $G-T$ sind, bezogen auf die Übertragungsbandbreite, hohe Satelliten- und Erdfunkstellen-$EIRP$ erforderlich. Würde eine hohe Erdfunkstellen-$EIRP$ mit kleinen Antennen (niedriger Gewinn) erreicht, kann das wegen der relativ hohen Nebenkeulenabstrahlungen durch die hohe Antennenspeiseleistung zu Störungen in Nachbarsatellitensystemen führen.

Um brauchbare $G-T$-Werte mit Antennen von geringem Gewinn zu erzielen, sind niedrige Systemrauschtemperaturen notwendig. Die Systemrauschtemperatur kann nur durch eine Absenkung der Rauschtemperatur des rauscharmen Vorverstärkers verringert werden.

Im Vergleich zur übrigen Satellitenkommunikation benutzen Empfangsstationen für direktsendende Verteilsatelliten (*Direct Broadcasting Satellite*, DBS) sehr kleine Antennen. Der Empfänger muß das Signal demodulieren und u.U. so remodulieren, daß es mit einem normalen Fernsehapparat empfangen werden kann. Bei DBS-Speise- und Überwachungsstationen muß die Antennennachführeinrichtung sehr sorgfältig ausgelegt werden, da das von dieser Station gesendete Signal als Referenzsignal für den Antennenausrichtmechanismus im Satelliten benutzt wird. Um die von WARC empfohlenen maximalen Schwankungen der Satelliten-$EIRP$ am Rand der Ausleuchtzone einzuhalten, muß die Antenne sehr genau ausgerichtet werden. Die Polarisationsentkopplung der Antenne der Sendeerdfunkstelle muß zusätzlich noch hoch sein. Andernfalls erleiden Sendesignale von Satelliten in derselben Position mit den gleichen Frequenzen und entgegengesetzter Polarisation Interferenzstörungen. Bild 5.1 zeigt ein Prinzipblockdiagramm einer Sende/Empfangserdfunkstelle (das Prinzip einer typischen TV-SAT Empfangsanlage ist in Bild 5.25 gezeigt) /1/.

Zuerst soll der Empfangszweig betrachtet werden. Das Signal wird von der Antenne empfangen und entsprechend ihrem Gewinn verstärkt. Das Signal durchläuft dann das Antennenspeisesystem, wo es nach Polarisationen aufgeteilt wird. Je nach Polarisation gelangen die Signale vom Speisesystem zu verschiedenen rauscharmen Vorverstärkern, wo sie verstärkt werden, wenn sie im zugeteilten Frequenzbereich liegen. Zur Vermeidung von Dämpfung des ankommenden schwachen Signals liegen Speisesystem und rauscharme Vorverstärker dicht beieinander. Die Signale werden vom rauscharmen Vorverstärker über einen HF-Verteiler den entsprechenden Abwärtsumsetzern zugeführt. In den Abwärtsumsetzern wird das Signal in den ZF-Bereich umgesetzt und anschließend in den Demodulatoren demoduliert. Das demodulierte Basisbandsignal wird dann über das terrestrische Netz verteilt. Im Sendezweig wird das über das terrestrische Netz kommende Basisbandsignal den

Modulatoren zugeführt. Diese liefern modulierte ZF–Träger, die mit den Aufwärtsumsetzern in den Sendefrequenzbereich umgesetzt werden. Die verschiedenen Signale werden in einem Multiplexer zusammengefaßt und dann vom Sendeverstärker verstärkt. Danach gelangt das Signal über Hohlleiter und eine der beiden Sendepolarisationsweichen zur Abstrahlung. Jede Polarisationsweiche entspricht einer Polarisation /2/.

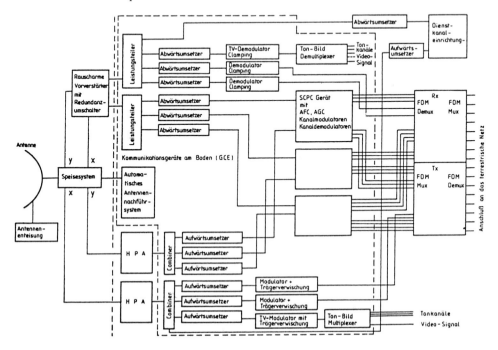

Bild 5.1 Prinzipblockdiagramm einer Sende–Empfangserdfunkstelle

5.2 Programmeinspeisestationen

5.2.1 Ortsfeste Programmeinspeisestationen

Die Funktion der Programmeinspeisestation ist es, die Hörfunk– und Fernsehprogramme von den Studios zu übernehmen und zum Satelliten für die weitere Ausstrahlung zu übertragen. Es genügt folglich eine Einspeisestation pro Satellit. Fällt sie aus, bleibt jedoch der Satellit ohne Programmaterial und kann nicht abstrahlen. Diese "Up–Link–Station" wird also sorgfältig ausgelegt, mit der notwendigen Redundanz in den wichtigen Geräten.

Für die Einspeisung von Hörfunk– und Fernsehprogrammen in den deutschen TV–SAT verwendet die Deutsche Bundespost eine zentrale Erdfunkstelle, die auf dem Gelände der Station Usingen (bei Frankfurt) aufgestellt wurde (siehe Bild 5.2). Zur Sicherstellung der Einspeisung ist diese Station "Usingen 6" entsprechend redundant ausgerüstet. Die insgesamt sechs Sendeketten (fünf Fernseh– und ein Tonrundfunkmodulator, ZF–Einheit, Sendeumsetzer, Leistungsverstärker) sind voll redundant vorhanden. Die fünf Kanäle, die gleichzeitig gesendet werden können, werden über ein Hohlleiterschaltnetzwerk auf einen Ausgangsmultiplexer geführt, dort zusammengefaßt und über einen flexiblen Hohlleiter zur 13,5 m–Antenne weitergeleitet. Die *EIRP* kann mit Hilfe eines Leistungsmessers am Ausgang der Hohlleiterschaltanlage und einer Steuereinheit gemessen und angezeigt werden. Die Steuereinheit führt auch die automatische Ersatzschaltung der Sendeketten durch. Zur Überprüfung der einwandfreien Übertragung – auch im Hinblick auf atmosphärische Ausbreitungsstörungen – empfängt "Usingen 6" im 11,7 bis 12,1 GHz–Band die Signale, die sie im 17,7 bis 18,1 GHz–

Band zum Satelliten gesendet hat, und setzt sie in das Basisband um. Eine Schaltanlage vor dem rauscharmen Vorverstärker liefert die Möglichkeiten zur Polarisationsumschaltung, Radiometermessung und Einkopplung von Prüfsignalen. Für jeden der fünf Fernsehkanäle ist ein Empfangsumsetzer und ein Demodulator vorhanden. Da in den Empfangsketten feste Zuordnungen bestehen, existiert für den Hörrundfunkweg und für einen TV–Weg jeweils ein Synthesizer, um einem etwaigen Frequenzwechsel der Dienste folgen zu können.

Für die Einkanal–Monopulsnachführung der 13,5 m–Antenne werden das Bakensignal und die Fehlersignale ausgekoppelt, umgesetzt und im Bakenempfänger verarbeitet. Nach der Verstärkung in dem rauscharmen Vorverstärker wird das Telemetriesignal über einen 10 dB–Koppler abgezweigt. Der HF–Verteiler besitzt zwei Testausgänge, die auch für "In–Orbit"–Testzwecke genutzt werden; ebenso wie auf der Sendeseite besitzen die Empfangsumsetzer eine 80 MHz breite 750 MHz ZF–Schnittstelle. Die Antenne hat die folgenden Daten:

Mechanische Daten

Hauptreflektor	korrigiertes Paraboloid; 13,5 m Durchmesser
f/D–Verhältnis	ca. 0,3
Subreflektor	korrigiertes Hyperboloid
Durchmesser	1,564 m
Umlenkspiegel	Ebene Reflexionsfläche, elliptische Umrandungskontur
Abmessungen	2,46 m x 0,9 m
Formtoleranz: Hauptreflektor	< 0,43 mm rms (beinhaltet Fehler durch Eigengewichtsverformung (0° bis 45° Elevation), Wind, Temperatureinfluß, sowie Fertigung)
Subreflektor	< 0,16 mm rms
Umlenkspiegel	< 0,15 mm rms

Betriebsdaten

Drehbereiche bis Hartanschlag	
Azimut und Elevation	172,5° bis 285° und 0,5° bis 90°
Drehgeschwindigkeit	
Azimut oder Elevation	je max. 0,25°/s

Elektrische Daten

Frequenzbereich: Empfang/Senden	11,7 GHz bis 12,5 GHz/17,3 GHz bis 18,1 GHz
Polarisation: Empfang/Senden	dual zirkular
Polarisationsentkopplung	
Hauptstrahlrichtung	$\geqq$ 35 dB
innerhalb der	$\geqq$ 30,8 dB (Empfang)
–1 dB–Keulenbreite	$\geqq$ 33 dB (Senden)
Gewinn an den definierten Schnittstellen	
Rx Empfangen/Tx Senden	62,7 dB + 20 log (f/12,1 GHz) / 65,6 dB + 20 log (f/17,7 GHz)
Nebenzipfeldämpfung nach CCIR 391–3	
1. Nebenzipfel	$\geqq$ 16 dB (Empfang); $\geqq$ 17 dB (Senden)
Rauschtemperatur des Antennensystems bezogen auf den Eingang des RVV (Schnittstelle Rx) bei 25° Elevation	Schönwetterwert, einschl. Speisesystemverluste: < 80 K
Stehwellenverhältnis VSWR	
Schnittstelle Rx1 / Tx/$\overline{\text{Tx}}$	$\leqq$ 1,193 / $\leqq$ 1,133
Dämpfungsverluste	
Schnittstelle Tx/$\overline{\text{Tx}}$ bzw. Rx-> 8	$\leqq$ 0,4 dB bzw. 0,9 dB
Entkopplung Tx -> Rx	$\geqq$ 80 dB
Maximale Sendeleistung	$\leqq$ 1 kW

Die Bedienung dieser TV–SAT Station erfolgt im wesentlichen über ein Sichtgerät mit Tastatur, welches an eine Steuereinheit angeschlossen ist, von der die *EIRP*–Messung und die Steuerung des Sendesystems durchgeführt werden können. Die Steuereinheit liefert auch eine semigraphische Darstellung der Anlagenkonfiguration, die einen schnellen Überblick über den Zustand der Geräte ermöglicht. Die manuelle Steuerung am Sichtgerät erfolgt über alphanumerische Tastatur und Funktionstasten. In der Automatik–Betriebsart der Steuereinheit werden selbsttätig Ersatzschaltungen und *EIRP*–Messungen durchgeführt.

Bild 5.2 Einspeisestation für Fernseh-
und Hörrundfunk in den TV–SAT

Mit dieser Station "Usingen 6" wird das dafür vorbereitete Programmaterial in den TV–
SAT zur Ausstrahlung eingespeist. Wie können spontane Übertragungen wie z.B. aktuelle
Reportagen auf den TV–SAT gebracht werden?

5.2.2 Mobile Übertragungsstationen

Ein wesentliches Element im Hörrundfunk und Fernsehen sind die Nachrichten. Diese –
und auch Sportberichte – sollten möglichst aktuell sein. Das derzeit benutzte Verfahren der
Magnetbandaufzeichnung vor Ort und Transport per Eilboten zum Studio für die nachfolgende Übertragung ist wegen des Verlusts an Aktualität so unbefriedigend wie ein abend-
licher Wetterbericht mit Satellitendaten vom Vormittag. Warum können aktuelle Reportagen
nicht vom Ort des Geschehens direkt über TV–SAT in unsere Wohnungen übertragen
werden? Dies war beim Entwurf des TV–SAT nicht verlangt und er besitzt deshalb den viel
diskutierten "Reportagen–Rückkanal" nicht. Vielleicht wird dieser auf einem der nächsten
Direktsatelliten realisiert. Inzwischen dienen Fernmeldesatelliten der Übermittlung von
Programmaterial aus entlegenen Orten zu den Fernsehstudios. Von da geht es über die fest
durchgeschalteten Verbindungen nach Usingen.

Die derzeit für den Reportagen–Rückkanal eingesetzten Fernmeldesatelliten sind – seit
einiger Zeit – INTELSAT V; der DFS–Kopernikus kann hierfür ebenfalls eingesetzt werden.

Man hält sich zum Zwecke von "vor Ort–Reportagen" eine Anzahl mittelgroßer Stationen
(zwischen 2 m und 3 m Durchmesser), die nach Bedarf an den Ort des Geschehens gebracht –
notfalls geflogen – werden können. Daher werden diese Stationen im übernationalen Sprach-
gebrauch auch *Fly Away Specials* genannt. Neben ihrer Verwendung für den Reportagen–
Rückkanal kann man diese transportablen Stationen auch für die kurzfristige Einrichtung von
Videokonferenzen verwenden.

Der Reporter–Rückkanal als Dienstkategorie wird international als *News Gathering Service*
(NGS) bezeichnet; von *Satellite News Gathering* (SNG) spricht man, wenn hierzu Satelliten
verwendet werden.

5.3 Erdfunkstellentechnologie

5.3.1 Antennen

Durch ihre Lage am Ende des Sende– bzw. am Anfang des Empfangsweges bilden die Antennen die Schnittstelle zur drahtlosen Übertragungsstrecke. Von der Vielzahl der existierenden Antennentypen werden in der Satellitenkommunikation Aperturantennen und nur in Spezialfällen *Phased Arrays* (unter *Phased Arrays* versteht man Gruppenstrahler mit phasenkontrollierter Ansteuerung) sowie Spiralantennenkombinationen verwendet. Wir beschränken uns deshalb auf Aperturantennen.

Die Sendeleistung muß wirkungsvoll abgestrahlt, das ankommende, sehr schwache Signal so effektiv wie möglich der ersten Verstärker– bzw. Signalverarbeitungsstufe zugeführt und die von außen kommenden Störungen müssen minimiert werden.

Neben den später einzeln erörterten Anforderungen gibt es noch eine Reihe leicht einzusehender, allgemein geltender Anforderungen, die im nachfolgenden aufgeführt werden; sie gelten für Satelliten– und Erdfunkstellenantennen, wenn auch mit unterschiedlichen Werten:

– mechanische und thermische Beanspruchungen;
– Ausrichtgenauigkeit;
– große Frequenzbereiche;
– Schwenkbereich der Antennen ohne besonderen Aufwand.

Die mechanischen und thermischen Beanspruchungen sind bei Erdfunkstellen gegeben durch Windlasten, Sonneneinstrahlung, Eis, Schnee usw.; bei den Satellitenantennen durch die Vibrationen, das akustische Rauschen, variierende Sonneneinstrahlung und Kühlung durch Abstrahlung.

Die Anforderungen an die Ausrichtung führen zu einer möglichst genauen Übereinstimmung zwischen mechanischer und elektrischer Achse. Diese Übereinstimmung muß auch bei mechanischen und thermischen Belastungen beibehalten werden.

Schon bei Verwendung einer Antenne nur in Sende– bzw. Empfangsrichtung, müssen große Frequenzbereiche ohne Umbauten abgedeckt werden. Bei kombinierten Sende-Empfangsantennen sind die Bereiche noch viel größer. Einen Überblick über die notwendigen Bandbreiten gibt Tabelle 5.1.

Tabelle 5.1 Überblick über die Frequenzbereiche verschiedener Antennen

Band	Sende/Empfangsantenne (Satellit)	Empfangsantenne (Erde)	Sendeantenne (Erde)
C	3,4 – 6,425 GHz	3,4 – 4,2 GHz	5,725 – 6,425 GHz
K u /K	10,7 – 14,5 GHz	10,7 – 12,5 GHz	12,7 – 14,5 GHz
K a	17,3 – 31,0 GHz	18,1 – 21,2 GHz	27,5 – 31,0 GHz

Müssen Antennen mechanisch nachgeführt werden, was bei Erdfunkstellenantennen und Satellitenantennen mit einem Antennenausrichtmechanismus ausgeführt wird, soll dies möglichst ohne Drehkupplungen in den HF-Zuleitungen erfolgen. Drehkupplungen haben relativ hohe Verluste und führen zu erhöhten Rauschtemperaturen im Empfangszweig bzw. erfordern erhöhte Sendeleistung im Sendezweig. Bei sehr kleinen Bewegungen reichen flexible Hohlleiter, bei großen Bereichen müssen Spiegelsysteme eingesetzt werden. Bei diesen muß bei eventuell verschlechterten Kreuzpolarisationseigenschaften mit besonderen Maßnahmen entgegengewirkt werden.

5.3.1.1 Richtwirkung

Im Idealfall strahlt ein isotroper Strahler mit gleicher Intensität in alle Richtungen. Wenn die Intensität in einer Vorzugsrichtung höher ist als in den übrigen Richtungen, sprechen wir von Richtantennen oder Antennen mit Richtwirkung. Es muß jedoch darauf hingewiesen werden, daß – unabhängig von der Größe der Richtwirkung – die in den gesamten Raumwinkel 4π gestrahlte Leistung nicht höher als die Speiseleistung sein kann. In der klassischen Satellitenkommunikation ist die Ausrichtung der Antenne zumindestens während des Betriebes bis auf relativ kleine Abweichungen konstant. Bei Satellitenkommunikationssystemen, wie dem europäischen Daten–Relais–Satelliten (DRS), muß ein relativ großer Bereich mit z.T. hohen Geschwindigkeiten abgetastet und nach der Zielerfassung kontinuierlich die Zielverfolgung durchgeführt werden.

Um mit Antennen eine Richtwirkung zu erzielen, muß man dafür sorgen, daß die vom Strahlerelement – auch Primärstrahler genannt – ausgehende Strahlung bevorzugt in eine bestimmte Richtung geht. Bei einer Dipolantenne ergeben sich automatisch Vorzugs-richtungen, da in Dipolrichtung praktisch keine Abstrahlung stattfindet. Wenn nun bei der Dipolantenne die Abstrahlung in einen außerhalb dieser Zonen gelegenen Raumwinkel verhindert wird – entweder durch Absorption oder durch Reflexion – dann hat man eine noch größere Richtwirkung erzielt. Aus Leistungsgründen wird man nun versuchen, die Richt-wirkung nicht durch Absorption in einem bestimmten Winkelbereich, sondern durch Reflexion zu erzielen. Unter bestimmten Bedingungen verstärkt das reflektierte Signal das in ent-sprechende Richtung von der Antenne abgestrahlte.

Aus der Wellenoptik ist bekannt, daß zum Erzielen einer Richtwirkung parallele Strahlen bzw. eine ebene Welle erforderlich sind. Bei einer ebenen Welle ist an jedem Punkt der auf der Ausbreitungsrichtung senkrechten Ebene genau der gleiche Phasenzustand. Bei einer Reflektorantenne kann man dies dadurch erreichen, daß die vom Primärstrahler ausgehenden Wellen bis zu einer auf der Reflektorachse senkrecht stehenden Ebene (Aperturebene) unabhängig vom Winkel die gleiche Wegstrecke zurücklegen. Dies gilt jedoch nur, wenn die Ausbreitungsgeschwindigkeit in diesem Raum konstant ist. Davon kann man jedoch bei den in der Satellitenkommunikation gegebenen Umständen ausgehen.

Allgemein wird die Forderung einer ebenen Welle in der Aperturebene als das Gesetz der konstanten Weglängen bezeichnet. Dieses Gesetz wird von allen Reflektorantennen einge-halten, die ebene Wellen abstrahlen. Der Nachweis für die Einhaltung dieses Gesetzes für ver-schiedene Reflektorantennen (ohne Reflektorshaping) kann aus geometrischen Betrachtungen abgeleitet werden. Als Maß für die Richtwirkung nimmt man den Öffnungswinkel des Anten-nenstrahls. Als Öffnungswinkel bezeichnet man den Winkel des Kegels, auf dem die Punkte liegen, bei denen die Abstrahlungsintensität auf 50% des Maximums abgesunken ist. Eine gute Näherungsformel für den Öffnungswinkel Θ_0 einer Reflektorantenne mit einem Durchmesser D bei der Wellenlänge λ lautet:

$$\Theta_0 = 70^\circ \cdot \lambda/D \quad \text{in Grad.} \tag{5.1}$$

5.3.1.2 Antennengewinn

Um Gewinn bzw. Verstärkung in Zahlen ausdrücken zu können, brauchen wir eine feste (möglichst ideale) Bezugsgröße. Bei Mikrowellenantennen verwendet man die Eigenschaften eines isotropen Strahlers (auch Kugelstrahler genannt) als Bezug. Ein isotroper Strahler strahlt in den gesamten Raumwinkel (4π) elektromagnetische Wellen mit richtungsunabhängiger gleichmäßiger Feldstärke. Als Antennengewinn bezeichnen wir das Verhältnis zwischen dem Ausgangspegel der Mikrowellenantenne und dem des isotropen Strahlers bei gleichen Eingangspegeln und unter gleichen Bedingungen.

Der Gewinn g einer Antenne mit der geometrischen Aperturfläche A ist abhängig von der Wellenlänge und gegeben durch

$$g = \frac{4\pi A\eta}{\lambda^2} \ . \tag{5.2}$$

η ist dabei der Flächenwirkungsgrad und $A\cdot\eta$ die effektive Aperturfläche. Für den hypo-thetischen isotropen Strahler ist $g = 1$ und $\eta = 1$. Damit erhält man, in Gl. (5.2) eingesetzt:

$$A_0 = \lambda^2/4\pi \ . \tag{5.3}$$

A_0 bezeichnet man als effektive Fläche des isotropen Strahlers. Ersetzt man in Gl. (5.2) A durch $\pi \cdot D^2/4$ (mit D dem Durchmesser der Antennenapertur), dann ergibt sich für g

$$g = (\pi\, D/\lambda)^2\ \eta\quad \text{bzw.} \tag{5.4}$$

$$G\ = 10 \log\, (\pi\, D/\lambda)^2\ \eta\quad \text{in dBi.} \tag{5.5}$$

Vergleichen wir Gl. (5.1) mit Gl. (5.5), so erkennen wir, daß in beiden Gleichungen das Verhältnis D/λ enthalten ist. Daraus ergibt sich für Antennen mit gleichen Öffnungswinkeln der gleiche Gewinn unabhängig von der Frequenz, wenn der Wirkungsgrad η gleich und ebenfalls frequenzunabhängig ist.

Zum Antennenwirkungsgrad η tragen u.a. folgende Einflüsse bei: Oberflächengenauigkeit, Erregerverluste und Ausleuchtung, Ausleuchtungsfunktion, Beugungsverluste, Abschattung durch Erreger bzw. durch Subreflektor und Halterung, Phasenfehler und Kreuzpolarisation (siehe Bild 5.3). Durch Fehler bzw. Rauhigkeit in der Reflektoroberfläche ergeben sich diffuse Streuungen. Der nicht gestreute Anteil ist proportional zu

$$e^{\,4\,\pi\,\Delta^2/\lambda} \tag{5.6}$$

wobei Δ der quadratisch gemittelte Oberflächenfehler (*RMS*) des Reflektors ist.

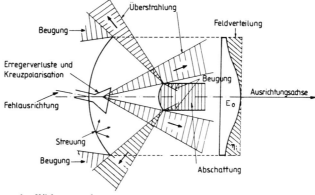

Bild 5.3   Verschiedene Komponenten des Wirkungsgrades

Vom Erreger– bzw. Speisesystem stammen mehrere Beiträge zum Wirkungsgrad, wie Verluste (ohmsche Verluste und kreuzpolarisierte Signalanteile) und Überstrahlung des Sub– bzw. Hauptreflektors, bedingt durch die vom Erreger bestimmte Ausleuchtungsfunktion. Die Ausleuchtungsfunktion F bestimmt auch den Ausleuchtungswirkungsgrad der proportional ist zu

$$\frac{\left| \int F\, d\, A \right|^2}{A\ \int |F|^2\, d\, A} \tag{5.7}$$

Die Beugungsverluste am Rand der Reflektoren durch Fresnelsche Beugung hängen ebenfalls von F ab. Diese Funktion bestimmt auch den Anteil, der aufgrund der Abschattung der Apertur durch den Erreger bzw. Subreflektor und die dazugehörigen Halterungen verloren geht. Die abgeschattete Fläche wird dazu mit einem Faktor multipliziert, der sich aus der Verteilungsfunktion an der Stelle der abgeschatteten Fläche errechnet.

Phasenfehler führen dazu, daß die Phasenfront in der Aperturebene nicht mehr der ebenen Welle entspricht. Dadurch wird der Strahl aufgefächert, oder die Hauptstrahlrichtung fällt nicht mehr mit der theoretischen Richtung zusammen.

Die Fresnelsche Beugung am Rand des Erregers und der Reflektoren führen u.a. zusammen mit der Überstrahlung der Reflektoren zu Interferenzen und erzeugen so Strahlungskeulen, die Nebenkeulen genannt werden. Durch die Krümmung der Reflektoren wird auch bei kreuzpolarisationsfreier Beleuchtung ein kreuzpolarisiertes Signal erzeugt. Der Pegel dieses Signals ist bei Parabolantennen proportional zur Reflektorkrümmung. Bei Cassegrain–Antennen heben sich die von den beiden Reflektoren erzeugten kreuzpolarisierten Signale gegenseitig auf. Bei allen anderen Antennentypen muß jedoch der Reduzierung des Pegels des kreuzpolarisierten Signals besondere Aufmerksamkeit geschenkt werden.

Wenn wir in einem Diagramm den Antennengewinn über dem Winkel (Hauptstrahlrichtung $0°$) auftragen, dann ergibt sich beim Schnitt in einer beliebigen Ebene durch die Hauptstrahlrichtung das Antennendiagramm. Die Antennendiagramme verschiedener Ebenen sind nicht identisch.

Die Nebenkeulen verursachen Interferenzen zu oder von anderen Satelliten oder terrestrischen Fernmeldesystemen. Das CCIR hat deshalb als Richtlinien für Koordinierungsberechnungen in der Empfehlung Nr. 465–1 ein Referenzdiagramm für die Antennennebenkeulen festgelegt (s. Bild 5.4), und die Hersteller bemühen sich um die Einhaltung dieses Diagramms. Das Verhältnis zwischen Haupt– und Nebenkeulen ist durch den Energieerhaltungssatz gegeben. Bei der Integration des Antennendiagramms über den vollen Raumwinkel 4π erhalten wir den Wert des isotropen Strahlers, d.h. wenn der Gewinn der Hauptkeulen größer wird, dann fällt der der Nebenkeulen ab, und umgekehrt.

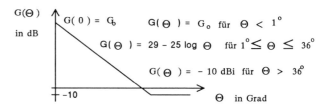

$G(\Theta)$ in dB

$G(0) = G_0$

$G(\Theta) = G_0$ für $\Theta < 1°$

$G(\Theta) = 29 - 25 \log \Theta$ für $1° \leq \Theta \leq 36°$

$G(\Theta) = -10$ dBi für $\Theta > 36°$

Θ in Grad

Bild 5.4 Schematisches Antennenreferenzdiagramm nach CCIR

Noch vor dem Durchmesser ist der Öffnungswinkel ein wichtiger Parameter für jede Antenne. Im folgenden wird eine Näherungsformel für den Öffnungswinkel hergeleitet, als Funktion des Durchmessers, der Wellenlänge und der Verteilung der auf den Hauptreflektor einstrahlenden Flußdichte. Die fünf gängigsten Modelle für diese Flußdichteverteilung sind in Bild 5.5 dargestellt.

1. Gleichförmige Ausleuchtung der Reflektorapertur

$$F(\rho) = 1 \quad \text{für} \quad |\rho| < D/2$$

$$\Theta_0 = 58{,}4° \cdot \frac{\lambda}{D}$$

2. Parabolisch verteilte Ausleuchtung der Reflektorapertur

$$F(\rho) = 1 - \left(\frac{2\rho}{D}\right)^2$$

$$\Theta_0 = 73{,}0° \cdot \frac{\lambda}{D}$$

3. Quadriertparabolisch verteilte Ausleuchtung der Reflektorapertur

$$F(\rho) = \left(1 - \left(\frac{2\rho}{D}\right)^2\right)^2$$

$$\Theta_0 = 85{,}0° \cdot \frac{\lambda}{D}$$

4. Bessel-verteilte Ausleuchtung der Reflektorapertur

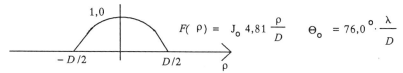

$$F(\rho) = J_0\, 4,81\, \frac{\rho}{D} \qquad \Theta_0 = 76,0^\circ \cdot \frac{\lambda}{D}$$

5. Flektiert-Bessel-verteilte Ausleuchtung der Reflektorapertur

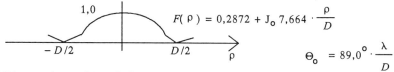

$$F(\rho) = 0,2872 + J_0\, 7,664 \cdot \frac{\rho}{D}$$

$$\Theta_0 = 89,0^\circ \cdot \frac{\lambda}{D}$$

Bild 5.5 Antennenhauptreflektor-Flußdichteverteilungen

Im Rahmen dieses Buches wollen wir konsistent einen Wert für die Konstante in der Näherungsformel verwenden, und zwar den in Gl. 5.1 genannten (70°), was eine Art von "Kompromiß" zwischen dem Idealwert 58,4° und dem Wert 85,0° darstellt. Die Unter- bzw. Überausleuchtung eines Reflektors ist in Bild 5.6 dargestellt.

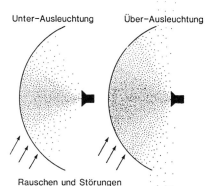

Unter-Ausleuchtung Über-Ausleuchtung

Rauschen und Störungen

Bild 5.6 Unter- bzw. Überausleuchtung eines Parabolreflektors

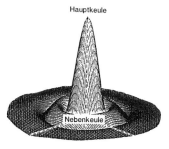

Hauptkeule

Nebenkeule

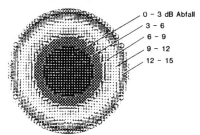

Ausleuchtungsverteilung einer Antenne mit Primärfokus

0 – 3 dB Abfall
3 – 6
6 – 9
9 – 12
12 – 15

Bild 5.7 Ausleuchtungsverteilung einer Antenne mit Primärfokus, als dreidimensionales Antennendiagramm (links), bzw. in Draufsicht (rechts)

Eine Verbesserung des Nebenkeulenverhaltens kann nicht ohne Berücksichtigung des Wirkungsgrades durchgeführt werden, da die Auswirkungen auf den jeweils anderen Parameter gegenläufig sind. Die wichtigste Maßnahme ist ein rotationssymmetrisches Diagramm des Erregers (Primärstrahlers) ohne Nebenkeulen. Die Verteilungsfunktion des Feldes über der Apertur hat ebenfalls einen erheblichen Einfluß. Bei einer gleichförmigen Verteilung wird der

Wirkungsgrad am höchsten und die Nebenkeulen am geringsten. Die optimale Feldverteilung ist bis in die Nähe des Randes konstant, um dann am Rande sehr stark abzufallen. Dies läßt sich jedoch nicht mit idealen Haupt- und Subreflektoren erreichen. Durch eine entsprechende Oberflächenformung – *Reflector Shaping* – läßt sich die gewünschte Feldverteilung erzielen und das Gesetz der konstanten Weglängen erfüllen. Bild 5.7 zeigt die Ausleuchtungsverteilung einer Antenne mit Primärfokus bzw. den dreidimensionalen Antennengewinn.

Aus dem Antennendiagramm, speziell der Hauptkeule, läßt sich die Notwendigkeit der Ausrichtung von Antennen ableiten. In der Hauptstrahlrichtung läßt sich die Winkelabhängigkeit des Gewinns durch die folgende Funktion näherungsweise beschreiben:

$$G(\Theta) = G_0 - 3\ dB \cdot (\ \Theta\ /\ (\Theta_0/2)\ )^2\ . \tag{5.8a}$$

Die periodischen Nullstellen bzw. Nebenzipfel des Diagramms werden beschrieben durch:

$$G(\Theta) = G_0 + 20\ \log(\ \sin(\ 2\pi\Theta\ /\ \Theta_1\ )\ /\ (2\pi\Theta\ /\ \Theta_1)\ ) \tag{5.8b}$$

$$\text{wobei}\ \ \Theta_1\ =\ \frac{28°}{D \cdot f}\ ,\quad D\ \text{in m und}\quad f\ \text{in GHz.}$$

5.3.1.3 Polarisation von elektromagnetischen Signalen

Elektromagnetische Wellen können polarisiert werden. In der Satellitenkommunikation werden sowohl lineare als auch zirkulare Polarisationen verwendet. Die Polarisation spiegelt die Orientierung des elektrischen Feldes wieder, das von einer Antenne ausgesendet wird. Man spricht von horizontaler Polarisation, wenn die Orientierung parallel zum Erdboden ist. Senkrecht dazu spricht man von vertikaler Polarisation. Durch Verwendung verschiedener Polarisationen kann man eine Frequenz doppelt verwenden, einmal in der einen und dann in der orthogonalen Polarisation. Bild 5.8 zeigt schematisch linear horizontale und vertikale Polarisationen /10/.

Man kann Mikrowellen auch zirkular polarisieren. Alle Direktrundfunksatelliten verwenden diese Polarisationsart. Bild 5.9 zeigt links- und rechtszirkular polarisierte Wellen.

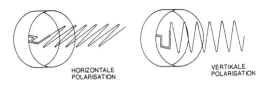

Bild 5.8 Linear polarisierte Wellen

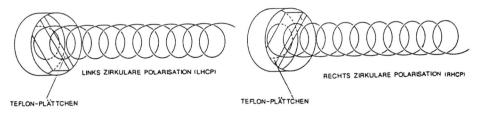

Bild 5.9 Zirkular polarisierte Wellen

Bei linkszirkularer Polarisation dreht sich der elektrische Feldvektor in Ausbreitungsrichtung der Welle in Abhängigkeit von der Zeit im Gegenuhrzeigersinn. Im Betrieb mit
linearer Polarisation weisen manche Satelliten schon durch die Satellitensendeantenne eine
Abweichung der Polarisationsebene von der Senkrechten oder Waagrechten auf. Durch die
Differenz der Längengrade zwischen Satellit und Erdfunkstelle bzw. Empfangsstation ergibt
sich zusätzlich eine scheinbare Drehung der Polarisationsebene der vom Satelliten kommenden linear polarisierten Welle. Bild 2.16 zeigt diese Drehung in Abhängigkeit von der
Differenz der Längengrade. Um diese Drehung von z.B. 3,5°bei TELECOM–1 zu kompensieren, wird das Speisesystem der Empfangsantenne 22°im Gegenuhrzeigersinn gedreht /17/.

5.3.1.4 Kreuzpolarisationsverhalten

Als Kreuzpolarisation bezeichnen wir die Orthogonale zur erwünschten Polarisation (das
kopolare Signal). Orthogonale Polarisationen sind bei linearer Polarisation die horizontale und
die vertikale, bei zirkularer Polarisation die linkszirkulare und die rechtszirkulare. Von diesen
orthogonalen Polarisationspaaren lassen sich nur die linearen Polarisationen nicht weiter zer-
legen. Die zirkularpolarisierte Welle ist aus einer horizontal und einer vertikal polarisierten
gleicher Amplitude und 90°Phasendifferenz zusammengesetzt. Je nach dem Vorzeichen der
Phasendifferenz erhält man rechts– oder linkszirkular polarisierte Wellen. Ist die Phasendifferenz zwischen 0°und 90°bei gleicher Amplitude, oder die Amplitude unterschiedlich bei
90°Phasendifferenz, so erhält man aus zwei linear polarisierten Wellen eine elliptisch polarisierte Welle. Diese elliptisch polarisierte Welle läßt sich aus einer rechtszirkular– und einer
linkszirkular polarisierten Welle unterschiedlicher Amplitude zusammensetzen. Beim Satellitenrundfunk wird fast ausschließlich Zirkularpolarisation verwendet. Bei elliptisch polarisierten
Wellen sprechen wir deshalb vorzugsweise von einer aus zwei zirkularpolarisierten zusammen-
gesetzten Welle. Vereinfacht jedoch sprechen wir von den Polarisationen anstelle von polarisierten Wellen. Bild 5.10 zeigt die Zusammensetzung der elliptischen Polarisation aus orthogonalen Zirkularpolarisationen.

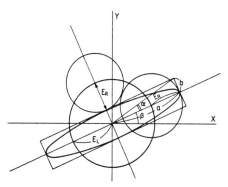

Bild 5.10 Zusammensetzung
der elliptischen Polarisation

Bei Reflektorantennen führen die Reflektorkrümmung und die Oberflächenrauhigkeit zu
elliptischer Polarisation. Da die Auswirkungen der Reflektorkrümmung gar nicht und die der
Oberflächenrauhigkeit nur bis zu einem gewissen Grad verringert werden können, wird
besonderer Wert auf eine hohe Kreuzpolarisationsfreiheit des Primärstrahlers gelegt. Die
Primärstrahler liefern bei geeigneter Auslegung praktisch kreuzpolarisationsfreie Wellen.
   Die Forderung nach möglichst niedrigen Kreuzpolarisationspegeln sowohl bei Erdfunkstellen, als auch bei Satellitenantennen kommt von der Frequenzwiederverwendung in der
orthogonalen Polarisation. Dabei führen Signale in Kreuzpolarisation zwangsläufig zu uner-
wünschten und z.T. vermeidbaren Störungen.
   Um Linear– und Zirkularpolarisation ineinander umwandeln zu können, braucht man
90°–Phasenschieber. Dazu können entweder Dielektrika oder in definiertem Abstand vor der
metallischen Oberfläche des Subreflektors angebrachte Drahtgitter verwendet werden.

Gutes Kreuzpolarisationsverhalten, niedrige Nebenkeulen und ein weitestgehend rotations–
symmetrisches Antennendiagramm werden von der Hornantenne erfüllt. Der am weitesten
verbreitete Typ der Hornantenne ist das Rillenhorn, das mit Hybridmoden des Rillenhohl-
leiters gespeist wird. Bild 5.11 zeigt einen Schnitt durch einen Rillenhohlleiter (a) und ein
Rillenhorn (b).

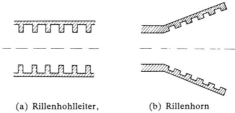

Bild 5.11   (a) Rillenhohlleiter,   (b) Rillenhorn

5.3.1.5 Reflektorantennen

Reflektorantennen mit symmetrischem Strahlengang

Wie aus der Optik bekannt, sind nur Parabolreflektoren zur Erzeugung paralleler Strahlen
bzw. ebener Wellen geeignet. Sphärische oder zylindrische Reflektoren werden für feste
Hauptstrahlrichtungen nicht eingesetzt, da sie divergierende Strahlbündel bzw. keine ebenen
Wellen liefern. Wenn jedoch die Hauptstrahlrichtung bewegt werden soll, dann sind diese
besser geeignet als Parabolreflektoren, da sie einen weiteren Schwenkbereich zulassen.

Einfachparabolantenne

Bild 5.12 zeigt eine Einfachparabolantenne. Der Primärstrahler befindet sich im Brenn-
punkt des Reflektors. Deshalb wird dieser Antennentyp auch primärfokusgespeiste Parabol-
antenne genannt. Das Einsatzgebiet dieser Antennen ist hauptsächlich beim Richtfunk und
Fernsehdirektempfang.   Dieser Antennentyp ist relativ einfach zu bauen und gegenüber
Justierfehlern nicht so empfindlich wie die Doppelreflektortypen. Nachteilig ist jedoch das
Kreuzpolarisationsverhalten. Bei Verwendung von linearer Polarisation wird in jedem der vier
Quadranten um die Hauptstrahlrichtung ein Strahl mit Kreuzpolarisation erzeugt.

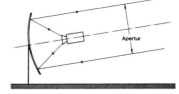

Bild 5.12 Zentralgespeiste
Parabolantenne mit Primärfokus

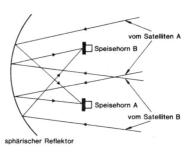

Bild 5.13 Mehrstrahl-Parabolantenne
mit Primärfokus

Das Maximum dieser vier Strahlen liegt in der Nähe der 3 dB-Kontur der kopolaren Komponente und fällt sowohl in Hauptstrahlrichtung als auch nach außen wieder stark ab. Der Pegel dieses Maximums liegt ca. 18 dB unter dem der Hauptstrahlrichtung. Bei Zirkularpolarisation entsteht anstelle der vier getrennten Strahlen ein rotationssymmetrisches Strahlungsdiagramm mit ebenfalls etwa 18 dB Pegeldifferenz und dem Maximum in der Nähe der 3 dB-Kontur mit sowohl nach innen als auch nach außen abfallendem Pegel.

Bild 5.13 zeigt eine Mehrstrahl-Parabolantenne mit Primärfokus. Je nach Zahl der Speisehörner können mehrere Satelliten gleichzeitig empfangen werden. Es ist auch möglich, mit einem Horn 4 GHz- und mit den anderen 12 GHz-Sendungen zu empfangen. Solche Konstruktionen gibt es in den USA.

Aus Bild 5.14 ist zu ersehen, daß zur Reduzierung der Störung durch die Kreuzpolarisation nur ein kleiner Winkelbereich um die Hauptstrahlrichtung zur Übertragung bzw. zum Empfang eingesetzt werden kann. Es ist deshalb entweder für kleine Öffnungswinkel eine sehr genaue Nachführung erforderlich, oder die Antennen können nur mit großen Öffnungswinkel als Empfangsantennen eingesetzt werden. Beim Senden würde wegen des großen Öffnungswinkels ein zu großer Bereich im Orbit gestört.

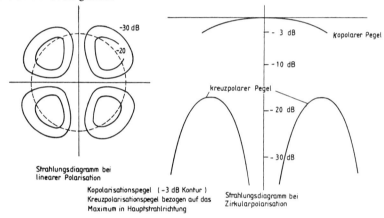

Bild 5.14 Kreuzpolarisationseigenschaften einer symmetrischen Parabolantenne

Cassegrain-Antenne

Die Cassegrain-Konfiguration ist aus der Optik bei den Fernrohren bekannt (s.Bild 5.15). Die Cassegrain-Antenne wird fast nur bei Erdfunkstellen eingesetzt. Die Durchmesser liegen zwischen ca. 2 m bis zu 30 m und mehr, z.B. bei Radioastronomieantennen. Die Einsetzbarkeit von Cassegrain-Antennen zusammen mit einem Antennenausrichtmechanismus wird für ausrichtbare Satellitenantennen in Datenrelaissatelliten untersucht.

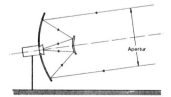

Bild 5.15 Cassegrain-Antenne

Die Größe des Subreflektors beeinflußt den Ausleuchtungswirkungsgrad des Hauptreflektors, die blockierte Fläche und die Nebenkeulen. Deshalb muß die Größe des Subreflektors so gewählt werden, daß der Antennenwirkungsgrad maximal wird (siehe Bild 5.16). Zur Verringerung der durch die Stützstruktur des Subreflektors erzeugten Nebenkeulen wurde die "Kompakt-Cassegrain-Anordnung" entwickelt. Der Subreflektor wird an der Haltestruktur des Speisesystems mit einer leichten Struktur befestigt. Damit ist neben der Verringerung der

Nebenkeulen auch eine sehr einfache Montage und Justierung bei transportablen Einheiten erreicht. Das Kreuzpolarisationsverhalten der Cassegrain–Antennen ist gut, da sich die von den beiden Reflektoren erzeugten Kreuzpolarisationsanteile gegenseitig aufheben.

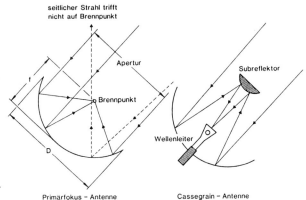

Bild 5.16 Vergleich von Primärfokus-
Antenne und Casssegrain-Antenne

Gregory–Antenne

Dem konvexen Subreflektor der Cassegrain– steht der konkave der Gregory–Antenne gegenüber (siehe Bild 5.17). Das Kreuzpolarisationsverhalten von Cassegrain– und Gregory–Antennen ist etwa gleich.

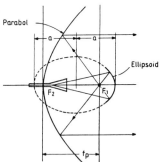

Bild 5.17 Gregory-Antenne

Reflektorantennen mit unsymmetrischem Strahlengang

Zur Verbesserung des Nebenkeulenverhaltens wird ein unsymmetrischer Strahlengang verwendet. Der Primärstrahler und/oder der Subreflektor wird so angeordnet, daß der Hauptreflektor nur noch teilweise oder überhaupt nicht mehr abgeschirmt wird.

Offset–Parabolantennen

Offset–Parabolantennen spielen für den DBS–Empfang eine entscheidende Rolle. Sie werden aus größeren kreisförmigen Parabolantennen ausgeschnitten (siehe Bild 5.19). Generell zeigen Offset–Antennen reduzierte Kreuzpolarisationsentkopplung.

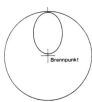

Bild 5.18 Konstruktion
von Offset-Antennen

Bild 5.19 zeigt Strahlengang und Paraboloidausschnitt für Offset–Antennen im Querschnitt.

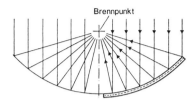

Bild 5.19 Ausschnitt des Paraboloids
für Offsetantennen

Bild 5.20 zeigt die komprimierte Strahlbreite von Offset–Antennen im Vergleich zu norma–
len Parabolantennen.

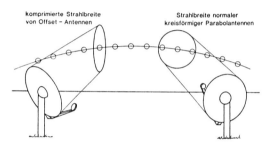

Bild 5.20 Komprimierte Strahlbreite
von Offset-Antennen

Den Strahlengang im Offsetspiegel zeigt Bild 5.21. Durch die Reflexion des Strahls an der
Spiegelfläche (Einfallswinkel = Ausfallswinkel) steht der Parabolspiegel viel steiler als bei
Primärfokusantennen für den gleichen Satelliten. Außerdem ist dargestellt wie durch Speise–
horn und Haltestreben Strahlung gestreut oder blockiert wird. Durch das Fehlen dieser Effekte
haben Offset–Antennen auch niedrigere Nebenkeulen als Primärfokus–Antennen.

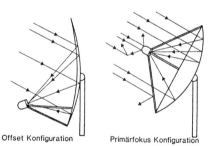

Bild 5.21 Strahlengang bei Offset-Antennen
im Vergleich zu Primärfokus-Antennen

Die Komplexität der Speisesysteme ist je nach Anforderungen unterschiedlich. Als Beispiel
sei genannt: ein Cluster mit 72 quadratischen Hornantennen für zwei Polarisationen und zur
Erzeugung von 4 Ausleuchtgebieten beim INTELSAT–V.

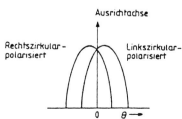

Bild 5.22 Kreuzpolarisationseigenschaften
einer Offset-Parabolantenne

Im Gegensatz zur symmetrischen Parabolantenne entstehen bei der Offset–Parabolantenne
bei Speisung mit linearer Polarisation zwei Strahlen mit Kreuzpolarisation, jedoch ebenfalls mit
dem Maximum der Kreuzpolarisation in der Nähe der '3 dB–Kontur' der kopolaren Komponente (s. Bild 5.22). Bei der Speisung mit Zirkularpolarisation entsteht keine Kreuzpolarisation, jedoch wird die Hauptkeule von der Ausrichtachse wegverschoben, und zwar bei Links-
zirkularpolarisation nach rechts. Diese Verschiebung muß bei der Verwendung von zwei Polarisationen durch einen erhöhten Aufwand beim Speisesystem ausgeglichen werden; bei Verwendung von einer Polarisation kann die Verschiebung durch entsprechend geänderte Ausrichtung der Antenne kompensiert werden.

Offset–Gregory–Antenne

Offset–Gregory–Antennen werden unter anderem als Satellitenantennen eingesetzt (s. Bild
5.23). Je nach Größe der Bedeckungszone und Ausrichtgenauigkeit, ergeben sich relativ große
Abstände zwischen den Reflektoren bzw. Subreflektoren und dem Speisesystem. Subreflektoren müssen deshalb bei manchen Konstruktionen auf "Türmen" montiert werden. Dies hat
einen relativ großen Volumenbedarf unter der Nutzlastverkleidung der Trägerrakete zur Folge
/4,5,6,7,8/.

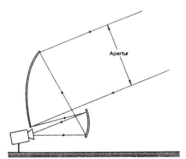

Bild 5.23 Offset-gespeiste
Gregory–Antenne

5.3.1.6 Planare Antennen

Neben der bislang beschriebenen Antennenart, bei der ein Bündelungseffekt (und damit
der gewünschte Antennengewinn) nach den Gesetzen der Optik erzielt wird, gibt es noch die
"elektrische" oder "aktive" Antenne. Diese Art von Antenne besteht aus einer Anzahl von
Einzelstrahlern (Dipole, Schlitze, Microstrips, etc.) die durch eine Verschaltung ihrer Eingänge so organisiert sind, daß sich die einzelnen Empfangs- oder Sendesignale addieren. Dadurch entsteht eine Riege von Einzelantennen, die sich im Kollektiv wie eine große (passive)
Antenne verhält. Sie wird im Schrifttum oft auch als Gruppenstrahler *(Phased Array)*
bezeichnet. Natürlich erlaubt die "Verschaltung" die Anbringung der Elemente in einer beliebigen Form. Gängig sind hierbei einfache, planare Strukturen, aber ebenso häufig werden aktive Antennen den Gegebenheiten angepaßt, wie beispielsweise der Außenhaut eines Flugzeuges etc. (s. Bild 5.24).

Vorteile der aktiven Antennen

Bei der aktiven Antenne wird die Bündelung (und damit die Hauptstrahlrichtung) durch
die Verschaltung der Eingänge (Ausgänge) erwirkt. Mit einer entsprechenden Schaltung läßt
sich so auch der Hauptstrahl schwenken – bei feststehender Struktur. Damit kann sich die
aktive Antenne z.B. auf einem Flugzeug (oder Schiff, Kfz, etc.) ständig auf einen Satelliten
ausrichten, unabhängig von den Flug- oder Fahrbewegungen des Trägers. Für den Einsatz als
Fernsehantenne bedeutet dies zweierlei Vorteile. Die aktive Antenne kann zum einen an einer
Hauswand planar (und weitgehend unauffällig) angebracht und über das Schaltungsnetzwerk
auf den gewünschten Satelliten ausgerichtet werden. Zum zweiten können mit einer aktiven

Antenne wahlweise mehrere Satelliten angepeilt werden, ohne daß etwas mechanisch bewegt werden muß.

Aktive Antennen können i.a. $300°$ Azimut und Elevation von $5°$ bis $90°$ abdecken. Die in Bild 5.24 gezeigte Antenne ist 25 mm dick, 56 cm lang und 50 cm breit. Ihre Apertur ist damit $0,28\ m^2$, ihr Wirkungsgrad 70%. Damit liefert die aktive Antenne einen höheren Gewinnwirkungsgrad als die passive, die im allgemeinen ca. 55% bis 60% aufzeigt.

In ähnlicher Weise übertrifft die aktive Antenne die "optischen" in Betriebssicherheit. Während bei der Parabolantenne die Beschattung einiger weniger Quadratzentimeter im Fokus der Antenne zu einem Totalausfall des Systems führt, kann bei einer Planarantenne die halbe Apertur blockiert sein ohne noch zu einer merklichen Minderung der Empfangsqualität zu führen /9/.

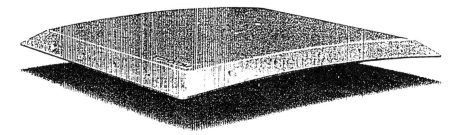

Bild 5.24 Aktive Antenne für den mobilen Einsatz

5.3.2 Rauscharmer Vorverstärker

Da das vom Satelliten empfangene Signal sehr schwach ist, wird die erste Verstärkung des Antennenausgangssignals von rauscharmen Vorverstärkern (LNA) geliefert. Entsprechend der geforderten Rauschtemperatur verwendet man zwei verschiedene Typen: parametrische Verstärker (Paramp) und GaAs–FET–Verstärker. Für niedrigere Rauschtemperaturen werden Paramps, für höhere GaAs–FET–Verstärker verwendet. Das Temperaturkriterium liegt im 4 GHz–Bereich bei etwa 55 K und im 12 GHz–Band bei 180 bis 200 K.

Parametrische Verstärker

Parametrische Verstärker lassen sich in die folgenden drei Typen klassifizieren:

– gekühlte (Helium von 20 K);
– ungekühlte (thermoelektrisch gekühlt etwa bis $40°$ C);
– geheizte (um $60°$ C).

Je nach Anforderungen besteht ein Paramp aus einer oder zwei parametrischen und zusätzlichen Halbleiterstufen, um die geforderte Verstärkung zu erreichen. Die Klassifizierung der Paramps betrifft ausschließlich die Betriebstemperatur der ersten Stufe. Im 4 GHz–Band werden gekühlte Paramps verwendet.

Heliumgekühlte Paramps wurden nur zu Beginn der Satellitenkommunikation verwendet. Die bei den Eigenschaften der Antennen und ungekühlten Paramps erzielten Verbesserungen machen den Einsatz von gekühlten Vorverstärkern in modernen Erdfunkstellen unnötig.

Thermoelektrisch gekühlte Geräte arbeiten je nach Auslegung zwischen $-20°$ und $-40°$ C. Die Kühlung wird durch Peltiereffekt, dem umgekehrten thermoelektrischen Effekt, erzielt. Während bei gekühlten Paramps die Abkühldauer einen Tag oder mehr beträgt, erreichen ungekühlte ihre Betriebstemperatur nach 20 bis 30 min. Die Betriebstemperatur von geheizten Stufen liegt bei $60°$ C. Die Heizung wird nur verwendet, um von der Umgebungstemperatur unabhängige Betriebsbedingungen zu schaffen.

Der eigentliche parametrische Verstärker ist kein linearer, sondern ein Reflexionsverstärker: Die Verstärkung wird durch Reflexion der Signalenergie an negativen Widerständen erzielt. Die Bandbreite des Verstärkers entspricht etwa der Bandbreite des aktiven Resonators. Das Produkt aus Resonanzverstärkung und Bandbreite ist etwa konstant. Mit zusätzlichen Resonatoren kann der aktive Resonator breitbandig an den Wellenwiderstand Z_0 des Zirkulators angepaßt werden, was zu einer Vergrößerung der Bandbreite des Verstärkers führt.

Die spannungsabhängige Sperrschichtkapazität von Silizium- oder GaAs-Halbleiterdioden stellt den negativen Widerstand dar. Die Sperrschichtkapazität wird durch eine Pumpspannung mit im Vergleich zum Signal großer Amplitude und Frequenz gesteuert.

Bei der Berechnung der Rauschtemperatur des gesamten Verstärkers müssen noch die Beiträge des Zirkulators und der nachgeschalteten Stufen berücksichtigt werden. Die geforderte Bandbreite und Stabilität lassen für parametrische Verstärkerstufen nur 10 bis 15 dB Verstärkung zu.

Halbleiterverstärker

In der Entwicklung von GaAs-Halbleitern wurden erhebliche Fortschritte erzielt. Diese Halbleiter können für wesentlich höhere Frequenzen eingesetzt werden als Silizium. Dazu kommt, daß sich wichtige Eigenschaften von GaAs bis zu Betriebstemperaturen von $-50\,^\circ$C nicht wesentlich ändern. GaAs-Schottky-FET zeigen niedriges Rauschen. Mit diesen Halbleitern werden lineare Verstärker gebaut, die fast die gleichen elektrischen Eigenschaften wie parametrische Verstärker haben. Die Verstärkung von 10 dB/Stufe erfordert ebenfalls die Hintereinanderschaltung von mehreren Stufen. Bei Raumtemperatur werden im 11 GHz-Band Gesamtrauschtemperaturen von $70 - 80$ K erreicht. Durch Kühlung der Halbleiter auf $-50\,^\circ$C wird die Rauschtemperatur auf $55 - 60$ K reduziert. Die geringe Zahl von Bauteilen eines solchen Verstärkers führt zu hoher Zuverlässigkeit (in den Katalogen der Hersteller werden noch keine MTBF-Werte angegeben). Die bisherigen Erfahrungen zeigen, daß die Werte um mindestens eine Größenordnung höher liegen als bei Paramps.

5.3.3 Sendeverstärker

Die Erdfunkstellen-*EIRP* wird durch die Verbindungsbilanz festgelegt. So können z.B. Werte zwischen 30 und 83 dBW verlangt werden. Diese *EIRP* muß vom Sendeverstärker (HPA) zusammen mit der Sendeantenne erzeugt werden.

Erdfunkstellen senden im allgemeinen mehr als einen Träger. Deshalb muß der HPA im nichtlinearen Teil der Kennlinie betrieben werden. Würden die dabei erzeugten Intermodulationsprodukte zum Satelliten gesendet, wäre seine Übertragungskapazität beträchtlich reduziert. Für den Betrieb im linearen Bereich muß daher für den Arbeitspunkt des HPA ein bestimmter Ausgangsbackoff eingehalten werden. Als Ausgangsbackoff bezeichnen wir das Verhältnis der HPA-Ausgangsleistung bei Sättigung oder maximaler Ausgangsleistung (bei Halbleiterverstärkern) im Arbeitspunkt. Drei verschiedene Arten von HPA werden in Erdfunkstellen eingesetzt:

– Halbleiterverstärker;
– Wanderfeldröhren;
– Klystrons.

Halbleiterverstärker

Der jüngste Typ von Erdfunkstellen-HPA sind die Halbleiterverstärker (SSPA). Die Fortschritte der Halbleitertechnologie in den letzten Jahren führten zu einem beträchtlichen Anstieg der Ausgangsleistung, z.B. im C- und K_u-Band von einigen Milliwatt zu einigen Watt, und weitere Verbesserungen sind zu erwarten.

Wanderfeldröhren

Wanderfeldröhrenverstärker (TWTA) sind die bekanntesten Sendeverstärker in Erdfunkstellen. Sie bestehen aus der Wanderfeldröhre (TWT) und zugehöriger Stromversorgung

(EPC). Wanderfeldröhren sind, ebenso wie Klystrons, Linearstrahlröhren. Trotz grund-
legender Unterschiede in der Funktion, haben beide große Ähnlichkeiten in den Unterbau-
gruppen. Von einer Elektronenkanone wird ein Elektronenstrahl erzeugt, fokussiert und tritt
mit einer elektromagnetischen Welle in Wechselwirkung, die sich entlang einer Verzögerungsleitung in nächster Nähe des Strahls ausbreitet. Ergebnis dieser Wechselwirkung ist eine Verstärkung. Nach der Auskopplung der HF-Leistung trifft der Elektronenstrahl auf den Kollek-
tor. Die zwei am häufigsten verwendeten Verzögerungsleitungen sind Helix und gekoppelte
Resonatoren (*Coupled Cavities*).

Klystron

Klystrons sind wie Wanderfeldröhren Linearstrahlröhren und errreichen mindestens so
hohe Ausgangsleistungen. Sie sind jedoch aufgrund ihrer Architektur viel schmalbandiger.
Das zu verstärkende Signal gelangt beim Klystroton in einen Hohlraumresonator. Der
fokussierte Elektronenstrahl tritt beim Durchlaufen des Resonators mit dem Signal in
Wechselwirkung. Durch diese Wechselwirkung erhält ein Teil der Elektronen eine unterschiedliche Geschwindigkeit. Dieser Geschwindigkeitsunterschied wird im feldfreien Raum in
eine Modulation der Strahlintensität übergeführt. In einem weiteren unabhängigen Resonator
erzeugt diese Intensitätsmodulation ein verstärktes Signal.

Vergleich der verschiedenen Sendeverstärkertypen

Im folgenden wird eine Übersicht über die Vor- und Nachteile der verschiedenen Typen
gegeben. Dabei sollen Bandbreite, Verstärkung, Linearität, Ausgangsleistung, Zuverlässigkeit,
Wirkungsgrad, elektrische Versorgung, Volumen, Masse und Umgebungsbedingungen angesprochen werden.

Bandbreite

Bei geeignetem Design haben Halbleiterverstärker als lineare Verstärker eine große Bandbreite. Da die Helix kein frequenzbestimmendes Bauteil ist, haben Wanderfeldröhrenverstärker mit einer Helix als Verzögerungsleitung ebenfalls eine große Bandbreite. Wegen der
Hohlraumresonatoren haben Klystrons nur schmale Bandbreiten.

Verstärkung

Die höchste Verstärkung wird von Wanderfeldröhrenverstärkern mit einer Sättigungsver-
stärkung von 40 bis 50 dB erreicht. Die Verstärkung vergleichbarer Klystrons ist etwa 5 dB
niedriger. Die Verstärkung von Halbleiterverstärkern ist leicht frequenzabhängig und liegt bei
etwa 10 dB.

Linearität

Die Amplituden- und Phasenlinearität von Halbleiterverstärkern ist gut, von Klystrons
mittelmäßig und von Wanderfeldröhrenverstärkern schlecht.

Ausgangsleistung

Die maximale Ausgangsleistung von Halbleiterverstärkern bei 14 GHz ist heute 10 Watt;
mit Steigerungen in der näheren Zukunft ist zu rechnen. Wanderfeldröhren des Helixtyps
liefern bis zu 3 kW Ausgangsleistung und des Typs gekoppelte Resonatoren Dauerstrich-
leistungen bis 10 kW bei 6 GHz und 5 kW bei 14 GHz. Klystrons haben Ausgangsleistungen
bis zu 10 kW Dauerstrich bei 14 GHz.

Zuverlässigkeit

Halbleiterverstärker besitzen eine hohe Zuverlässigkeit. Für den Normalbetrieb reicht eine redundante Konfiguration aus. Wanderfeldröhrenverstärker und Klystrons haben etwa die gleiche Zuverlässigkeit. Im Vergleich zu Halbleiterverstärkern ist sie jedoch geringer.

Wirkungsgrad

Der Wirkungsgrad von Halbleiterverstärkern liegt bei ca. 10%. Wanderfeldröhren allein haben Wirkungsgrade zwischen 30 und 50%; wegen der notwendigen komplexen Versorgung verringert sich der Gesamtwirkungsgrad um 10 bis 20%. Der Wirkungsgrad von Klystrons liegt zwischen 60 und 70%. Die niedrigere Komplexität der Versorgung führt zu Gesamtwirkungs-graden von 40% und mehr.

Elektrische Versorgung

Für die Halbleiterverstärker werden niedrigere Versorgungsspannungen gebraucht, wohin-gegen Wanderfeldröhren und Klystrons hohe Betriebsspannungen von einigen kV und darü-ber, sowie hohe Betriebsströme erfordern, so daß zusätzliche Sicherheitsmaßnahmen nötig sind.

Volumen, Masse, Umgebungsbedingungen

Das kleine Volumen und die geringe Masse von Halbleiterverstärkern erlauben eine flexi-ble Montage (in einem temperaturgeregelten Gehäuse). Wanderfeldröhren- und Klystronver-stärker haben hauptsächlich wegen der Sicherheitsanforderungen ein großes Volumen und eine entsprechende Masse. Eine temperaturgeregelte Umgebung ist nicht erforderlich. Ma-gnetfelder in der Umgebung können die Strahlfokussierung stören. Andererseits kann emp-findliches Gerät in der Nähe durch das zu den Röhren gehörende Magnetfeld gestört werden.

5.4 Empfangsstationen

Zusammenfassend seien nochmals die Parameter genannt, die für den Direktempfang von TV-SAT wichtig sind:

– Die Modulation der Signale ist FM bei Video (ob PAL oder MAC), da gegenüber AM weniger Sendeleistung benötigt wird (1/50 der bei AM). Ein Spitze-Spitze-Hub von 13,5 MHz ist nominal vorgesehen.

– Beim digitalen Hörfunk wird digitale 4PSK-Modulation verwendet.

– Die Polarisation ist zirkular. Im deutschen Fall im Gegenuhrzeigersinn. Es ist jedoch interessant, die andere Polarisation auch zu empfangen, da der TDF in dieser sendet.

– Die Empfangsfrequenzen und zugehörigen Kanal-Nummern nach WARC sind für Deutschland:

Kanal Nr.	Empfangsfrequenzen in MHz
2	11746,66
6	11823,38
10	11900,10
14	11976,82
18	12053,54

Die Kanalbandbreite ist 27 MHz. Die angegebenen Empfangsfrequenzen beziehen sich auf die Kanalmitte. Der Empfang anderer DBS-Satelliten (Frequenzen siehe Tabelle 1.5) ist erwünscht.

– Die Leistungsflußdichte wird für den schlechtesten Monat des Jahres in 99% der Zeit zu -103 dBW/m^2 garantiert (entsprechend einer Satelliten-*EIRP* von ca. 65,5 dBW)

– Für Individual–Empfang sollen Strahlbreiten der Empfangsantennen von 2° und bei
  Gemeinschaftsempfang von 1° erreicht werden, damit Störungen durch Nachbarsatelliten
  nicht zu groß werden. Die Gütewerte der Antennenanlagen sind für

Heimempfang	6,0 dBi/K,
Kleingemeinschaftsempfang	8,5 dBi/K,
Großgemeinschaftsempfang	14,0 dBi/K.

Empfangsanlagen müssen
– ein zirkular–polarisiertes Signal im 12 GHz–Bereich empfangen,
– das zirkular–polarisierte Signal in ein linear–polarisiertes umwandeln,
– das Signal muß in einem rauscharmen Verstärker verstärkt werden,
– das Signal muß vom 12 GHz–Bereich in den UHF– oder VHF–Bereich umgesetzt werden
  (0,95 – 1,75 GHz),
– das TV–Signal muß aus einem FM–modulierten in ein AM–restseitenbandmoduliertes umgewandelt werden (für konventionelle PAL–Aussendungen), oder das C–MAC/D2–MAC–
  Signal muß decodiert und u.U. remoduliert werden (siehe Kap. 3.3).

Das D2–MAC–Fernsehsignal muß entweder restseitenbandmoduliert und verteilt oder zumindest für eine Übergangszeit entsprechend in PAL remoduliert werden.

5.4.1 Das Prinzip der Empfangsanlage

Die Empfangsanlage für Satellitenfernsehen unterscheidet sich von der für terrestrisches
Fernsehen durch einige wesentliche Punkte:
– die empfangene Energie ist sehr klein;
– es muß eine Polarisationsentkopplung der orthogonalen Polarisation durchgeführt werden;
– bei D2–MAC–Sendungen müssen diese decodiert werden.

Das Prinzip der Empfangsanlage für Rundfunksatelliten zeigt Bild 5.25. Die verwendeten
hohen Frequenzen machen es nötig, die folgende Konverteranlage direkt an der Antenne zu
montieren. Vom Speisesystem kommt die durch die Antenne konzentrierte Energie zu einem
Polarisationswandler, wo die orthogonal zirkular–polarisierten Signale in orthogonal linear-
polarisierte umgewandelt werden. Dieses Bauteil fehlt bei Empfang von bereits linearpolari-
sierten Signalen von Kommunikationssatelliten.

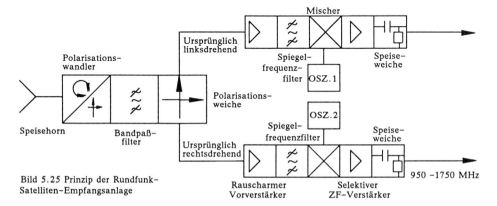

Bild 5.25 Prinzip der Rundfunk-
Satelliten-Empfangsanlage

Es folgt ein Hohlleiterbandpaßfilter, das einmal den Empfangsbereich auf die gewünschten
Frequenzen beschränkt, z.B. indem es Störungen von benachbarten Frequenzbändern (Intermodulation) ausblendet und Abstrahlungen von Lokaloszillatoren und deren Spiegelfrequen-
zen verhindert. Es folgt die Polarisationsweiche, die die beiden, nun linearen, Wellen trennt
und sie jeweils einem getrennten Konverter zuleitet. Ein rauscharmer Vorverstärker verstärkt

das Signal soweit, daß auch nach den folgenden verlustbehafteten Stufen die Gesamtverstärkung des Konverters bei ca. 3 dB liegt. Auf diesen rauscharmen Vorverstärker folgt ein Spiegelfrequenzfilter zur Vermeidung von Störungen durch im spiegelfrequenten Bereich arbeitende andere Sender. Es folgt der Mischer mit Lokaloszillator. Das verstärkte Empfangssignal wird mit einem Signal gemischt, das aus einem Oszillator, der mit einem dielektrischen Resonator (DRO) stabilisiert ist, stammt. Dieses Oszillatorsignal hat eine Frequenz von 10,75 GHz (10,0 GHz bei Empfangsanlagen für Kommunikationssatelliten) und setzt den Eingangsfrequenzbereich von 11,7 − 12,5 GHz in einen 1. Zwischenfrequenzbereich von 950 −1750 MHz um.

Es folgt ein selektiver Zwischenfrequenzverstärker, der das Signal um ca. 30 dB verstärkt. Am Ausgang befindet sich die Gleichstromspeiseweiche, die es gestattet, über den Innenleiter des HF−Kabels die eben beschriebene sog. Außeneinheit (*outdoor unit*), die so heißt, weil sie eben direkt an der Antenne angebracht ist, mit elektrischem Strom zu versorgen. Das Prinzip der Außeneinheit ist bei fast allen Empfangsanlagentypen identisch. Die Unterschiede liegen meist in der Antennengröße und bei kommerziellen Anlagen darin, daß eventuell noch eine zweite Signalumsetzung verwendet wird. Auf diese Außeneinheit, auch LNC (*Low Noise Converter*) genannt, folgt die über das HF−Kabel mit ihr verbundene Inneneinheit. Sie hat eine Fernspeiseweiche für die Stromversorgung der Außeneinheit. Darauf folgen als wesentliche Baugruppen der FM−Demodulator, D2−MAC−Decoder, D2−MAC−Restseitenbandmodulator, PAL−Remodulator und Verteilverstärker(siehe auch Kap. 3.3 bis 3.5 sowie 9.2 und 9.3).

5.4.2 Verschiedene Herstellungsmethoden für die Antennenschalen

Die Antennenschalen können aus den verschiedensten Materialien und durch unterschiedliche Verfahren gefertigt werden. Die Antennenschale muß lange Zeit ihre Form halten. Die Oberfläche muß metallisiert sein, um die elektromagnetischen Wellen effektiv und phasengleich zu reflektieren. Die Antenne muß leicht zu verschicken und aufzubauen sein. Sie muß die Ausdehnung und Kontraktion verschiedener Materialien durch Temperaturänderungen, Windlast, Regen, Schnee, Hagel und intensive Sonnenbestrahlung aushalten und alterungsbeständig sein. Es gibt vier hauptsächlich verwendete Antennenschalen: aus gedrücktem Aluminium oder Stahl, aus gepreßtem oder gezogenem Stahl, Epoxyd−Glasfaser und Maschendraht /10/.

Formen der Antennenschalen durch Drücken

Beim Drücken wird durch einen umlaufenden (ca. 250 U/min) Stempel − meist als Rolle ausgebildet − das Blech aus Aluminium oder Stahl nach und nach in die Vertiefungen einer Vorrichtung (Druckfutter) gedrückt. Dadurch entsteht eine sehr genaue Schale mit einer Metalloberfläche, die durch den Herstellungsprozeß gehärtet ist. Diese Methode hat den Vorteil, daß Antennen verschiedener Größe mit *einem* Druckfutter (Form) hergestellt werden können. Gedrückte Antennenschalen weisen charakteristische feine Rillen an der Oberfläche auf. Dabei hat jeder Durchmesser ein verschiedenes f/D Verhältnis. Die meisten gedrückten Antennenschalen sind aus einem Stück und damit schwierig zu versenden. Man kann diese Antennen auch aus perforiertem Metall herstellen. In diesem Fall müssen die Löcher kleiner als 1/10 der Wellenlänge sein, für die die Antenne benützt werden soll (<2,5 mm im K_u−Band).

Pressen, Formstanzen oder hydraulische Verformung

Antennenschalen aus gepreßtem oder gezogenem Stahl sind ähnlich denen, die durch hydraulische Verformung hergestellt werden. Man stellt sie her, indem man Metallbleche mit einem Druck von ca. 1000 t in eine entsprechende Form preßt. Beim hydraulischen Formen wird Flüssigkeit verwendet, um eine ebene Reflektoroberfläche zu erzielen. Mit jeder Form kann nur eine Antennengröße hergestellt werden.

Epoxyd–Glasfaser Schalen

Bei Epoxyd–Glasfaser–Kunststoff(GFK)–Antennen werden mit Metall bedampfte Folien oder andere leitende Materialien in das GFK unter exakter Einhaltung der Oberflächenform eingebettet. Die GFK–Schalen können auf drei verschiedene Arten hergestellt werden.

Beim Handauflegeverfahren wird die Epoxyd–Mischung auf Glasfasermatten aufgetragen, die in eine Form gelegt wurden. Dann wird Metall auf die Oberfläche aufgedampft oder gesprüht. Zum Schluß wird ein Gel–Coat aufgebracht, der die auftreffende Sonnenstrahlung diffus reflektiert und den Kunststoff vor der UV–Strahlung des Sonnenlichtes schützt.

Beim Pressen einer GFK–Schale wird eine Mischung von Polyester, Kalziumkarbonat und Glasfaserstücken auf eine Metallform gepreßt. Damit erhält man eine leichte, aber relativ zerbrechliche Antenne.

Bei einer weiteren Herstellungsmethode werden die Glasfasermatte und die Metallschicht in eine Form gelegt und das Epoxyd unter hohem Druck eingebracht. Diese Schalen sind stabil und haben hohe Stoßfestigkeit.

Ein weiterer Schalentyp verwendet eine Aluminium–Honigwabenkonstruktion mit auflaminierten GFK–Schichten an Vorder– und Rückseite. Diese Antenne ist bei sehr hoher Steifigkeit und Formstabilität sehr leicht. Sie wird oft aus Segmenten aufgebaut. Der Herstellungsprozeß ist jedoch teuer und die Antenne damit meist nur für professionelle Anlagen geeignet.

Maschendrahtantenne

Antennen aus Maschendraht oder perforiertem Metallblech werden durch eine Rippenstruktur gehalten. Diese Schalen haben bei kleinen Windgeschwindigkeiten geringeren Windwiderstand, sind aber weniger widerstandsfähig gegen mechanische Belastungen. Außerdem ist es schwierig, ihre Form über lange Zeit zu garantieren, insbesondere für die Genauigkeiten, die bei K_U–Band–Frequenzen bzw. deren Wellenlänge nötig sind (siehe Bild 5.26).

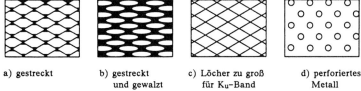

   a) gestreckt   b) gestreckt   c) Löcher zu groß   d) perforiertes
                    und gewalzt   für K_u–Band   Metall

Bild 5.26 Maschendrahtantenne

Am besten für das K_U–Band geeignet ist die Antenne mit perforiertem Metall, wenn die Löcher kleiner als 2,5 mm, also kleiner als $\lambda/10$ sind /10/.

Bei Löchern im Reflektorgitter, die größer als $\lambda/10$ sind, kommt zu den Antennenverlusten noch hinzu, daß Störsignale auch aus dem Bereich hinter der Antenne ins Speisehorn gelangen können und so das Signal/Rauschverhältnis erniedrigen.

Beschichtung der Antennenschale

Parabolantennen konzentrieren auch das Sonnenlicht. Deshalb ist eine Schale mit glänzendem Lack oder glatter Oberfläche ungünstig, denn die Kunststoffabdeckung der Einspeisung kann schmelzen, wenn die Sonnenenergie darauf konzentriert wird. Deshalb muß eine optisch rauhe Farbe zum Anstrich verwendet werden, die die Sonnenstrahlung streut, statt fokussiert.

Die reflektierende Oberfläche der Antenne muß im Vergleich zur Wellenlänge des empfangenen Signals glatt sein. Bild 5.27 zeigt die Verluste, die auftreten können, wenn der Reflektor uneben ist.

Man sieht, daß die Abweichungen von der idealen Oberfläche nicht größer als $\lambda/10$ sein sollten. Der Parameter λ bis $\lambda/6$ der Kurven zeigt an, in welchen Abständen die Unebenheiten auf dem Reflektor auftreten, d.h. bei 12 GHz bei λ alle 2,5 cm, bei $\lambda/3$ alle 0,83 cm und bei $\lambda/6$ alle 0,42 cm.

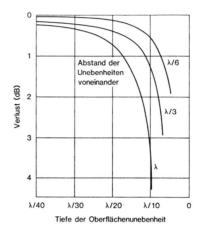

Bild 5.27 Verluste bei unebener
Antennenreflektorfläche

Antennen können eine vollkommen glatte Oberfläche und doch als Reflektor ein Gitter
eingebettet haben, das bestenfalls für 4 GHz geeignet ist. Solche Antennen werden gelegent-
lich angeboten.

5.4.3 Antennenhalterungen

Es ist die Aufgabe der Antennenhalterungen, eine Antennenschale genau auf einen gewählten Satelliten ausgerichtet zu halten und, wenn notwendig, ein Schwenken der Antenne
auf einen anderen Satelliten zu ermöglichen.

Wenn eine Antenne in Deutschland von ihrer Ausrichtung auf einen z.B. 50 Längengrade
versetzt stationierten Satelliten sich um $1/10^\circ$ bewegt, dann bedeutet das auf dem geostationären Orbit eine Abweichung von 74 km. Das führt natürlich bei scharf bündelnden Antennen
zu starken Reduktionen des Satellitensignals. Eine solche Bewegung wird durch Wind oder
Schneelasten verursacht, wenn die Halterung nicht stabil genug ist.

Tabelle 5.2 zeigt die Entfernung auf dem geostationären Orbit bei verschiedenen Winkel-
abständen der Satelliten.

Tabelle 5.2 Abstand zwischen zwei geostationären Satelliten

Winkel zwischen den Satelliten (von der Erde aus gesehen)	Tatsächlicher Abstand zwischen den Satelliten
1°	739 km
2°	1478 km
3°	2217 km
4°	2956 km

Die Haltepunkte der Antenne müssen stabil sein, und eine Montage auf einem Betonfun-
dament ist der auf einem Mast vorzuziehen.

Es gibt grundsätzlich zwei Möglichkeiten der Ausrichtung der Antenne auf einen Satelliten:
mit einem System mit zwei Freiheitsgraden wie Azimut–Elevations–Montierung oder die mit
nur einer Bewegung wie polare Montierungen. Dazwischen gibt es auch Hybridsysteme.

Für die Ausrichtung auf unterschiedliche Satelliten ist zu berücksichtigen, daß für jeden
Satelliten sowohl Azimut als auch Elevation geändert werden müssen (s. Bild 5.29). Bild 5.28
veranschaulicht den maximalen Azimutbereich für eine Station am Äquator. Im Bild blickt
man vom Polarstern aus auf die Erde.

Man sieht, je weiter der Satellit im Westen steht, desto niedriger die notwendige Elevation.
Selbst vom Äquator aus gesehen ist es, wie man sieht, nicht möglich, einen Satelliten zu empfangen, der vom Zenit aus gemessen genau auf Position 90° steht. Bereits bei einer Satelliten-

position von 81° Ost und einer geographischen Breite der Bodenstation von 1° (also fast auf Äquator) Länge Bodenstation = 0°, erreicht die Elevation einen in der Praxis unbrauchbaren Wert von +0,2°. Bei 82° Breite ist die Elevation schon −0,7°, der Satellit ist nicht mehr zu sehen. Noch eingeengter wird der Sichtbereich, je weiter wir mit der Empfangsantenne nach Norden gehen. Für die Situation in der Bundesrepublik Deutschland (6° bis 14° Ost und 47° bis 55° Nord) wird im schlimmsten Fall für Satelliten auf 60° West bzw. 80° Ost die Elevation fast zu Null (+0,3°).

Stationslänge	Stationsbreite	Satellitenposition	Elevation
14° Ost	55° Nord	60° West	0,3°
6° Ost	47° Nord	80° Ost	0,3°

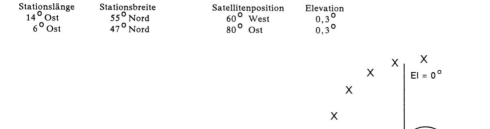

Bild 5.28 Azimut und Elevation zum Satelliten

Der maximale Elevationswinkel wird dann erreicht, wenn ein Satellit genau im Süden steht. Für eine gemeinsame Länge von 12° Ost für Bodenstation und Satellit ergibt sich ein maximaler Elevationswinkel von 35,9° für die Bundesrepublik (siehe Tabelle 5.3).

Tabelle 5.3 Elevationswinkel für verschiedene Breitengrade von Empfangsstationen

Längengrad der Erdfunkstelle	Breitengrad der Erdfunkstelle	Längengrad der Satellitenposition	Elevation in Grad
−12° Ost	47° Nord	−12° Ost	35,9
−12° Ost	52° Nord	−12° Ost	30,5
−12° Ost	55° Nord	−12° Ost	27,2

Damit ergeben sich die in Tabelle 5.4 gezeigten Grenzwerte für die Einstellung von Azimut und Elevation für Deutschland:

Tabelle 5.4 Azimut- und Elevationswinkel als Funktion der Position der Erdfunkstelle (alle Angaben in Grad)

Längengrad der Satellitenposition	Azimut in Grad	Elevation in Grad	Längengrad der Erdfunkstelle	Breitengrad der Erdfunkstelle
60° West	256,8	0,3	14° Ost	55° Nord
80° Ost	103,2	0,3	6° Ost	55° Nord
12° Ost	180,0	27,2	12° Ost	55° Nord
12° Ost	180,0	35,9	12° Ost	47° Nord

Die Antennen müssen also über einen Azimut von 103,2° bis 256,8°, in der Elevation von 0° bis ca. 36° einstellbar sein, um alle denkbaren Satellitenpositionen von Deutschland aus sehen zu können. Dieser große Einstellbereich ist mit einer Azimut-Elevationshalterung nur schwer zu realisieren.

5.4.3.1 Die Azimut-Elevationshalterung

Die Azimut-Elevationshalterung, in der amerikanischen Literatur "AZ-EL-Mount" genannt, ist sehr einfach zu verstehen. Man richtet die Antenne auf den Satelliten aus, indem man erst die richtige Elevation (mit Hilfe eines Neigungsmessers, siehe Bild 7.2 – 7.7) einstellt und dann die Antenne um die vertikale Achse dreht, bis der Azimut stimmt (siehe Bild 5.29).

Man kann mit dieser Halterung sehr leicht nicht ebene Aufstellflächen kompensieren. Deshalb findet sie in den USA z.B. für Caravans und *"Motor Homes"* Verwendung.

Es gibt keinen Nachführfehler wie bei der polaren Montierung; jeder Satellit kann optimal eingestellt werden. Da jedoch jede Satellitenposition neben dem verschiedenen Azimut auch eine unterschiedliche Elevation der Erdfunkstellenantenne erfordert, müssen Azimut *und* Elevation nachgestellt werden. Deshalb sind ein komplexer Steuerungsmechanismus und eine aufwendige Elektronik nötig. AZ–EL–Montierungen sind gewöhnlich stabiler als polare, und so werden sie für größere Antennen und kommerzielle Systeme verwendet.

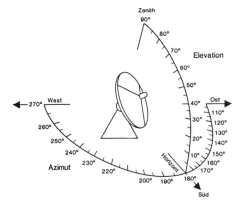

Bild 5.29 Geometrie der AZ–EL–Montierung

Die Ausrichtung einer großen Antenne mit polarer Montierung genau in Nord–Südrichtung kann ziemlich mühsam sein. Viele der neuen Antennensysteme werden jedoch mit polarer Halterung versehen.

5.4.3.2 Die polare Halterung

Die polare Halterung wurde unter dem Namen 'parallaktische Montierung' für die Astronomie entwickelt. Mit der parallaktischen Montierung ist es möglich, ein Teleskop entsprechend der täglichen scheinbaren Bewegung der Sterne infolge der Erdrotation durch ein System von zwei rechtwinklig aufeinanderstehenden Achsen auf einen Himmelskörper ausgerichtet zu halten, durch Drehen um nur eine Achse. Diese sog. Polachse ist parallel zur Erdachse ausgerichtet und zeigt so auf den Himmelspol (siehe Bild 5.30).

Der Winkel, den die Polachse mit der Horizontalen bildet, ist gleich der geographischen Breite des Aufstellungsortes. Die rechtwinklig zur Polachse stehende zweite Achse bezeichnet man als Deklinationsachse; sie liegt parallel zum Äquator. Mit ihr kann man dann auf bestimmte Sternen– oder Satellitengürtel einstellen /10,11,12/.

Für eine Stadt auf der Breite von 52° muß die Polachse unter einem Winkel installiert werden, der dieser Breite entspricht, also auch 52° beträgt, gemessen vom Horizont aus nach oben (s. Bild 5.31). Am Äquator ist die Breite "0°". Dort ist auch der Polachsenwinkel "0°" und die Antenne schaut genau nach oben, auf den Satellitengürtel über dem Äquator.

Für unseren Fall der Ausrichtung auf den geosynchronen Satellitengürtel muß berücksichtigt werden, daß die Satelliten nicht wie Sterne sehr weit entfernt sind, sondern sich "nur" in einer Entfernung von ca. 36.000 km befinden. Der Durchmesser der Erde ist deshalb nicht zu vernachlässigen. Wie aus Bild 5.32 ersichtlich, ist eine Korrektur nötig; sonst würde die Antenne nicht auf die Satelliten zeigen /10/.

Dieser sog. Deklinations–Korrekturwinkel ist wieder abhängig von der geographischen Breite des Aufstellungsortes. Wenn die Antenne um diesen Winkel korrigiert ist, zeigt sie auf

den Satellitengürtel. Je größer die Distanz der Antenne zu diesem Bogen ist, auf dem die Satelliten wie auf einer Perlenschnur aufgereiht sind, desto kleiner der nötige Korrekturwinkel.

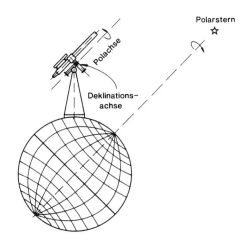

Bild 5.30 Definition von
Polachse und Deklinationsachse
im astronomischen Fall

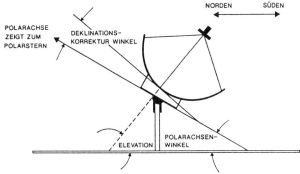

Bild 5.31 Polachse und Deklinationskorrekturwinkel bei Satellitenantennen

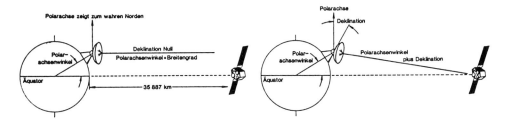

Bild 5.32 Korrektur infolge des endlichen Abstandes der Satelliten von der Erde

Für den geostationären Fall variiert der Winkel von $0°$ am Äquator bis zu über $10°$ in
nördlichen Regionen. Durch die Deklinationseinstellung beschreibt die polare Montierung anstatt eines Kreises eine Ellipse. Der Deklinations-Korrekturwinkel kann durch folgende Beziehung berechnet werden:

$$\text{Deklinationskorrekturwert } D = \frac{R_o \sin B}{5{,}626\ R_o + R_o(1-\cos B)} = \frac{\sin B}{6{,}626\ - \cos B} \quad (5.9)$$

wobei B die geographische Breite der Antenne; $R_0 = 6.378,144$ km der Erdradius und der Abstand der geostationären Bahn von der Erdoberfläche $35.786,36$ km ist. Bei Satellitenempfang wird der Deklinationswinkel auf die Äquatorebene bezogen. Tabelle 5.5 gibt die Korrekturwinkel für verschiedene geographische Breiten an. Geostationäre Satelliten können in Breiten größer als $81°$N oder S schlecht empfangen werden.

Tabelle 5.5 Elevation und Deklinations-Korrekturwinkel für polare Montierung in Grad

Breitengrad der Empfangsantenne	Elevation in Grad	Deklinations-korrektur in Grad	Breitengrad der Empfangsantenne	Elevation in Grad	Deklinations-korrektur in Grad
0	90,0	0,000	34	50,5	5,510
1	88,8	0,178	35	49,3	5,641
2	87,6	0,355	36	48,2	5,770
3	86,5	0,478	37	47,1	5,897
4	85,3	0,710	38	46,0	6,020
5	84,1	0,887	39	44,8	6,142
6	82,9	1,063	40	43,7	6,260
7	81,8	1,239	41	42,6	6,376
8	80,6	1,415	42	41,5	6,489
9	79,4	1,589	43	40,4	6,600
10	78,2	1,763	44	39,3	6,708
11	77,1	1,936	45	38,2	6,813
12	75,9	2,108	46	37,1	6,915
13	74,7	2,279	47	36,0	7,015
14	73,5	2,449	48	34,9	7,112
15	72,4	2,618	49	33,8	7,205
16	71,2	2,786	50	32,7	7,296
17	70,0	2,952	51	31,6	7,385
18	68,9	3,117	52	30,5	7,470
19	67,7	3,280	53	29,4	7,552
20	66,5	3,442	54	28,3	7,632
21	65,4	3,603	56	26,2	7,782
22	64,2	3,761	58	24,0	7,792
23	63,1	3,918	60	21,9	8,047
24	61,9	4,073	62	19,8	8,162
25	60,8	4,226	64	17,7	8,265
26	59,6	4,377	66	15,6	8,357
27	58,5	4,526	68	13,5	8,437
28	57,3	4,674	70	11,5	8,505
29	56,2	4,819	72	9,4	8,562
30	55,0	4,961	74	7,4	8,608
31	53,9	5,102	76	5,3	8,643
32	52,7	5,241	78	3,3	8,666
33	51,6	5,377	80	1,3	8,678

Fast alle Polar–Montierungen, die heute hergestellt werden, sind nur Näherungen an eine wirkliche polare Ausrichtung. Sie verwenden eine Reihe von Unterlegscheiben und einstellbaren Hebeln, um den Nachführfehler klein zu halten. Am Äquator ist der Fall am einfachsten; man muß die polare Montierung nur senkrecht nach oben ausrichten, dann "sieht" man alle sichtbaren Satelliten, indem man die Antenne von links nach rechts um die Stunden-Winkel– oder Pol–Achse rotieren läßt. Weiter nördlich wird das exakte Ausrichten schwieriger, wie schon erwähnt, der Kreis wird zur Ellipse, und die Hersteller wenden viele Modifikationen an, um die Abweichung von der Idealkurve zu minimieren.

Wenn ein Satellit zum Beispiel in der Mitte des Schwenkbereichs der Antenne genau erfaßt wird, werden die Satelliten an beiden Enden des Bereichs und bei korrekter Montage der Antennenhalterung leicht zu hoch stehen. Wenn die Satelliten an den Endpunkten richtig erfaßt werden, wird der mittlere Punkt leicht zu tief stehen. Dieser Fehler beträgt jedoch weniger als $0,1°$und ist damit klein genug für DBS–Empfang.

Bei der Aufstellung muß der Fuß der Antenne exakt senkrecht stehen, die Polachse muß genau in Nord–Südrichtung ausgerichtet und der Winkel so eingestellt werden, daß die Polachse zum Polarstern zeigt (siehe Bild 5.33). Da wie oben erwähnt, dieser Winkel gleich dem Breitengrad ist, kann man durch Verwenden eines Inklinometers und eines Kompasses die Einstellung auch bei bedecktem Himmel und tagsüber vornehmen. Es muß dann nur noch die Deklinationskorrektur angebracht werden. Die drei notwendigen Einstellungen Nord–Süd–

Ausrichtung, Polachsenwinkel und Deklinationskorrektur werden am besten vorgenommen, wenn die Antenne bei der höchsten Position und auf der Mitte des Satellitenbogens steht.

Die Nord–Süd–Ausrichtung kann mit Hilfe eines Kompasses durchgeführt werden. Dabei muß mit Hilfe von Karten mit Angabe der magnetischen Mißweisung (siehe Bild 7.8) oder von ICAO–Fliegerkarten die Korrektur auf wahre Nordrichtung durchgeführt werden.

Eine weitere Methode, die wahre N–Richtung zu finden, ist die Ausrichtung auf den Polarstern. Der Polarstern ist der erste Deichselstern des kleinen Wagens. Man findet ihn, wie in Bild 5.33 gezeigt, indem man die Distanz der beiden hinteren Sterne des großen Wagens fünfmal verlängert, in der Richtung, die diese vorgeben. Der Himmelsnordpol liegt in der Nähe des Polarsternes; mit für unsere Zwecke ausreichender Genauigkeit kann man die Antenne nach dem Polarstern ausrichten. Diese Ausrichtung hat den Nachteil, daß sie nur nachts durchgeführt werden kann.

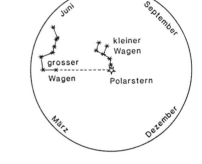

Bild 5.33 Sternkarte zur Auffindung des Polarsterns

In der südlichen Hemisphäre kann man das Kreuz des Südens in ähnlicher Weise zur Anzeige der wahren Südrichtung benutzen. Anstatt die Einstellung selbst nachts durchzuführen, kann man auch den Kompaß mit Hilfe des Polarsterns kalibrieren und so die wahre Nordrichtung feststellen.

Eine weitere Methode, die wahre Nord– oder Südrichtung festzustellen, benutzt die Sonne. Da der Schatten zur Zeit des örtlichen Mittags genau nach Norden (auf der nördlichen Halbkugel) weist, muß man nur wissen, wann genau der örtliche Mittag ist. Um den örtlichen Mittag zu bestimmen, muß man z.B. aus der Zeitung den Zeitpunkt des örtlichen Sonnenauf- und –untergangs entnehmen und die Zeitspanne halbieren. Die Daten für Sonnenauf- und –untergang können z.B. auch aus nautischen Almanachs entnommen werden /13/. Oft ist dabei der Mittagsdurchgang für Greenwich angegeben, und es muß für die örtliche Breite eine Korrektur angebracht werden. Der Schatten eines vertikalen Stabs weist zur Mittagszeit genau nach Norden /14/.

Der Polachsenwinkel wird auf den Winkel der geographischen Breite des Empfangsortes eingestellt. Die meisten Antennen haben Flächen, an denen man ein Inklinometer anlegen kann. Auch Anpeilen des Polarsterns ist möglich zur Bestimmung des Winkels. Die Deklinationskorrektur wird auch mit einem Inklinometer gemessen. Der Deklinations–Korrekturwinkel wird als Differenz zwischen den Meßwerten auf dem Hauptteil der Montierung und einer flachen Stelle, auf der Rückseite der Antenne, bestimmt (Bild 5.31). Wenn keine flache Stelle auf der Antennenrückseite ist, kann man auch ein Brett über die Antennenvorderseite legen, von Rand zu Rand, und die Messung dort durchführen. Dies geht jedoch nur bei zentralgespeisten Antennen. Bei Offset–gespeisten Antennen muß der Winkel berechnet werden.

Die meisten Nachführprobleme sind auf eine falsche Nord–Süd–Ausrichtung zurückzuführen. Aber auch bei Fehlern der Einstellung von Polwinkeln oder Deklinationskorrektur wird es schwierig sein, die beiden Halbkreise des Satellitengürtels und der Antennen–Nachführungskurve zur Deckung zu bringen. Bild 5.34 zeigt typische Fehler und ihre Ursachen, die bei der polaren Antennen–Montierung auftreten können /10/.

Bei einem Empfang von linear polarisierten Sendungen muß man beachten, daß für Satelliten auf verschiedenen Positionen andere Polarisationsrichtungen gelten (siehe Tab. 10.3). Ebenso wird durch die Nachführung der Antenne auf einer Ellipse die Polarisation der

Antenne selbst mitverdreht. Es ist deshalb empfehlenswert, in diesem Falle einen Polarotor zur Nachregelung der optimalen Polarisation zu verwenden, oder die ganze Speisung mitzudrehen. Der Polarotor hat ein drehbares Plättchen, mit dem auch zwischen horizontaler und vertikaler Polarisation umgeschaltet werden kann. Bild 5.35 zeigt einen Polarotor. Man erkennt den schwarzen Kasten, der den Drehmagneten enthält. Die Steuerimpulse von 0,8 bis 2,2 ms Dauer werden gewöhnlich einem Kontrollgerät entnommen, das auch die Antennendrehung steuert.

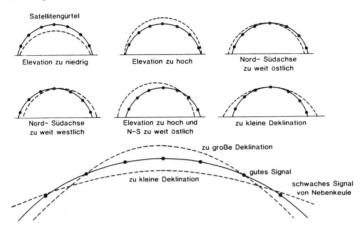

Bild 5.34 Verschiedene Antennen-Nachführfehler und ihre Ursachen

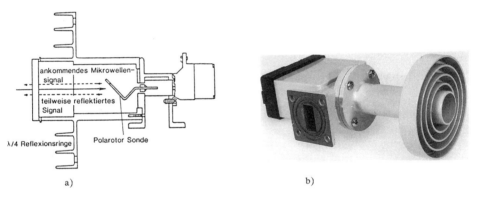

Bild 5.35 Polarotor zur Drehung der Polarisation bei linearer Polarisation, a) schematische Darstellung, b) photographische Ansicht

5.4.3.3 Hybride Halterungssysteme

Bei der hybriden Montierung findet aus Gründen der mechanischen Stabilität (für Antennen über 3 m Durchmesser) und der Einfachheit bzw. preiswerten Mechanik eine Ausrichtung statt, die keine reine Azimut–Elevations–Montierung darstellt. Durch Verstellspindeln mit gekoppelten Schneckengetriebemotoren wird eine Feinausrichtung der Antenne durchgeführt. Dabei wird, wie in Bild 5.36 zu ersehen, mit zwei Motoren verstellt. Je ein Motor wirkt hauptsächlich auf Elevation und Azimut. Jedoch wird durch Betätigen der Azimut–Spindel auch die Elevation verstellt und umgekehrt. Durch Sensoren, die die Stellung der Antenne anzeigen, kann jederzeit eine bestimmte Satellitenposition eingestellt werden. Wichtig sind Endschalter für die Motoren, damit die Spindeln nicht aus den Führungen gefahren oder beim Anschlag die Motoren überlastet werden.

Bild 5.36 Hybride Montierung mit
Spindel 1, die hauptsächlich auf
Elevation wirkt, und 2, mit der
Azimut eingestellt wird

Eine Grobausrichtung der Antenne wird durch entsprechende Aufstellung und durch Zwischenstücke vorgenommen. Bild 5.37 zeigt wieder die Spindeln für Elevation (1) Azimut (2) und ein Zwischenstück (3). Bei dieser Montierung ist es schwierig, mit einer Antennengrundposition alle sichtbaren Satelliten abzudecken. Häufig muß dann die Antennenbefestigung am Boden verändert werden. Vorteil dieser Montierung ist jedoch die hohe Stabilität bei niedrigem Preis auch für größere Antennen.

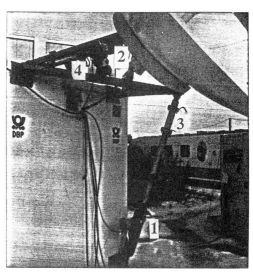

Bild 5.37 Spindeln für Elevation (1),
Azimut (2) und Zwischenstück (3)
zur Grobeinstellung der Antenne,
und Endschalter (4)

5.4.3.4 Elektrische Nachführung der Antenne und Anzeige der Position

Auch bei Az–El–Montierungen verwendet man zur Nachführung zwei getrennte Motoren mit Endabschalter für Azimut und Elevationseinstellung. Bei der hybriden Montierung, die theoretisch mit viel Mühe auch polar aufgestellt werden und dann über einen beschränkten Bereich auf Satelliten mit einem Motor ausgerichtet werden könnte, werden zwei Motoren zur Steuerung verwendet. Motoren und Endschalter sind in Bild 5.37 deutlich zu erkennen.

Für polare Montierungen verwendet man hauptsächlich zwei Arten der elektromagnetischen Nachstellung:

– den linearen Antrieb und den

– Horizont–zu–Horizont–Antrieb.

Beim linearen Antrieb (s. Bild 5.38) wird der Antriebsarm mit einem Ende an der Antennenhalterung und mit dem anderen Ende an der Antenne festgemacht. Der innere Arm kann
mittels eines Elektromotors nach Wunsch herausgeschoben oder eingefahren werden /10,12/.
Der Hebelarmwinkel zwischen Antrieb und Antennenrückseite sollte nicht kleiner als 30°
sein, da sonst der Antrieb zu große Kräfte aufbringen muß. Mit Antrieben dieser Art kann
man gewöhnlich über Winkel bis zu 100° schwenken. Der Horizont–zu–Horizont–Antrieb
(siehe Bild 5.39) wird direkt hinter dem Mittelpunkt der Antenne angebracht; hier geht der
Schwenkbereich von Horizont zu Horizont.

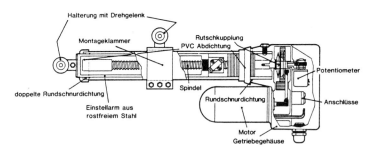

Bild 5.38 Linearantrieb für polare Antennenverstellung (*Linear Actuator*)

a)   b)

Bild 5.39 Horizont-zu-Horizont-Antrieb a) Amerikanisches Modell b) Modell WISI DA 189

Die Position der Antennen wird meist festgestellt, indem man Bewegungszähler verwendet;
dabei wird mit einem rotierenden Rad die Zahl der Umdrehungen des Antriebs gezählt. Die
Zählung erfolgt mittels Potentiometer, Halleffekt–Sensoren, Reed–Schaltern mit dazu
gehörigen rotierenden Magneten oder optischen Zählern. Beim Potentiometer (z.B. 10 Gang,
10 kΩ) besteht die Gefahr, daß sich der Wert des Potentiometers durch Alterung, Staub und
Feuchtigkeit im Gehäuse ändert. Deshalb werden hauptsächlich digitale Pulse gezählt und zur
Positionsbestimmung benutzt.

Ein Halleffekt–Sensor oder ein Reed–Schalter wird nahe einem rotierenden Rad mit z.B. vier Magneten positioniert und gibt so für jede viertel Umdrehung einen Zählimpuls (10 bis 15 Impulse/cm) ab. Diese Pulse werden vom Anzeige–Steuergerät im Haus registriert. Mit einem guten Getriebemotor kann die Bewegung des Antriebes auf weniger als 10 Bogenminuten bestimmt werden. Bild 5.40 zeigt einen Drehzahlsensor mit zwei Endabschaltern für einen Horizont–zu–Horizont–Antrieb.

Bei der optischen Registrierung wird durch Schlitze auf einem rotierenden Rad das Licht einer Quelle unterbrochen und mit einem Photodetektor werden die Pulse registriert. Optische Registrierung kann sehr genau sein (10 bis 30 Impulse/cm).

Wichtig ist bei allen Antrieben, daß sie kein Spiel in den Getrieben haben. Außerdem müssen sie einwandfrei gegen Wasser und Staub abgedichtet werden. Eventuell müssen Löcher vorgesehen sein, durch die das Kondenswasser abfließen kann.

Bei den Anschlüssen sollten Durchführungen mit Silikonkautschuk abgedichtet und eine Schlaufe des Kabels zum Abtropfen des Wassers sollte vorgesehen werden. Etwa 75% der Ausfälle bei Antennenanlagen sind auf die mechanische Nachführung zurückzuführen. Die elektrischen Anschlüße bestehen meist aus zwei Anschlußdrähten für die Motorspannung (z.B. 36V/1–6A Gleichstrom) und drei Anschlüssen für die Positionsrückmeldung (Bild 5.40).

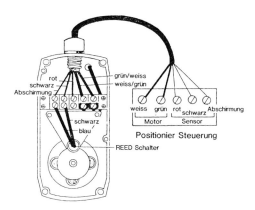

Bild 5.40 Drehzahlsensor mit elektrischen
Anschlüssen für den Nachstellmotor

Diese weiteren Anschlüsse müssen abgeschirmt sein (1x Schirm, 2x Innenleiter), um Störimpulse zu vermeiden. Das zugehörige Steuergerät liefert die Spannung für den Motor und zeigt die Position der Antenne mit Leuchtziffern an. Mit je einer Taste Ost und West kann die Antenne verstellt werden. Wenn die Antenne in die falsche Richtung dreht, müssen die Motoranschlüsse vertauscht werden /10/.

Sowohl für die Motorsteuerung als auch für die Versorgung der LNA und LNC muß die Spannungen absolut erdfrei sein. 36 V können bei gutem Erdkontakt schon eine Gefahr bedeuten. Auch bei niedrigen Spannungen gilt deshalb:

Immer nur mit einer Hand an spannungsführenden Teilen hantieren und die andere in die Tasche stecken!

Die Antenne sollte insgesamt mit einem Erdungsstab geerdet sein und mit einem Fehlerstromschutzschalter sollte sichergestellt werden, daß bei Fehlern die gesamte Spannung abgeschaltet wird. Bei Gewitter sollte sicherheitshalber nicht in der Nähe von Antennen gearbeitet werden.

5.4.3.5 Nachführung der Antennen von großen Erdfunkstellen

Wegen der niedrigen Signalpegel und für eine gute Polarisationsentkopplung sollten Erdfunkstellenantennen ständig genau auf den Satelliten ausgerichtet sein. Für die Ausrichtung gibt es die folgenden Möglichkeiten: manuell, rechnergesteuert, per Step–Track oder voll-

automatisch. Mit Ausnahme der Rechnersteuerung brauchen die anderen Methoden ein Referenzsignal mit möglichst konstantem Pegel. Die Telemetriesignale vom Satelliten zum Boden
müssen im Fernmelde–Frequenzband übertragen werden. Dieser Träger wird als Telemetriebake bezeichnet. Die erforderliche Bandbreite ist schmal. Vom Satelliten wird diese Bake mit
konstanter Leistung gesendet. Die am Boden empfangene Leistung ist fast konstant. Die
Schwankungen kommen von der Lageregelung des Satelliten und unterschiedlichen Dämpfungen in der Atmosphäre. Wegen des beinahe konstanten Leistungspegels und der schmalen
Bandbreite ist die Telemetriebake ein ausgezeichnetes Referenzsignal für die Nachführung.
Das Nachführsystem sollte auch Änderungen der Hauptstrahlrichtung kompensieren können,
die durch mechanische Verformungen aufgrund von ungleichen thermischen Belastungen, Eis
und Windlasten entstehen. In vielen Fällen dürfen sich die Eigenschaften der Antenne selbst
bei Stürmen von 150 km/h und Böen bis zu 200 km/h nur um maximal 1 dB verschlechtern.
Die verschiedenen Methoden der Nachführung sollen im einzelnen diskutiert werden:

- Manuelle Nachführung

    Nachführung per Hand kann nur bei kleinen Antennen angewandt werden, da die
erzielbare Genauigkeit und Wiederholrate ziemlich gering ist.

- Rechnervorprogrammierte Nachführung

    Vorprogrammierte rechnergesteuerte Nachführung beruht ausschließlich auf der Bahnbe-
wegung des Satelliten. Die notwendigen Orbitdaten müssen regelmäßig auf den neuesten Stand
gebracht werden. Fehlausrichtungen wegen mechanischer Verformung können nicht kompensiert werden. Wegen der geringen Leistungsfähigkeit und des hohen Betriebsaufwandes ist
die rechnergesteuerte Nachführung von Step–Track–Systemen verdrängt worden.

- Step–Track Nachführung

    Dabei wird der Empfangssignalpegel kontinuierlich gemessen. In regelmäßigen Abständen
werden mehrere unterschiedliche Antennenpositionen angefahren. Aus den bei diesen Positionen gemessenen Pegeln wird die notwendige Nachführkorrektur berechnet und ausgeführt.
Bei der erstmaligen Ausrichtung sucht das System das Satellitensignal nach dem "Try and
Error-Verfahren". Step–Track–Systeme können nur für Antennen bis etwa 55 dB Empfangs-
gewinn angewendet werden. Statische Verformungen der Antenne können kompensiert werden. Die erzielbare Ausrichtgenauigkeit liegt innerhalb der "−0,5 dB–Kontur" der Antennenkeule. Besondere Aufmerksamkeit muß darauf gerichtet werden, daß das System nicht auf
Nebenkeulen rastet.

- Automatische Nachführung in Echtzeit

    Für die automatische und Echtzeit–Nachführung werden hauptsächlich zwei Systeme ver-
wendet:

* Das Multihornsystem. Dabei werden aus der Kombination der Ausgangssignale von vier oder
  mehr Hörnern die Fehlersignale abgeleitet, und das

* Das Höhere–Moden–System. Hier werden höhere Moden eines Rundhohlleiters benutzt.
  Diese Moden haben keine Signalkomponente in der Hohlleiterachse.

    Das Multihornsystem benutzt die Amplitudendifferenz von zwei Strahlen als Fehlersignal.
Die beiden Strahlen werden von zwei symmetrisch zur Reflektorachse liegenden Hörnern erzeugt. Der Antennenantrieb wird so gesteuert, daß das Fehlersignal null wird. In praxi werden
vier zusammengebündelte Hörner verwendet. Das Fehlersignal im Azimut ist die Differenz
zwischen den Hornpaaren rechts und links, während das Elevationsfehlersignal die Differenz
zwischen den zwei Hornpaaren oben und unten ist. Das Höhere–Moden–System benutzt
einige höhere Moden des Rundhohlleiters, wie den TM01–, TE01–, oder TE21–Mode als
Fehlersignal. Da diese Moden keine Feldkomponente in der Richtung der Hohlleiterachse

haben, hat das Fernfeldstrahlungsdiagramm in der Achse des Strahlungssystems eine Null. Dies fällt genau mit der Richtung des Maximums der Hauptkeule zusammen, die von dem dominanten Mode angeregt wird. Der maximale Gewinn im Kommunikationskanal wird bei einer Ausrichtung der Antenne auf eine Null im Fehlersignal erzielt. Bei beiden Systemen ist die erzielbare Genauigkeit besser als $0,01^\circ$. Mit automatischer Nachführung kann eine nahezu verzögerungsfreie Nachführung erzielt werden.

5.5 Typische Empfangsanlagen

Eine allgemeine Übersicht über Antennen findet sich in Kap. 5.3.1. Hier sollen wesentliche Merkmale dargestellt werden. Bild 5.41 faßt die Haupteigenschaften der Reflektorantennen zusammen /15/.

Antennenform	Flächen-wirkungsgrad	Nebenkeulen-dämpfung	Zirkulare Polarisation	Orthogonale Polarisation
Cassegrain-Antenne 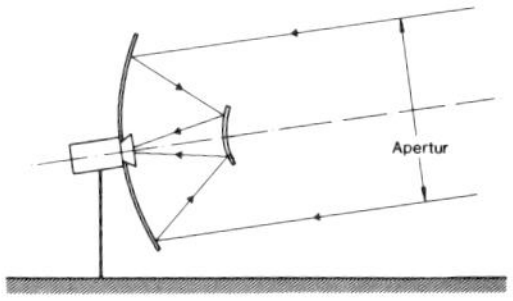	... 70 %	weniger gut	gut	gut
Zentral gespeiste Antenne (Primärfokus) 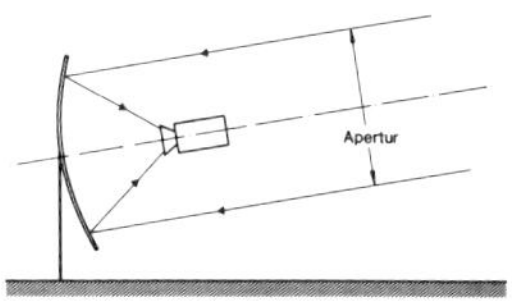	... 60 %	gut	gut	weniger gut
Offset-gespeiste Antenne 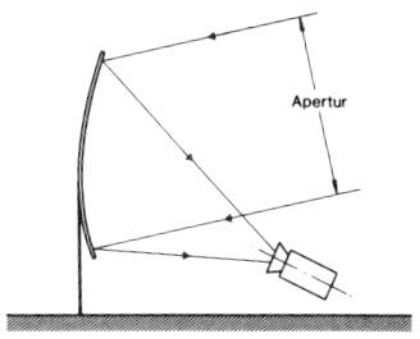	... 65 %	sehr gut	sehr gut	weniger gut
Planare Strip-Line Antenne 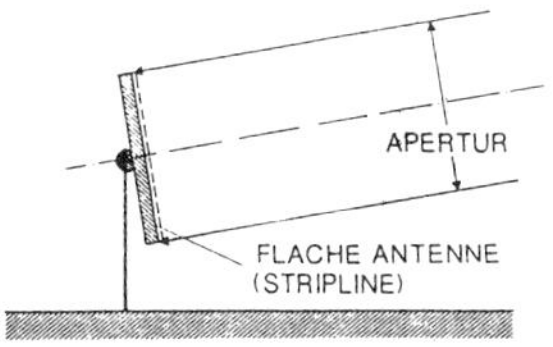	40 ... 80 %	mittel	weniger gut	mittel

Bild 5.41 Reflektorantennen im Vergleich

Die Offset-Antenne hat sehr gute Eigenschaften hinsichtlich Nebenkeulendämpfung (bei zirkularer Polarisation). Sie wird beim TV-SAT-Empfang noch einen wesentlichen Vorteil bringen: die Schüssel steht steiler als zentralgespeiste Antennen, und damit rutscht nasser Schnee aus der Antenne (siehe Kap. 7.7.1). Das Verhältnis Brennweite zu Durchmesser (f/D) ist ein wichtiger Faktor bei der Charakterisierung einer Antenne. Wenn f/D kleiner ist, dann werden die Nebenkeulen niedriger sein bei sonst gleichen Eigenschaften. Das ist deshalb so, weil sich das Speisehorn (*Feed*) mit LNA näher an der reflektierenden Fläche befindet und so besser von der Umgebung abgeschirmt wird (siehe Bild 5.42).

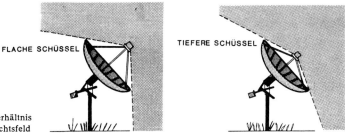

FLACHE SCHÜSSEL   TIEFERE SCHÜSSEL

Bild 5.42 Das Verhältnis
f/D und das Gesichtsfeld

Dies ist wichtig, da über Nebenkeulen insbesondere bei niedriger Elevation Rauschanteile terrestrischer Quellen die Güte der Station verschlechtern. Bild 5.43 zeigt die Abhängigkeit der Antennenrauschtemperatur vom Elevationswinkel und vom Durchmesser der Antenne /16/ (größere Richtwirkung bei größerem Antennendurchmesser).

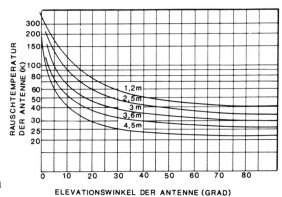

Bild 5.43 Antennenrauschtemperatur
in Abhängigkeit vom Elevationswinkel
(f = 12 GHz)

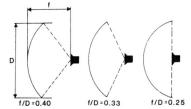

Bild 5.44 Antennen mit verschiedenen
Verhältnissen von Brennweite zu
Antennendurchmesser f/D

Bild 5.44 zeigt Antennen mit verschiedenen f/D-Verhältnissen. Bei einem Wert des f/D von 0,25 ist das Speisehorn auf einer Linie mit dem Reflektorrand. Es wird dann schwieriger, die gesamte Reflektorfläche gleichmäßig auszuleuchten. Zur Vermeidung von Reflexionen zwischen Erregersystem und Reflektor (Antenne) sollte eine Absorberscheibe zwischen dem Flansch des Speisehorns und der Erregerhalterung angeordnet werden. Diese Absorberscheibe besteht aus leitenden elastischen Kunststofffasern. Die so erzielte Verbesserung ist zwar nur gering, aber doch merkbar und wesentlich.

Ab einer bestimmten Größe müssen Antennen der Satellitenbewegung folgen, da sie zu stark bündeln. Der maximale Durchmesser, bis zu dem die Antenne nicht nachgeführt werden muß, ist

$$D = \frac{70° \cdot \lambda}{\theta_{max}} \quad \text{in m} \tag{5.10}$$

wobei θ_{max} die gesamte Winkelabweichung durch Satellitenbewegung und Windlast, etc., und λ die Wellenlänge der empfangenen Signale in m ist (siehe Gl. 5.1).

Für eine Satellitenbewegung von $\pm 0,15°$, d.h. $0,3°$ und $0,1°$ durch Windbelastung, also insgesamt $\theta_{max} = 0,4°$ ergibt sich für 12 GHz ($\lambda = 2,5$ cm) ein Durchmesser von $D = 5,25$ m.

Tabelle 5.6 Parameter der Satelliten von Tabelle 1.4 und einer Empfangsstation (in München)

Satel-lit	Position in Grad	Azimut in Grad	Eleva-tion in Grad	EIRP in dBW	Frequenzbe-reich in GHz	System	Pola-risation	Antennendurchm. für C-N =	
								10dB	14dB
I	27,5 West	227,6	23,2	ca 42	10,95–11,70	PAL	lin.	1,8	2,9
II	60 Ost	126,4	19,8	ca 41	10,95–11,70	PAL	lin.	1,8	2,9
III	13 Ost	178,3	34,7	ca 43	10,95–11,70	div.	lin.	1,4	2,2
IV	10 Ost	182,3	34,7	ca 43	10,95–11,70	div.	lin.	1,4	2,2
V	13 Ost	182,3	34,7	ca 43	10,95–11,70	div.	lin.	1,4	2,2
VI	14 West	212,9	29,4	ca 31	3,65– 3,95	SECAM	RHCP	5,5	8,8
VII	53 Ost	130,3	22,0	ca 42	3,65– 3,95	SECAM	RHCP	1,6	2,5
VIII	5 West	202,0	32,4	ca 48	12,50–12,75	SECAM	zirk.	0,8	1,3
IX	19 West	218,6	27,3	ca 58	11,70–12,10	D2-MAC	RHCP	0,3	0,4
X	19,2 Ost	218,6	27,3	ca 50	11,20–11,45		lin.		
XI	5 Ost	189,6	34,4	ca 50	12,10–12,50	C-MAC	LHCP	0,7	1,0
XII	31 West	231,1	21,3		11,70–12,50	C-MAC	RHCP		
XIII	19 West	218,6	27,3	ca 58	12,10–12,50	D2-MAC	LHCP	0,3	0,4
XIV	19 West	218,6	27,3	ca 60	12,10–12,50	D2-MAC	LHCP	0,2	0,3

Tabelle 5.7 Kenndaten eines Ensembles von Antennen zum Empfang aller Fernsehsatelliten von Tab. 5.6

Nr.	Durchmesser	Polarisation	Frequenzbereich	Systemrauscht.	Azimutbereich	Elevationsbereich
1	0,6 m	zirkular	11,70–12,75 GHz	300 K	0	0°
2	1,2 m	zirkular	11,70–12,75 GHz	180 K	43,5	12,8°
3	1,8 m	linear	10,95–11,70 GHz	180 K	101,2	14,9°
4	1,8 m	zirkular	3,65 – 3,95 GHz	180 K	0	0°

Tabelle 5.8 Trägerrauschverhältnisse für verschiedene Satelliten

	Name	Durchmesser der Empfangsantenne	C-N
I	INTELSAT VA F11	1,8 m	10 dB
II	INTELSAT V F1	1,8 m	10 dB
III	ECS F4	1,8 m	12 dB
IV, V	ECS F2, F3	1,8 m	12 dB
VI	GORIZONT-7		> 10 dB
VII	GORIZONT-9	1,8 m (4 GHz)	11 dB
VIII	TELECOM F2	1,2 m	13 dB
IX	TDF-1	0,6 m	15 dB
X	ASTRA	0,9 m	14 dB
XI	TELE-X	1,2 m	15 dB
XII	UNISAT	1,2 m	14 dB
XIV	OLYMPUS	0,6 m	15 dB
XV	TV-SAT	0,6 m	19 dB
	SUI-SAT	0,6 m	17 dB
	AUT-SAT	0,6 m	17 dB
	GDL	1,2 m	17 dB
	DFS-Kopernikus	0,9 m	17 dB

Die für die Auslegung einer Empfangsanlage notwendigen Parameter wie Satellitenposition, Sendefrequenzen, Fernsehnormen, etc. sind in Tabelle 5.6 aufgelistet (die fortlaufende

Numerierung in der ersten Spalte wurden z.T. von Tabelle 1.4 übernommen). Wie müßte nun eine Anlage aussehen, die alle in der Tabelle aufgeführten Programme empfangen kann? Als erstes betrachten wir den benötigten Antennendurchmesser.

Für seine Berechnung wird eine Systemrauschtemperatur der Empfangsstation von 180 K, eine Verfügbarkeit von 99% und eine Regen–Marge von 0,2 dB angesetzt. Die Regen–Marge ist eine in die Streckenbilanz eingebrachte Reserve, die die Bild- und Tonqualität auch während Regen, Schnee und Hagel gewährleistet, sie ist in der Funkfelddämpfung nicht beinhaltet.

Die zum Empfang aller Satelliten geeignete Station muß also einen Azimutbereich von $105°$, einen Elevationsbereich von $15°$ und einen Frequenzbereich von $3,65 - 3,95$ GHz und $10,95 - 12,75$ GHz mit linearer und zirkularer Polarisation bedienen. Diese Bedingungen können von einer einzelnen Antenne nicht erfüllt werden. Es muß eine Antenne für das C-Band und je eine Antenne für das K_u-Band mit den beiden Polarisationsarten verwendet werden. So wäre eine Lösung für die Fernsehempfangsstation, vier Antennen zu verwenden (siehe Tabelle 5.7).

Die Antennen 2 und 3 müssen mit einer mechanischen Steuerung versehen werden, die die Antennen je nach gewünschtem Fernsehprogramm auf den entsprechenden Azimut- und Elevationswinkel des Satelliten einstellt (siehe Kap. 7.1). Diese Einstellung kann über einen Motor erfolgen, der über ein Getriebe beide Winkel gleichzeitig einstellt. Die Antennen 1 und 4 können fest montiert werden. Aus Tabelle 5.8 ist ersichtlich, mit welcher Antenne und welchem C–N die einzelnen Satelliten empfangen werden können.

5.5.1 Außeneinheit

Die von der Antenne aufgenommene Leistungsflußdichte P_E beträgt

$$P_E = PFD \cdot A_W \quad \text{in W} \tag{5.11}$$

wobei PFD die Leistungsflußdichte ist. Diese PFD liegt beim TV–SAT innerhalb Deutschlands zwischen -100 und -103 dBW/m^2 (für 99% der Zeit des schlechtesten Monats). A_W ist die sog. effektive Wirkfläche der Empfangsantenne. Das Verhältnis von Wirkfläche zu geometrischer Fläche der Antenne ist der Antennenwirkungsgrad; er beträgt ca. 60%. Für einen Antennendurchmesser von 55 cm erhält man

$$A_W = r^2 \cdot \pi \cdot \eta = 0,14 \ \text{m}^2 \tag{5.12}$$
$$A_W = 10 \cdot \log 0,14 = -8,54 \ \text{dBm}^2$$

und die Trägerleistung am Eingang des Konverters beträgt:

$$P_E = P_C = PFD \cdot A_W = -103 \ \text{dBW/m}^2 + (-8,5 \ \text{dBm}^2) = -111,5 \ \text{dBW}.$$

Für den TV–SAT beträgt der FM–Gewinn 17,7 dB. Mit dem Gewinn der Preemphase von 2 dB und der Bewertung von 11,2 dB erhält man für C–$N = 15$ dB ein $(S–R)_{\text{bewertet}}$ von 45,9 dB, was ein gutes Fernsehbild ergibt.

Für ein C–N von 15 dB muß die äquivalente Rauschleistung am Konvertereingang $N_C = -111,5 - 15 = -126,5$ dBW ($-96,5$ dBm) betragen. Die äquivalente Rauschtemperatur T_C beträgt dafür

$$T_C = \frac{N}{k \cdot W} \tag{5.13}$$

wobei $k = 1,38 \cdot 10^{-23}$ Ws/K die Boltzmannkonstante und W die Breite des TV–SAT–Kanals in Hz ($27 \cdot 10^6$, siehe Kap. 3) ist. Damit ist $T_C = 603$ K, und daraus läßt sich die Rauschzahl des Konverters (engl. *Converter*) F_C errechnen (siehe Kap. 2.6.4)

$$F_C = 1 + \frac{T_C}{T_0} \tag{5.14}$$

mit T_0 der Umgebungstemperatur, 293 K, wird $F_C = 1 + 603/293 = 3,06$.

Die Rauschzahl in dB beträgt

$$F_C = 10 \log (F_C) = 4,85 \text{ dB}$$

Für ECS gibt es Konverter mit Rauschzahlen $F_C < 2$ dB, d.h. es ist leicht möglich, einen TV–SAT–Konverter mit $F_C < 4,85$ dB zu realisieren.

Nachdem die Anforderungen an Antenne und Gesamtkonverter behandelt wurden, sollen die weiteren Komponenten im Detail beschrieben werden. Die Polarisationstrennung zwischen zwei orthogonalen links– und rechtszirkular polarisierten Signalen hängt ab von

– den Kreuzpolarisationseigenschaften der Antenne;
– der Symmetrie der Hohlleiter vor dem Polarisator;
– der Isolation von Polarisator und Polarisationsweiche.

Die Polarisationsentkopplung sollte nach *WARC'77* 35 dB betragen. Bis zum Polarisator muß der Hohlleiterquerschnitt streng symmetrisch sein, also z.B. rund oder quadratisch. Jede Abweichung führt zu einer Verringerung der Polarisationstrennung.

5.5.1.1 Baugruppen

Polarisator

Im Polarisator durchlaufen die beiden orthogonalen zirkularen Wellenanteile eine bestimmte Länge eines Hohlleiters, in dem durch ein Dielektrikum (Glimmerplättchen, Teflon– oder Polyäthylen–Folie) oder durch Veränderungen des Querschnittes des Hohlleiters zwei orthogonale Wellenanteile erzeugt werden. Die Funktion des Polarisators ist umkehrbar, er kann also auch zur Wandlung von linear polarisierten Wellen in zirkulare verwendet werden (siehe Kap. 5.4.3.2).

Das sog. Achsenverhältnis (*axial ratio = ar*) der Polarisationsellipse gibt die Abweichung von der exakten Zirkularität an, z.B. $ar = 1$ dB. Man kann statt dessen auch die Isolation von der orthogonalen Polarisation angeben, z.B. 25 dB. An der Möglichkeit direkt zirkulare in lineare Polarisation umzuwandeln wird gearbeitet.

Hohlleiterfilter

Das folgende Hohlleiterfilter dient zur Ausblendung von Störungen durch Sender auf benachbarten Frequenzen. Dieses Tschebyscheff–Filter muß exakt eingestellt werden und kann im allgemeinen nur beim Hersteller abgeglichen werden. Solche Filter haben für den 11 GHz–Bereich eine typische Durchgangsdämpfung von 0,3 dB bei einer Sperrdämpfung von 60 dB bei 10,5 GHz, sowie von >24 dB bei 12 GHz. Die Reflexionsdämpfung beträgt mehr als 20 dB. Da die zirkular–polarisierte Welle bei der Reflexion ihren Drehsinn umkehrt, müssen beim SHF–Konverter Reflexionen peinlichst vermieden werden.

Polarisationsweiche

Die anschließende Polarisationsweiche hat am Eingang noch den symmetrischen Querschnitt des Polarisators. In ihr werden die beiden, nun linear polarisierten, 111 Signale getrennt und über zwei Rechteckhohlleiter den entsprechenden Verstärkern zugeführt.

Rauscharmer Vorverstärker

Der Vorverstärker bestimmt sehr wesentlich die Rauscheigenschaft des Konverters. Bei der Serienschaltung einzelner Stufen beträgt die Gesamtverstärkung

$$g_S = g_1 \cdot g_2 \cdot g_3 \qquad\qquad (5.15)$$

wobei g_n die Verstärkung der einzelnen Stufen ist.

Die Gesamtrauschzahl beträgt dann für ein System aus Vorverstärker, Mischer und ZF–Verstärker, also 3 Stufen

$$f_S = f_1 + \frac{f_2 - 1}{g_1} + \frac{f_3 - 1}{g_1 \cdot g_2} + \ldots \tag{5.16}$$

Dabei ist f_1 die Rauschzahl des Vorverstärkers, f_2 die Rauschzahl des Mischers, f_3 die Rauschzahl des ZF–Verstärkers, g_1 die Verstärkung des Vorverstärkers, g_2 die Verstärkung des Mischers (eigentlich Dämpfung).

Aus dieser Gleichung sieht man, daß darin die Rauschzahl einer weiteren Stufe jeweils mit einem um die Verstärkung der vorangehenden Stufe reduzierten Wert eingeht. Bei der dritten Stufe wird die Rauschzahl um das Produkt der Gewinne der vorhergehenden Stufen reduziert. Deshalb hat die Rauschzahl und Verstärkung der ersten Stufe die entscheidende Bedeutung für die Rauschzahl des Gesamtsystems. Für die rauscharmen Vorverstärker werden für TV–SAT–Konverter vorwiegend Galliumarsenid–Feldeffekttransistoren (GaAs–FET) verwendet. Je Transistorstufe sind etwa 10 dB Verstärkung bei einer Rauschzahl von ca. 2dB realisierbar /17/.

Die Schaltung wird in Streifenleitertechnik aufgebaut. Als Basismaterial wird Teflon oder Keramik verwendet, da herkömmliche Epoxid–Materialien bei den hohen Frequenzen zu große Verluste aufweisen.

Spiegelfrequenzfilter

Das DBS–Frequenzband von 11,7 – 12,5 GHz wird mit der Lokaloszillatorfrequenz von 10,75 GHz gemischt. Dabei erhält man mit

$$f_{ZF_1} = f_N - f_{osz} = 11,7 - 10,75 \text{ GHz bzw. } 12,5 - 10,75 \text{ GHz} \tag{5.17}$$

eine Ausgangsfrequenz von 0,95 – 1,75 GHz als erste Zwischenfrequenz. Frequenzen aus dem Spiegelband f_{sp} zwischen 9,0 GHz und 9,8 GHz fallen jedoch in dasselbe Zwischenfrequenzband nach

$$\begin{aligned} f_{ZF} &= f_{osz} - f_{sp} = 10,75 - 9,0 \text{ GHz} = 1,75 \text{ GHz} \\ &= 10,75 - 9,8 \text{ GHz} = 0,95 \text{ GHz}. \end{aligned} \tag{5.18}$$

Um die Sender in dem Frequenzbereich 9,0 – 9,8 GHz, die stören können, auszublenden, verwendet man ein Spiegelfrequenzfilter, für das relativ geringe Flankensteilheit genügt, und das nur den Frequenzbereich der DBS durchläßt. Ein weiterer erwünschter Effekt ist, daß das Rauschen des Vorverstärkers außerhalb des Nutzsignalbereiches unterdrückt wird.

Mischer

In der Mischerstufe, die auf das Filter folgt, werden meist Dioden als Mischer verwendet. Dabei wird die nichtlineare Kennlinie von Dioden zur Bildung von Mischprodukten benutzt. Es können jedoch auch GaAs–FET mit zwei Gate–Elektroden, wobei einem Gate das Oszillatorsignal und dem anderen das Nutzsignal zugeführt wird, verwendet werden. Das Mischprodukt im Bereich der 1. ZF wird über einen Tiefpaß dem ZF–Verstärker zugeführt.

Lokaloszillator

Das für die Abwärtsmischung des Eingangssignales benötigte Lokaloszillatorsignal wird mit einem GaAs–FET–Oszillator erzeugt. Wichtig ist bei diesem Oszillator, der im Freien einer großen Umgebungstemperaturschwankung von ca. −40 bis +60 °C ausgesetzt ist, die Frequenzkonstanz. Die automatische Frequenznachregelung wirkt nur in einem bestimmten Bereich, deshalb muß die Frequenz konstant gehalten werden. Dies geschieht mit einem dielektrischen Resonator (*Dielectric Resonant Oscillator*, DRO). Der DRO besteht aus Bariumtitanat und hat eine ähnliche Funktion wie der Quarz bei konventionellen Schaltungen; er arbeitet nur bei erheblich höheren Frequenzen im GHz–Bereich. Der DRO schwingt bei TV–SAT–Empfang auf einer Frequenz von 10,75 GHz (10,0 GHz bei Kommunikationssatelliten). Der Temperaturkoeffizient eines DRO beträgt $1,8 \cdot 10^{-6}$/K, Quarze haben Temperaturkoeffizienten von ca. $50 \cdot 10^{-6}$/K. Die Frequenz von DRO kann leicht eingestellt werden, indem man dem DRO–Zylinder eine Abstimmplatte nähert oder entfernt. Das zeigt aber auch, daß an die mechanische Stabilität der Oszillatoren besondere Anforderungen zu stellen sind. Bild 6.6 zeigt einen Lokaloszillator mit DRO, der als getrenntes Bauteil ausgeführt ist; man erkennt deutlich den DRO–Zylinder.

ZF–Verstärker

Im ZF–Verstärker werden meist bipolare Transistoren verwendet. Da die vorangehenden Mischer und das Spiegelfrequenzfilter keine Verstärkung, sondern eine Dämpfung aufweisen, geht auch die Rauschzahl des ZF–Verstärkers noch in die Rauschzahl des Gesamtkonverters ein (siehe Gl. 5.15). Die Verstärkung beträgt ca. 30 bis 40 dB. Rauschzahlen kleiner als 2 dB sind in diesem Frequenzbereich jedoch leicht zu verifizieren. Für TV–SAT–Konverter sind Rauschzahlen von 3 bis 4 dB durchaus ausreichend. Deshalb können solche Konverter billiger als für Kommunikations– oder Medium–Power–Satelliten sein.

5.5.1.2 Einkabelkonverter für ASTRA

Bisher haben die zur TV–Übertragung verwendeten Satelliten je Polarisationsrichtung eine Bandbreite von etwa 800 MHz belegt (siehe ECS–4– bzw. INTELSAT VA–Frequenzplan). Es ist nicht möglich, diese beiden Polarisationen so umzusetzen, daß sie über ein Kabel zum TV–Gerät kommen. Hierfür wäre eine Bandbreite von mindestens 1600 MHz nötig. Es stehen jedoch nur 1750 – 950, also 800 MHz insgesamt zur Verfügung (s. Bild 5.46). Deshalb wird normalerweise für jede Polarisationsrichtung ein Kabel, also insgesamt zwei Kabel, nötig sein.

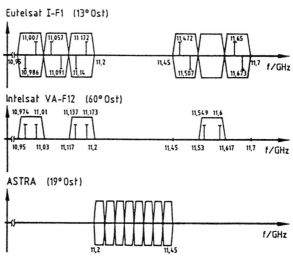

Bild 5.45 Frequenzbänder von ECS–4, INTELSAT VA und ASTRA

Der Satellit ASTRA verwendet jedoch, wie in Bild 5.45 angedeutet, zwei unterschiedliche, linear polarisierte Frequenzbänder von jeweils 250 MHz Breite. Es ist also möglich, wenn man nur an ASTRA–Empfang denkt, beide Frequenzbänder auf einem Kabel gemeinsam zum

Fernsehgerät zu bringen. Bild 5.47 zeigt einen solchen Einkabelkonverter zum Empfang von zwei Polarisationsrichtungen /23/.

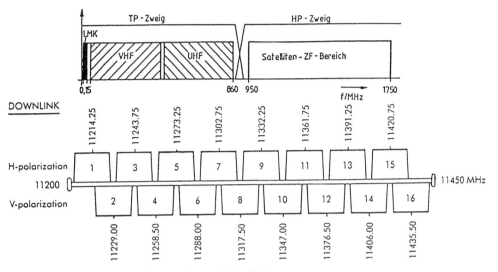

Bild 5.46 Frequenzlage in Satelliten- und terrestrischen Bändern

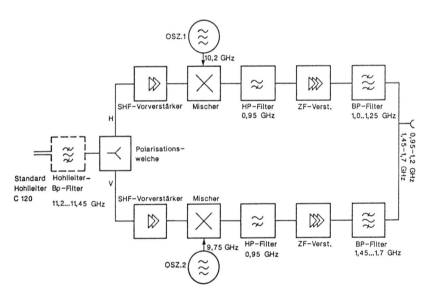

Bild 5.47 Blockschaltbild eines Einkabelkonverters für ASTRA

Es wird ein Frequenzversatz der zweiten Polarisationsrichtung durchgeführt durch Verwendung von zwei Lokaloszillatoren. Die Wahl der Oszillatorfrequenz ist wichtig, da über die Polarisationsweichen die jeweils andere Oszillatorfrequenz am Eingang des anderen Konverters liegt und am Ausgang der Konverter Mischprodukte auftreten können. Diese können bei gemeinsamer Verteilung von Satelliten- und terrestrischen Signalen auf einem Kabel evtl. in den VHF-UHF-Bereich fallen und zu erheblichen Störungen führen. Deshalb ist am ZF-Ausgang eine wirksame Filterung vorzusehen.

5.5.1.3 Zukünftige Entwicklungen

Welche Grenzen für die Rauschzahlen von Satellitenempfangskonvertern sinnvoll sind, erkennt man aus folgender Überlegung /17/: Die Größe einer DBS-Antenne sollte aus Gründen der Trennung von Signalen auf benachbarten Satellitenpositionen etwa 30 cm nicht unterschreiten. Damit erhält man eine Rauschtemperatur des Konverters von ca. 100 bis 150 K, was einer Rauschzahl von 1,3 bis 1,8 dB als untere Grenze entspricht. Die Grenze wird also hierbei durch den Antennendurchmesser bestimmt.

Der Markt für DBS-Empfangsstationen wird künftig so groß sein, daß es sich lohnen wird, DBS-Konverter als monolithisch integrierte Schaltung in Galliumarsenid-Technik zu realisieren. Bei den weltweit zu erwartenden Stückzahlen kann man davon ausgehen, daß diese Entwicklung nicht zu lange auf sich warten läßt, wenn erst eine gewisse Anzahl von Satelliten im Orbit ist.

Bauanleitungen sowohl für die Außeneinheit als auch für Satellitenempfänger sind bereits in einer Reihe von Zeitschriften erschienen. Während FM-Demodulation und Basisbandaufbereitung kaum Probleme bereiten, erfordert der 12 GHz-Konverter einerseits einen gewissen Meßgerätepark und andererseits auch einschlägige Erfahrung /18,19,20,21,22/.

5.5.2 Inneneinheit – Satellitenempfänger

Auf die speziellen Verfahren zur Verteilung der Signale wird in Kap. 5.6.1 bis 5.6.3 (Einzel- und Gemeinschaftsanlagen) eingegangen. Dabei soll zunächst der Satellitenempfänger besprochen werden. Hierzu werden erst die Anforderungen an den Empfänger diskutiert und dann die technischen Details erläutert.

5.5.2.1 Anforderungen an den Satellitenempfänger

Die Aufzählung der Anforderungen soll helfen, den richtigen Empfänger für die spezielle Anwendung zu finden.

Es ist wichtig, daß für entsprechenden Frequenzen eine ausreichende Zahl von Programmspeichern vorhanden ist. Wenn man bedenkt, daß ASTRA allein 16 TV-Programme, DFS-KOPERNIKUS bis zu 20 ausstrahlen wird, und wenn man TV-SAT, TDF, ECS berücksichtigt, dann sollten mindestens 30 Stationsspeicher vorhanden sein. Für die einzelnen Programme sollten gewählte Parameter wie ZF-Bandbreite (16 – 25 MHz), Deemphase (50 bis 75 μs oder J17), Tonunterträgerfrequenzen (von 5,8 MHz bis 7,56 MHz) automatisch mitgespeichert und umgeschaltet werden, sonst wird der Programmwechsel zum Problem (siehe Tab. 7.7).

Ebenso sollte die möglicherweise unterschiedliche Polarisation durch Anwahl des entsprechenden Eingangs (2-Kabel Version) oder Umschalten eines Relais in der Außeneinheit mit umgeschaltet werden. Die Parameter der Sendungen zeigt die Übersichtstabelle 7.7.

Falls eine Ausrichtung auf andere Satellitenpositionen erwünscht ist (z.B. mit *polar mount*), dann sollte entweder der Empfänger selbst die entsprechenden Daten für die Ausrichtung speichern oder es sollte möglich sein, ein Gerät mit Positionierer nachzurüsten, der das kann (wie z.B. beim Grundig STR 201 PLUS vorgesehen).

Der Empfänger soll eine Fernspeisung der Außeneinheit (15 – 18V) ermöglichen. Weiter soll darauf geachtet werden, daß ein D2-MAC-Decoder angeschlossen werden kann. Das Gerät sollte zumindest mit zusätzlichem Decoder in der Lage sein, Stereosendungen zu empfangen.

Ein UHF-Modulator hilft, wenn ältere TV-Geräte ohne AV-Eingang an den Satellitenempfänger angeschlossen werden sollen. Für die Abstimmung des Empfängers sollte ein PLL-Synthesizer Verwendung finden, um eine ausreichende Frequenzkonstanz zu sichern. Ferner sollte der Empfänger eine abschaltbare Klemmung des Verwischungssignals haben, da manche Descrambler-Schaltungen ein ungeklemmtes Signal benötigen.

Die Ausgänge müssen genormt sein und möglichst DIN-AV, EURO-AV (SCART) oder BNC-Stecker haben.

Bild 5.48 Satellitenempfänger
STR 201 PLUS mit Positionier-
Gerät für polare Halterung

Falls ein Polarotor verwendet wird, sollte der Empfänger noch ein entsprechendes TTL–Signal abgeben können.

Manche Empfänger (z.B. Grundig STR 201 PLUS; siehe Bild 5.48) liefern auch feste Pegel für die Polarisations– und Antennenumschaltung z.B.:

0 V	Spiegel 1	>	horizontal	3 V	Spiegel 1	>	vertikal
6 V	Spiegel 2	>	horizontal	9 V	Spiegel 2	>	vertikal

In den Empfänger kann auch eine Diebstahlsicherung für die Außeneinheit eingebaut werden, die z.B. anspricht, wenn der Versorgungsstrom für den Konverter oder eine Ruhestromschleife unterbrochen wird /13, S. 87/.

Da die Entwicklung neuer Geräte mit steigendem Angebot von Satellitenprogrammen sehr dynamisch verläuft, scheint es wenig sinnvoll, im Rahmen eines Buches eine Liste von Geräten anzugeben die gegenwärtig auf dem Markt sind. Insbesondere ist zu erwarten, daß in Bälde (sobald die Satelliten verfügbar sind), die Tuner von TV–Geräten auch auf die 1. ZF von 950 – 1750 MHz abgestimmt werden können, und FM–Bild– sowie Ton–Demulator im Fernsehgerät integriert werden.

5.5.2.2 Schaltungstechnik eines Satellitenempfängers

Bild 5.49 zeigt das Blockschaltbild eines typischen Satellitenempfängers. Aus Gründen der Frequenzstabilität wird ein PLL–Synthesizer–Tuner verwendet. Der Tuner sollte rauscharm sein, da das Eingangssignal oft durch die hohe Dämpfung der Kabel bei der 1. ZF sehr niedrig ist. Ein Eingangspegel von ca. 40 dBμV sollte nicht unterschritten werden. Die Zwischenfrequenz beträgt bei vielen Empfängern 480 MHz. Wesentlicher ist, daß die ZF–Bandbreite umgeschaltet werden kann. Schaltstufen zwischen 15 und 25 MHz sind üblich. Bei Empfang von Sendungen mit schlechtem Trägerrauschverhältnis $C–N$ kann das Videobild bei Reduzierung der Bandbreite merklich verbessert werden. Man erkennt daran, daß insbesondere die Zahl der "Fischchen" (das sind kleine, längliche Störmuster), die nahe der FM–Schwelle auftreten (siehe Kap. 2.1, 3.1.1 und 3.1.2), deutlich reduziert wird. Erkaufen muß man sich diese Verbesserung durch stärkere (aber subjektiv weniger unangenehme) Störungen in den nicht sehr häufigen Bildstellen mit stark gesättigten Farben.

Der FM–Demodulator kann als Koinzidenzdemodulator (d.h. z.B. mit SL 1452 von PLESSEY) oder als PLL–Decoder (z.B. mit SL 1451 von PLESSEY) ausgebildet sein. Im Fall des PLL–Demodulators kann bei Betrieb in der Nähe der FM–Schwelle das Bild bei stark gesättigter Farbe degradiert sein. Dies resultiert aus der nun nicht ausreichenden Verstärkung der PLL–Schleife bei der Frequenz des PAL–Farbträgers von 4,43 MHz. Ein Farbartfilter in der PLL–Schleife kann den Empfang etwas verbessern /7/.

Eine automatische Verstärkungsregelung sorgt für konstante Basisbandausgangsspannung von 1V ss unabhängig vom Frequenzhub des empfangenen Signales.

Nach dem FM–Demodulator kommt die entsprechende Deemphase, die auf Werte von 50 μs, 75 μs und J17–Charakteristik umschaltbar sein sollte (siehe Tab. 7.7). Vor der

Deemphase sollte ein Ausgang für einen D2–MAC–Decoder vorhanden sein. D2–MAC hat ja eine andere Deemphase als PAL (siehe Kap. 3.1.1, Bild 3.9 und Kap. 3.3, Bild 3.24)

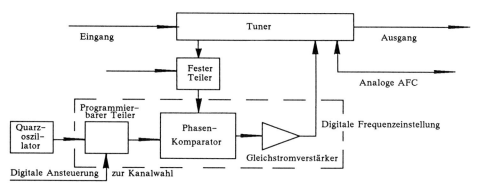

Bild 5.49 Blockschaltbild eines Satellitenempfängers; Architektur eines digitalen *Phase-Locked Loop*

Verfolgen wir zunächst den Weg des Bildsignales weiter, so folgt auf die Deemphase eine Tonfalle, die den entsprechenden Tonträgern von 5,8 bis 7,56 MHz angepaßt werden muß.

Es folgt eine Klemmschaltung, mit der das 25 Hz Dreiecksignal der Energieverwischung, das mit der Halbbildfrequenz gekoppelt ist, entfernt wird. Das Verwischungssignal dient, wie in Kap. 3.4 erläutert, zur Vermeidung von Störungen in terrestrischen Richtfunknetzen durch einzelne Spektrallinien eines TV–Bildes, die sonst vor allem bei fehlendem Bildinhalt oder Testbildern auftreten könnten. Die Klemmung sollte, wie schon erwähnt, abschaltbar sein; durch einen Ausgangsverstärker kann das Videosignal entweder direkt aus DIN–AV–Buchsen oder am EURO–AV–Stecker abgenommen werden. Es kann aber auch zusammen mit dem Tonsignal nach einem UHF–Modulator dem HF–Eingang eines Fernsehgerätes zugeführt werden.

Wenden wir uns zurück zum demodulierten Signal nach der Deemphase. Von diesem Punkt wird das Tonsignal über einen Hochpaß einem Mischer zugeführt, dessen Lokaloszillator so abgestimmt wird, daß zusammen mit dem entsprechenden Tonträger zwischen 5,8 und 7,56 MHz sich eine konstante ZF–Frequenz von z.B. 10,7 MHz ergibt (LO–Frequenz variiert dann z.B. von 16,5 MHz bis 18,26 MHz). Über das ZF–Filter und eine Begrenzerstufe gelangt das Signal zum FM–Tondemodulator (z.B. Quadratur FM–Demodulator TBA 1205). Nach entsprechender Deemphase (wiederum z.B. schaltbar für 50 µs, 75 µs oder europäische Norm J17) wird das Signal über Pufferverstärker den DIN– oder EURO AV–Buchsen zugeführt oder auch dem UHF–Modulator. Eine Marktübersicht von Satellitenempfängern enthält /3/. Weitere Überlegungen für Heimempfänger beschreibt M. Ohler /24/.

Eine komplette Auflistung der Frequenzen der 1. ZF enthält Anhang V.

5.6 Einteilung der Empfangsanlagen

Empfangsanlagen werden unterteilt in solche für Kommunikationssatelliten und solche für Direktempfangssatelliten. Diese beiden Typen unterscheiden sich natürlicherweise durch die Größe der Antenne. Ein weiterer Unterschied ist, daß für Kommunikationssatelliten im K_u–Band lineare Polarisation und für DBS zirkulare Polarisation verwendet wird (Ausnahmen bilden hier ASTRA und DFS, die als *Medium Power*–Kommunikationssatelliten auch lineare Polarisation zur Verteilung von Fernsehprogrammen verwenden).

Ein sehr wichtiges Unterscheidungsmerkmal ist, ob die Empfangsanlage zum Einzel– oder Gemeinschaftsempfang dienen soll. Für Einzelempfang von TV–SAT ist z.B. eine Antenne mit 55 cm Durchmesser innerhalb Deutschlands ausreichend, während für Gemeinschaftsempfangsanlagen Antennen von 0,85 bis 1,2 m, für Kabelkopfstationen vielleicht sogar 1,8 m Durchmesser verwendet werden. Die Güte der Empfangsstation soll für TV–SAT–Empfang betragen

bei Einzelempfang   G–T $\geq$ 6 dBi/K
bei Gemeinschaftsempfang   G–T $\geq$ 14 dBi/K.

Die Merkmale der verschiedenen Empfangsanlagen werden im folgenden, nach ihrem Einsatzgebiet eingeteilt, beschrieben, mit Schwerpunkt auf dem Empfang von DBS.

5.6.1 Einzelempfangsanlagen

Über das, was man als Einzelempfangsanlage zu betrachten hat, findet man in der Literatur z.T. recht unterschiedliche Meinungen, da man selbst im Einfamilienhaus inzwischen den Wunsch hat, nicht nur eines, sondern mehrere TV–Geräte anzuschließen und dementsprechend die Technik variiert. Häufig ist eine Kombination der Empfangsanlage für terrestrischen und Satellitenempfang erwünscht. Meist wird die bestehende Kabel–Anlage nicht für den Bereich der 1. ZF für Satellitenempfang (950 – 1750 MHz) geeignet sein. In diesem Fall muß ein zusätzliches Kabel (für zwei Polarisationen zwei) von der Satellitenempfangsantenne zum TV–Empfänger installiert werden. Es gibt auch Vorschläge, selbst für Einzelempfang TV–Kanal–Aufbereitungsanlagen zu verwenden und im Bereich 47 – 860 MHz die Verteilung der TV–Programme vorzunehmen /25/.

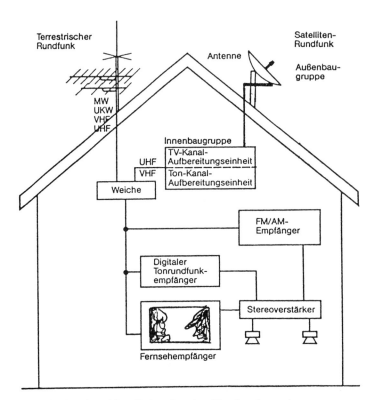

Bild 5.50 Prinzip und Installationsplan einer Einzelempfangsanlage

Diese Verteilung ist mit geringem Aufwand verbunden (siehe Bild 5.50), solange nur wenig Programme umgesetzt werden sollen, erfordert aber bei der Umsetzung pro Programm einen Umsetzer. Der Aufwand steigt also schnell an. Bild 5.50 zeigt auch, daß ein zusätzlicher Konverter 1. ZF/118 MHz für den digitalen Hörfunk nötig ist (oder ein Empfänger mit einem Eingang bei der 1. ZF) /26, 27/ .

Im allgemeinen ist diese Lösung bei Einzelempfangsanlagen nicht rentabel.

Man verwendet entweder einen Doppelkonverter für zwei Polarisationen oder schaltet die Polarisationsweichen elektrisch um. Wahrscheinlich wird die preisliche Entwicklung es ermöglichen, auch bei Einzelempfangsanlagen mit Doppelkonvertern für beide Polarisationen zu arbeiten.

In einer Innenbaugruppe oder in einem speziellen TV–Empfänger werden die Satellitensignale in der Frequenz selektiert und FM–demoduliert.

Durch die Verwendung einer Polar–Mount–Nachführung ist es möglich, mehrere Satelliten mit einer Antenne zu empfangen, solange gleiche Polarisationsart (zirkular oder linear) und dasselbe Frequenzband verwendet werden. Ein Merkmal der Einzelempfangsanlage ist es also auch, daß meist nicht alle verfügbaren Satellitenprogramme gleichzeitig zur Verfügung stehen, sondern daß eine Einigung im Familienkreis zumindest über den zu empfangenden Satelliten nötig ist. Es scheint kaum denkbar, daß für die verschiedenen Satellitenpositionen von DFS, INTELSAT, ASTRA, ECS, TV–SAT, etc. auf einem Einzelhaus jeweils eine Antenne montiert wird.

Da im allgemeinen kurze Leitungen und nur wenig Anschlüsse nötig sind, kommt man bei Einzelempfangsanlagen mit dem kleinsten Antennendurchmesser aus. Er kann für DBS–Empfang zwischen 40 und 90 cm betragen. Damit sind die geforderten Güten von ≥ 6 dBi/K erreichbar.

5.6.2 Gemeinschaftsempfangsanlagen

Bei Gemeinschaftsempfangsanlagen wird der Aufwand an Geräten finanziell verteilt auf die Gesamtteilnehmer. Deshalb wird ein größerer technischer Aufwand vertretbar.

Eine Vielzahl von Satellitenprogrammen muß gleichzeitig zur Auswahl stehen. Das erfordert mehrere Umsetzerstufen bzw. Demodulatoren, entsprechend der Zahl der zu verteilenden TV–Programme.

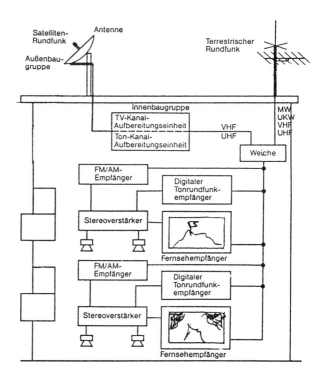

Bild 5.51 Satellitenempfangsanlage für Gemeinschaftsempfang

Wenn mehrere Satelliten empfangen werden sollen, ist eine entsprechende Anzahl von Antennen vorzusehen. Auch die Programme in verschiedenen Polarisationen müssen durch Doppelkonverter gleichzeitig angeboten werden.

Das Prinzip einer Gemeinschaftsempfangsanlage zeigt Bild 5.51.

Für den Empfang von digitalem Hörfunk werden getrennte Umsetzer von der 1. ZF auf 118 MHz verwendet. Sie sind inzwischen von mehreren Antennenbaufirmen erhältlich /25, 26/. D2-MAC-Signale werden nach einer FM-Demodulation in Restseitenbandmodulation ins Hyperband von 300 - 450 MHz umgesetzt oder nach Decodierung in PAL recodiert und ins VHF-Band umgesetzt.

Die terrestrischen TV-Signale werden im VHF-Bereich, wie gewohnt, zusätzlich eingespeist. Die zusätzlichen Verluste durch Verteilung und Umsetzung erfordern eine höhere Empfangsgüte von 14 dBi/K bei Gemeinschaftsempfang. Die Empfangsantennendurchmesser werden deshalb auch für DBS-Empfang zwischen 90 und 120 cm liegen.

5.6.3 Großgemeinschaftsempfangsanlagen

Für Großgemeinschaftsempfangsanlagen gilt das bereits unter 5.6.2 gesagte. Da sie z.T. von der Deutschen Bundespost betrieben werden, gelten hierfür bez. der Qualität besondere Maßstäbe. Insbesondere ist die nötige Empfangsgüte höher, da auch nach vielfacher Umsetzung und Verstärkung die Qualität des Empfangs noch sehr gut sein soll. Umsetzung von PAL-codierten TV-Programmen ins VHF-Band und von D2-MAC-Programmen ins Hyperband ist selbstverständlich, ebenso die Einspeisung des digitalen Hörfunks bei 118 ± 7 MHz. Um die erforderlichen Qualitätsstandards zu erreichen, werden auch DBS-Antennen für Großgemeinschaftsantennenanlagen Durchmesser bis zu 1,8 m haben.

5.7 Hochfrequenz-Verbindungen

Die Hochfrequenz-Verbindungen bestehen aus:

- Hohlleiterverbindung zwischen Sendeverstärkerausgang und Antennenspeisesystemeingang einschließlich Redundanzschalter, Multiplexer für hohe Leistungen (falls aufgrund der Erdfunkstellenauslegung erforderlich) und Versorgung mit trockener Luft;

- Hohlleiter- oder Koaxkabelverbindung zwischen Ausgang des rauscharmen Vorverstärkers und dem Eingang des Leistungsteilers einschließlich der evtl. notwendigen Breitbandverstärker.

Die Hohlleiterverbindungen müssen für minimale Verluste ausgelegt werden. Da die Leitungsverluste im Hohlleiter beträchtlich sind (0,5 bis 1,0 dB/m), muß dessen Länge auf ein Minimum reduziert werden. Der Sender muß so nahe wie möglich bei der Antenne aufgestellt werden. Im allgemeinen wird ein größerer Schwenkbereich der Antenne verlangt. Bei einer starren Verbindung von Hohlleiter und Antenne muß die Verbindung vor jedem Schwenken geöffnet und nachher wiederhergestellt werden. Eine solche Vorgehensweise ist bei kontinuierlichem Betrieb nicht möglich. Auch der Einbau von flexiblen Hohlleitern an der Verbindungsstelle erlaubt nur einen sehr begrenzten Schwenkbereich. Für diese Probleme gibt es zwei Lösungen: entweder Drehverbindungen oder von der Antennenstellung unabhängige, feststehende Speisesysteme.

Je nach Auslegung der Erdfunkstelle kann eine Signalkombinierung hinter dem Sendeverstärkerausgang erforderlich sein. In diesem Falle werden entweder Filtermultiplexer oder Multiplexer mit variablem Kombinationsverhältnis verwendet. Die Filtermultiplexer erlauben die Kombination von mehreren Eingängen bei niedrigen Verlusten (< 1 dB). Bei Frequenzänderungen muß jedoch das Multiplexernetzwerk neu abgeglichen werden. Diese Arbeit dauert lange und erfordert erfahrenes Personal. Multiplexer mit variablem Kombinationsverhältnis lassen Frequenzänderungen über einen weiten Frequenzbereich zu. Diese Multiplexer können jedoch nur zwei Eingänge kombinieren. Die Leitungsverluste hängen dabei vom gewählten Pfad ab. Bei einem ist die Dämpfung geringer als 1 dB, während sie beim anderen mehr als

3 dB beträgt. Müssen mehrere Sendeverstärkerausgänge kombiniert werden, so müssen auch mehrere Multiplexer in Serie geschaltet werden. Dadurch können beträchtliche Dämpfungen auftreten, die durch eine erhöhte Ausgangsleistung der Sendeverstärker ausgeglichen werden müssen.

Für die Verbindung zwischen rauscharmen Vorverstärkern und Leistungsteilern können Koaxkabel oder Hohlleiter verwendet werden. Die Wahl ergibt sich aus einer Optimierung der Parameter Verluste, Preis, zusätzlicher Verstärker und Auswirkungen auf die Bilanz des gesamten Rauschens. Verstärker mit ausreichender Verstärkung und Bandbreite sind ab Lager zu relativ niedrigem Preis erhältlich. In Hohlleitersystemen kann Feuchtigkeit Korrosion verursachen und damit die Verluste erhöhen. Als Vorsichtsmaßnahme werden Hohlleiter-systeme mit trockener Luft bei Überdruck betrieben, um Eindringen von Feuchtigkeit aus der Umgebung zu verhindern.

5.8 Kabel, Stecker und Antennensteckdosen

5.8.1 Kabel

Für DBS–Anwendungen kommen nur Koaxialkabel in Frage. Es ist eine breite Palette von Kabeln verfügbar, die sich in der Art des Dielektrikums und der Abschirmung unterscheiden. Es gibt Kabel mit konventionellen festen Dielektrika, solchen aus Schaum oder Luft, und Kabel mit einer Wendel aus Dielektrika. Das Dielektrikum ist häufig Polypropylen oder Poly-äthylenschaum.

Die Abschirmung besteht aus einer oder zwei Lagen von Geflecht, die um das Dielektrikum gewickelt sind. Der Außenleiter kann auch aus einem flexiblen Mantel aus Aluminium oder Kupfer bestehen, um Störeinstrahlung und Verluste zu verringern. Der Grad der Abschirmung ist gekennzeichnet durch den Prozentsatz der Oberfläche des Isolators, der abgeschirmt wird. Typisch ist ein Wert von 70%. Wenn Störeinstrahlung auf gleichen Frequenzen wie das Nutzsignal erwartet wird, sollten doppelt geschirmte Kabel oder Kabel mit Mantel verwendet werden. Bild 5.52 zeigt verschiedene Ausführungsformen.

Kabel mit Dielektrikum aus Schaum haben niedrigere Verluste als konventionelle Kabel mit festem Dielektrikum. Konventionelle Kabel, häufig unter Verwendung von doppelter Abschirmung, werden bei Frequenzen bis 300 oder in Zukunft 450 MHz verwendet.

Bild 5.52 Kabelabschirmung durch verschieden gestaltete Außenleiter; a) doppelt geschirmtes Kabel (RG214/U), b) Aluminium-Außenleiter (Kabel 3, 8/17,3A), c) gewellter Kupferaußen-leiter (Kabel 3,2 / 12K)

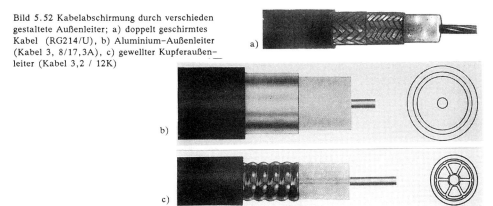

Wenn ohne weitere Umsetzung eine direkte Zuführung der Signale von der Außeneinheit auf der 1. ZF von 950 – 1750 MHz zur Inneneinheit für Einzelempfang nötig ist, bedarf es aufwendigerer Kabel mit Schaumdielektrium oder einem gewendelten Dielektrikum, die weniger Verluste bei hohen Frequenzen besitzen (siehe Bild 5.53). Es gibt sog. "semi-rigid" Mikrowellenkabel oder auch flexible, sehr teuere Kabel (DM 1000.–/m) und sog. SMA-Stecker für 12 GHz. Die Dämpfung auch dieser teueren Kabel ist so hoch, daß man nur wenige Meter damit überbrücken und dies – in kommerziellen Anlagen – auch erst nach Vorverstärkung des 12 GHz–Signales in einem LNA. Bei DBS–Anwendungen wird ausschließlich eine Umsetzung direkt am Speisehorn auf die 1. ZF durchgeführt.

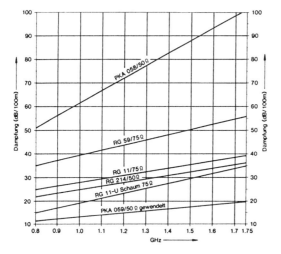

Bild 5.53 Kabeldämpfung in Abhängigkeit von der Frequenz

Kabel werden vor allem unterschieden durch ihre Impedanz und die Signaldämpfung, die gewöhnlich in dB/100 m angegeben wird. Hauptsächlich verwendete Impedanzen sind 50 Ω und 75 Ω. Wichtig ist, daß die Anschlüsse am Ende der Kabel gleich der Kabelimpedanz sind, da sonst ein Teil der Leistung in das Kabel zurückreflektiert wird und dann eine hohe Welligkeit (*ripple*) dem Signal überlagert wird. Hierbei gibt das sog. Stehwellenverhältnis an, welcher Anteil eines Signales reflektiert wird. Bei optimaler Anpassung treten keine Reflexionen auf, und das Stehwellenverhältnis ist 1. Tabelle 5.10 zeigt den Zusammenhang zwischen Stehwellenverhältnis, reflektierter Signalleistung und Übertragungsverlusten auf.

Das Stehwellenverhältnis charakterisiert auch Verluste an Speisehörnern und Vorverstärkern, ebenso wie an Steckern. Die Verluste in Kabeln (in Dezibel Signalabschwächung pro Kabellänge) steigen mit zunehmender Frequenz für jedes bestimmte Kabel. Bild 5.53 zeigt die Verluste in verschiedenen Kabeln in dB/100m in Abhängigkeit von der Frequenz.

Tabelle 5.10   Stehwellenverhältnis und Übertragungsverluste

Stehwellenverhältnis	Reflektierte Signalleistung in %	Übertragungsverluste in dB
1,0	0,0	0,00
1,1	0,2	0,01
1,2	0,9	0,03
1,3	1,6	0,07
1,5	4,0	0,18
2,0	11,0	0,50

Ein Verlust von 3 dB bedeutet die Halbierung der Leistung. Dieses Diagramm zeigt die Wichtigkeit der Auswahl des richtigen Kabels. Während die Kabel PKA 058, RG–59–U und RG–6 nur für Verteilung niedrigerer Frequenzen geeignet sind, müssen wegen der größeren Dämpfung vor allem bei höheren Frequenzen Kabel mit Schaumdielektrikum (RG59–U9100), RG6–U, RG–11U) oder mit Dielektriumwendel (PKA 059) verwendet werden. Außer dem Kabel müssen auch die passenden Stecker ausgewählt werden (siehe Kap. 7.2). Tabelle 5.11

zeigt typische Kennwerte für gebräuchliche Koaxialkabel. Sie gibt die Verluste für RG11, RG11U, PKA058, PKA059, RG59, RG214 und das Flexwell–Kabel HF 7/8" CU 24 an. Das Flexwell–Kabel ist ein relativ teures Kabel, das aber hervorragende elektrische Werte hat. Es ist vor allem dann zu verwenden, wenn bei Frequenzen um 1 GHz relativ große Entfernungen überwunden werden müssen. Das Flexwell–Kabel weist ein Kupferrohr als Innenleiter, eine Dielektrikum–Wendel als Isolation und einen gewellten Kupferaußenleiter auf (s. Bild 5.54).

Tabelle 5.11 Kennwerte gebräuchlicher Koaxialkabel

Kabeltyp	Signalverluste in dB/100 m bei							Impedanz in Ω
	100 MHz	270 MHz	500 MHz	770 MHz	950 MHz	1450 MHz	46 Hz	
PKA 058	15	23,5	36	50	59	85		50
RG–59	11,15	19,5	27	34	40	50		75
RG–11	7,6	13	18	24	27	35		75
RG 214	7,0	12	18	21	24	31		50
RG–11U	--	--	--	13,5	18,5	28,5	--	75
Schaumtyp PKA059								
Wendel– dielektr.	4,4	6,0	8.0	11,0	12,5	17,5	--	50
FLEXWELL	1,1	1,5	2,70	3,50	4,0	4,5	--	50 + 75

Kabel mit Dielektrikum aus Schaum sind nicht so stabil wie konventionelle Kabel. Wenn diese Kabel zu stark gebogen werden, kann das zu Degradationen führen. Gewöhnlich wird ein minimaler Biegeradius von ca. 5 Kabeldurchmessern empfohlen. Es sollten stets die speziellen Kabelspezifikationen eingehalten werden. Beim Flexwell–Kabel darf z.B. ein minimaler Biegeradius von 9 cm nicht unterschritten werden.

Bild 5.54 Aufbau eines Flexwell–
Kabels (HF8/22 Cu 2Y–50 Ω)

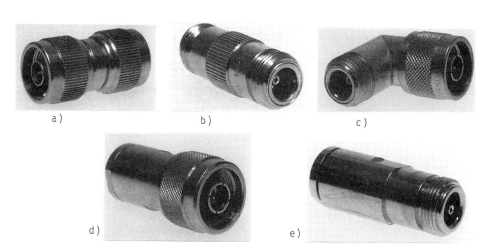

a)   b)   c)

d)   e)

Bild 5.55 Verschiedene N–Steckverbindungen; a) Kupplung Weibchen–Weibchen, b) Kupplung Männchen–Männchen, c) Winkelkupplung Männchen–Weibchen, d) Stecker Weibchen, e) Stecker Männchen

5.8.2 Stecker

Die verbreitetsten Stecker für Satelliten–Empfangsanlagen sind N–Stecker und F–Stecker. BNC–Stecker werden nur für niedrigere Frequenzen im Bereich bis 100 MHz eingesetzt. N–Stecker werden für die Verbindungskabel zwischen Vorverstärker und Downconverter verwendet, sowie (bei höheren Ansprüchen) für die Verbindung zwischen Außeneinheiten und Demodulatoren. N–Stecker sind je nach Qualität der Stecker bis 15 GHz einsetzbar. Vorsicht ist geboten bei Winkelsteckern, die oft hohe Dämpfungen haben. Die Stecker sollten gut versilbert sein. Beim Innenleiter ist eine Lötverbindung der Crimp–Verbindung vorzuziehen. Eine schlechte Steckverbindung kann schlimmere Degradation des Signals zur Folge haben als ein schlecht ausgewähltes Kabel. Bild 5.55 zeigt verschiedene N–Stecker. Ein N–Stecker wird, wie in Bild 5.56 gezeigt, montiert /10/.

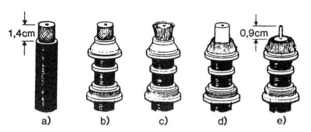

Bild 5.56 Montage eines N–Steckers

Die Isolation wird um 1,4 cm ($\hat{=}$ 9/16 Zoll) zurückgeschnitten (a), dann wird das Gewindestück, der Gummiring und das konische Teil auf das Kabel geschoben (b). Das Abschirmgeflecht wird entflochten (c) und außen über das konische Stück geschoben (d); dann wird das Dielek– trikum auf eine Länge von 0,9 cm ($\hat{=}$ 3/8 Zoll) entfernt (e) und der Innenkontakt mit dem Innenleiter verlötet (nicht zuviel Lötzinn verwenden). Anschließend wird das Steckeraußenteil aufgeschoben und mit dem Gewindestück befestigt. Wenn man Kabel mit Adaptern verbindet, sollte man diese Verbindung mit Silikongummi wetterfest abdichten oder einen Schrumpfschlauch aufbringen. Kabel für hohe Frequenzen sollten nie gespleißt werden, da es sehr schwer ist, keine elektrischen Stoßstellen zu bekommen.

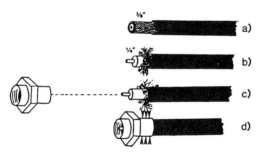

Bild 5.57 Montage von F–Steckern

F–Stecker werden häufig bei Kabeln zwischen Downconverter und dem TV–Demodulator verwendet. Es gibt F–Stecker, bei denen der Stecker auf die umgeklappte Abschirmung geschraubt wird. Diese Verbindung ist nicht sehr stabil und auch nicht wetterfest. Eine Crimp–Verbindung, wie in Bild 5.57 gezeigt, ist vorzuziehen. Dabei sollte auch eine richtige Crimp–Zange Verwendung finden.

Es wird die Isolierung um ca. 0,9 cm ($\hat{=}$ 3/8 Zoll) gekürzt (a), dann wird das Dielektrikum auf eine Länge von 0,6 cm entfernt (b). Die Abschirmung wird zurückgeschoben (c) und der Stecker voll auf das Kabel gesteckt (d). Sodann wird an der angegebenen Stelle der Ring des Steckers mit dem Crimp–Werkzeug zusammengedrückt. Da der Mittelkontakt des Steckers vom Innenleiter des Kabels gebildet wird, muß man diesen vor der Montage blank und sauber machen /16/.

5.8.3 Antennensteckdosen

Für Satellitendirektempfang in der ersten ZF von 950 – 1750MHz, den Empfang von digitalem Hörfunk und das Hyperband von 300 MHz bis 450 MHz wurden neue Antennensteckdosentypen entwickelt. Im Rahmen dieses Buches kann infolge der Typenvielfalt (für Einzel–, Gemeinschaftsempfang, Steckdosen, Verteildosen) nicht auf die Typen im einzelnen eingegangen werden. Es soll hingewiesen werden, worauf man in den Firmenprospekten achten soll.
Wichtig bei den Dosen sind Übertragungsfrequenzbereiche, das Schirmungsmaß der Dosen und die Entkopplung zwischen zwei Steckdosen (z.B. TV–TV > 40dB). Das Schirmungsmaß der Dosen sollte folgende Werte erreichen:

$$30 - 470 \text{ MHz} > 75 \text{ dB}$$
$$470 - 862 \text{ MHz} > 70 \text{ dB}$$
$$950 - 1750 \text{ MHz} > 50 \text{ dB}$$

Selbst in einfachen Anlagen sollten nach Möglichkeit Dosen mit Richtkopplern eingesetzt werden. Auf den Dosen mit Richtkopplern ist beim Anschluß der Kabel auf die durch Pfeile angegebene Richtung des Signalflusses unbedingt zu achten.
Soll digitaler Satellitenhörfunk empfangen werden, so müssen in vielen Fällen alte Dosen ausgewechselt werden, da in dem Bereich von 111 – 125 MHz früher durch Weichen der UKW–Bereich vom Fernsehbereich getrennt wurde und deshalb weder am Rundfunk– noch am TV–Ausgang dieser Bereich ungedämpft ausgekoppelt ist. Neuere Dosen sehen meist die Möglichkeit vor, sowohl am Rundfunk– als auch am TV–Ausgang, digitale Empfänger anzuschließen. Zum Empfang von TV–Sendungen aus dem Kabel im neuen Hyperband sollten die Dosen bis zu Frequenzen von 470 MHz tauglich sein.
Für Satelliteneinzelempfang muß die erste ZF von 950 – 1750 MHz verteilt werden. Hierfür sind neben dämpfungsarmen Kabeln auch Dosen nötig, die für diesen Frequenzbereich geeignet sind /23,28/. Hierbei muß auch darauf geachtet werden, daß in vielen Fällen die Außeneinheit vom Satellitenempfänger mit Gleichstrom versorgt wird und manchmal die Polarisation oder Antenne umgeschaltet werden soll. In diesen Fällen müssen Dosen verwendet werden, die eine Gleichstromübertragung ermöglichen.

ACHTUNG: Zum Abschluß von Stammleitungen, in denen Gleichstrom zur Fernsteuerung oder Fernspeisung übertragen wird, müssen Abschlußwiderstände mit Trennkondensatoren verwendet werden, sonst bricht u.U. die Gleichspannung durch die zusätzliche Last (bei 12 V ca. 160 mA über 75 Ω) zusammen.

Wichtig bei der Montage: TV :   Stift–Anschluß;
RADIO: Buchsenanschluß!

5.9 Schrifttum

/1/ Boggel, G.: Satellitenrundfunk, Empfangstechnik für Hör– und Fernsehrundfunk im Aufbau und Betrieb. Hüthig, Heidelberg: 1986

/2/ Holzstiege, R.:TV–Satellitenempfang für Praktiker. Funk–Technik 40(1985), H.5, S.185

/3/ Krieg: Satelliten–Fernsehen, wenig Theorie, viel Praxis. Elektor Verlag, 1987, S. 96

/4/ Im Blickpunkt: Flache Satellitenantennen. Elektor, Juni 1987

/5/ Flache Gruppenantennen für den DBS–Empfang. Tagungsbericht Nr. 1/86, Institut für Rundfunktechnik, München

/6/ A Steerable Flat–Plate Antenna. BBC–Engineering, IBC'88, September 1988

/7/ Jones, R.: Flattening the Dish Theory. Satellite and Cable Television News, Juni 1984/Mai 1984/April 1984/August 1984

/8/ The Mawzones Sheet Antenna. Data Sheet. Mawzones, Ashwell/Baldock, England, 1988

/9/ Mielke, W.: Satelliten–TV–Antennen, Planar kontra Parabol. Funkschau, 11/1988.

/10/ Baylin, F., Gale, B.: Ku–Band Satellite TV – Theory, Installation, and Repair. 2nd Ed., ISBN 091789–06–9, Baylin/Gale–Production, 1983

/11/ Foreman, L.: Großer Bär und kleiner Winkel. ELRAD 1987, Heft 1, S. 20

/12/ Foreman, L.: Vierkant–Rohr und Niro–Schrauben. ELRAD 1987, Heft 2, S. 58

/13/ Macmillan and Silk Cut Nautical Almanach 1987

/14/ SKIPPER 86, Le Manuel Du Plaisancier, Seite 257

/15/ Liesenkötter, B.: 12 GHz–Satellitenempfang. Heidelberg: Hüthig 1988

/16/ Baylin, F., Gale, B.: Free Home Satellite TV Installation & Trouble Shooting Manual. Baylin/Gale–Productions, 1986

/17/ Prentiss, S.: Satellite Communications. Tab Books, Blue Ridge Summit, USA, S. 166

/18/ Mielke, W.: Aufbau und Funktion von TV–SAT–Empfangsstationen. TV–SAT Fernseh– und Rundfunk–Satelliten–Empfang, Band 237, Kontakt und Studium Nachrichten-technik, Expert Verlag, Esslingen, 1987

/19/ Toussaint, J.: RDS – Reception d'Emission TV Relayees par Satellite. Elektor, Sept. 1986, S. 38

/20/ Terborgh, J., und R. v.: R–SAT Teil 1. Elektor, Nov. 1986, S. 26

/21/ Terborgh, J., und R. v.: R–SAT Teil 2. Elektor, Nov. 1986, S. 51

/22/ Foreman, L.: ELSAT–1 ELRAD–01/86, S. 28; ELSAT–2 ELRAD–02/86, S. 46; ELSAT–3 ELRAD–03/86, S. 39; ELSAT–4 ELRAD–04/86, S. 52; ELSAT–5 ELRAD–05/86, S. 24; ELSAT–6 ELRAD–06/86, S. 47; ELSAT–ELRAD–10/86, S. 52;

/23/ Rother, P.: Antennen– und Empfangstechnik für geostationäre Fernseh–Satelliten. Kongreßband TELEMATICA'88, S. 474, Verlag Reinhard Fischer

/24/ Ohler, M.: Heimempfänger für Satelliten–Fernsehen "TV–SAT". Band 237, Expert Verlag, 1987, S. 95

/25/ Orbit: Empfangsantenne für Direktstrahlende Satelliten von WISI. Broschüre 10/02/ 1986/81–835–ST

/26/ Empfangsumsetzer für Digitalen Hörfunk Typ UFO 40, Datenblatt, Kathrein, 19.8.1988

/27/ Empfangsumsetzer der Fa. FUBA; siehe Datenblatt

/28/ Resch, C.: Die neue Antennensteckdosengeneration GAD200. FUBA Spiegel 1/87, S. 16

6 Technologie der Empfangsanlagen

6.1 Beschreibung typischer Bauelemente

6.1.1 Transistoren für den SHF–Bereich

Für den Heimempfang sind heute preiswerte Empfangskonverter mit HEMT–Elementen verfügbar, deren Rauschzahlen bei ca. 1 dB liegen. Die Paramps der klassischen Satelliten-technik sind damit abgelöst; infolge ihrer größeren Komplexität (Pumposzillator, etc.) wird diese Ablösung durch Transistoren zu einer Erhöhung der Betriebszuverlässigkeit führen.

Die Entwicklung der Transistortechnologie auf diesem Gebiet seit 1977 kann man als dramatisch bezeichnen. Zum Zeitpunkt der WARC'77 hätte niemand zu hoffen gewagt, daß diese niedrigen Rauschzahlen so schnell erzielbar wären. Diese 'Revolution' hat signifikante Rückwirkung bis hin zur Satellitenauslegung: es ist heute möglich, mit wesentlich niedrigeren Satellitensendeleistungen zu arbeiten (siehe DFS, ASTRA etc.).

6.1.2 Galliumarsenid–Feldeffekttransistoren

Silizium–Transistoren werden bis zu Frequenzen von etwa 4 GHz verwendet. Die relativ geringe Elektronenbeweglichkeit in Silizium erlaubt oberhalb dieser Frequenz weder hohe Verstärkung noch gute Rauschzahlen.

Galliumarsenid (GaAs) hat eine ca. sechsfach höhere Elektronenbeweglichkeit als Silizium. GaAs zählt zu den sogenannten AIII/BV–Verbindungen und ist, wie Silizium oder Germanium, ein Halbleiter. Der große Bandabstand des GaAs erlaubt Betrieb bei hohen Umgebungstemperaturen. GaAs–Strukturen weisen geringe parasitäre Kapazitäten auf und erlauben deswegen auch den Betrieb bei hohen Frequenzen /1/.

Mit GaAs können Feldeffekttransistoren (FET) mit Schottky–Gate, sog. MESFET, hergestellt werden, die bei Frequenzen um 12 GHz hohe Verstärkung und geringes Rauschen aufweisen. Diese FET sind selbstleitend, also vom "Verarmungs–Typ" (*depletion mode*).

Bild 6.1 zeigt den prinzipiellen Aufbau eines GaAs–FET. Die Verstärkung und auch die Rauschzahl ist umgekehrt proportional zur Kanallänge L. Bei 12 GHz sind Längen von 1 μm typisch, auch 0,5 μm–Typen und 0,25 μm–Typen werden hergestellt. Dabei muß darauf geachtet werden, daß die Gatebreite l nicht zu klein wird, da sonst der Bahnwiderstand unzulässig hoch wird.

Die Breite der Transistoren W beträgt bei Kleinsignaltransistoren 50 – 100 μm. Die Steilheit (Verstärkung) sowie die Ein– bzw. Ausgangswiderstände und die maximale Verlustleistung der GaAs–FET steigen proportional mit W. Damit ergeben sich lange Gate–Strukturen, die man durch Parallelschalten mehrerer kleiner Transistor–Strukturen vermeiden kann.

Zur Reduzierung der Zahl der Verbindungen auf dem Transistorchip werden alternierende Strukturen verwendet, wie etwa

$$S - G - D - G - S - G - D$$
$$\diagdown \quad \diagup \diagdown \quad \diagup \diagdown \quad \diagup$$
$$T_1 \quad T_2 \quad T_3$$

Hier sind also drei Transistoren T1, T2 und T3 parallel geschaltet (S = *Source*; G = *Gate*; D = *Drain*). Bild 6.2 zeigt eine solche Struktur, realisiert auf einem Mikrowellenverstärker /2/. Neben Rauschzahl und Verstärkung ist noch die Anpassung an die Impedanzen der Schaltung wichtig, um keine Reflexionen zu bekommen. Dabei ist zu berücksichtigen, daß die Parameter frequenzabhängig sind. Oft ist ein Kompromiß zwischen Verstärkung des Transistors, der erreichbaren Rauschzahl und geringstem Reflexionsfaktor nötig.

GaAs–FET weisen eine recht genaue quadratische Abhängigkeit zwischen Steuerspannung und Drainstrom auf. Kennlinienanteile ungerader Ordnung sind kaum vorhanden und deshalb werden mit GaAs–Verstärkern sehr gute Werte bezüglich Intermodulation und Kreuzmodulation erzielt.

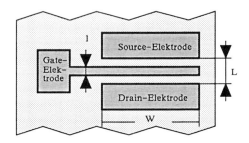

Bild 6.1 Struktur eines GaAs–FET

Alle die genannten Vorteile haben zu einer weiten Verbreitung von GaAs–FET in den Eingangsstufen von Empfangskonvertern für Satellitensignale geführt. Werte für die Rauschzahlen von solchen Umsetzern liegen um 2 dB.

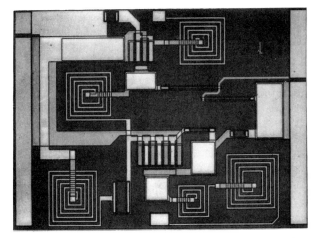

Bild 6.2 Parallelschaltung mehrer GaAs–FET auf einem MMIC (in Bildmitte)

Damit sind die Werte von 4 bis 6 dB, die für Satelliten–Direktempfang nötig sind, sogar mit Diodenmischern möglich, obwohl Dual–Gate–FET–Mischer Vorteile bringen.

Auch für Oszillatoren im 12 GHz–Bereich eignen sich GaAs–FET sehr gut. Durch die Verwendung von dielektrischen Resonatoren (siehe Kap. 6.1.4) zur Frequenzstabilisierung sind Temperaturkoeffizienten von rund 1 ppm/K erreichbar.

6.1.3 HEMT

Seit kurzer Zeit sind auf dem Markt Empfangs–Konverter für Satelliten erhältlich, die mit sog. HEMT (*High Electron Mobility Transistor*)–FET–Halbleitern bestückt sind. HEMT–Konverter haben gegenüber solchen mit konventionellen MESFET eine um etwa 1 dB kleinere Rauschzahl bei 12 GHz. Verstärker von 9 dB und Rauschzahlen von 2,6 dB bei Frequenzen bis 60 GHz sind erzielt worden /3/.

Die Elektronenbeweglichkeit μ in Halbleitern ist definiert durch:

$$\frac{1}{\mu} = \frac{1}{\mu_G} + \frac{1}{\mu_i} .$$

Dabei ist μ_G die Beweglichkeit im Kristallgitter und μ_i die Beweglichkeit durch Streuung an ionisierten Dotieratomen. Die größte Beweglichkeit wird für größtes μ_i erreicht, d.h., für niedrige Dotierungskonzentrationen durch die Verwendung von Schichten von GaAs und AlGaAs, die an das Kristallgitter angepaßt sind. Bild 6.3 zeigt einen Übergang AlGaAs/GaAs /4/. Durch den höheren Bandabstand von AlGaAs erlaubt die Stufe im Leitungsband es den Elektronen, in der Nähe der Grenzschicht energetisch in das GaAs hinabzufallen. Dadurch werden sie von ihren Dotierungsatomen im AlGaAs getrennt. Diese Elektronen können sich in einer Richtung parallel zur Grenzschicht frei von Störungen durch ionisierte Dotieratome bewegen. Diese Elektronen sind vergleichbar mit dem "Elektronengas" im Vakuum.

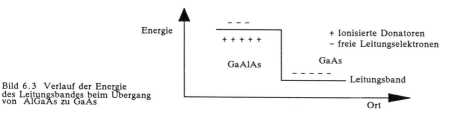

Bild 6.3 Verlauf der Energie des Leitungsbandes beim Übergang von AlGaAs zu GaAs

Gewöhnlich wird zur weiteren Verringerung von Störungen der Beweglichkeit noch eine einige Nanometer dicke Schicht (< 10 nm) von reinem (undotierten) AlGaAs in einer sog. Abstandszone aufgebracht. Bild 6.4 zeigt im Vergleich die Struktur eines HEMT und eines GaAs–FET im Querschnitt /5/.

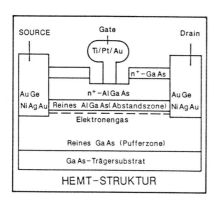
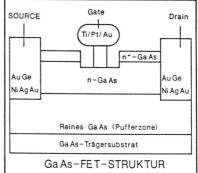

Bild 6.4 Vergleich von HEMT- und GaAsFET-Strukturen

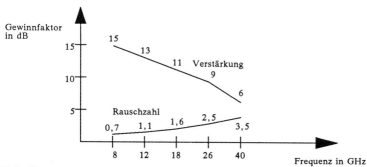

Bild 6.5 Verstärkung und Rauschzahl für einen HEMT-Transistor

Bild 6.5 zeigt Verstärkung und Rauschzahl für einen diskreten HEMT für Frequenzen bis 40 GHz /4/.

6.1.4   Dielektrische Resonatoren

Dielektrische Resonatoren (DR) sind flache, zylindrische Bauteile aus z.B. Zirkonium–
Zinn–Titanat. Sie sind "offene" Resonatoren, in denen elektromagnetische Resonanz, ähnlich
wie in den bekannten Hohlraumresonatoren, erzeugt wird. Sie haben jedoch keinen metallischen Einschluß des Feldes der stehenden Welle.

Das Feld wird durch den großen Unterschied in der Dielektrizitätskonstanten zwischen
Resonator und Umgebung im Resonator konzentriert. Für den DR wird z.B. die Resonanz-
wellenlänge, die den Durchmesser des Resonators bestimmt, um einen Faktor $1/\epsilon_R^{1/2}$
reduziert gegenüber der Wellenlänge im Vakuum. Dabei ist ϵ_R die Dielektrizitätszahl des
Resonators, was kleinere Abmessungen zur Folge hat. Zur Zeit gibt es DR im Frequenzbereich
von etwa 2 bis 16 GHz.

Mit DR–Oszillatoren ist eine sehr hohe Güte erreichbar, die von $Q_o = 3000$ (obere Frequenzgrenze) bis $Q_o = 1300$ (untere Frequenzgrenze) geht /6,7/.

Dadurch, daß der Resonator offen ist, ist es möglich, ihn um 5% in der Frequenz zu
verändern, z.B. durch Annäherung einer Metallscheibe an den Resonator.

Da ein Teil des Feldes immer außerhalb des DR ist, ist einfaches Ein– bzw. Auskoppeln
der elektrischen Welle möglich. Bild 6.6 zeigt einen DR, eingebaut in eine Oszillator-
Schaltung für einen Satellitenkonverter /8/.

Bild 6.6 DRO eingebaut
in einen Lokaloszillator

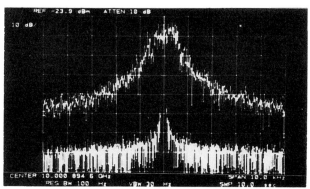

Bild 6.7 Phasenrauschen
von DRO und PLO

Das Keramikmaterial ist mechanisch sehr stabil. Der Temperaturkoeffizient kann bei einem
Typ von DRO gewählt werden zwischen −3 und +12 ppm/K. Damit ist es möglich, einen Typ
zu wählen, der den Temperaturkoeffizienten der restlichen Oszillator–Schaltung kompensiert
/6/. Das Phasenrauschen von DRO ist etwas höher als das von PLO (siehe Bild 6.7).

Für die meisten Fälle reicht es jedoch, einen DRO zu verwenden; nur damit sind z.Zt.
preiswerte Oszillatoren möglich /9/.

6.2 Erläuterung wesentlicher Technologien

6.2.1 Mikrowellen–Hohlleiter

Hohlleiter werden in der Mikrowellentechnik dort eingesetzt, wo man dämpfungsarm Hochfrequenzenergie weiterleiten will, bei Satellitenempfangsanlagen meist vom Speisehorn der Antenne zum Vorverstärker. Hohlleiter haben meist rechteckige, manchmal aber auch quadratische oder elliptische (einschl. runde) Querschnitte.

Die geringe Dämpfung beruht darauf, daß die Energie nicht in einem elektrischen Leiter, sondern als Welle eben im umschlossenen Raum des Hohlleiters übertragen wird. An den Wänden wird die Welle reflektiert und in eine gewünschte Richtung geführt. Bild 6.8 zeigt den Querschnitt durch einen Hohlleiter.

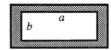

Bild 6.8 Querschnitt durch einen Hohlleiter

Ist die Freiraum–Halbwelle länger als a, so kann die Welle nicht mehr reflektiert werden. Frequenzen, niedriger als die Grenzfrequenz f_c (*cut–off–frequency*), werden nicht übertragen. Hohlleiter werden in der Regel so dimensioniert, daß die Arbeitsfrequenz etwa $1{,}25\,f_c$ beträgt /10/.

Gewöhnlich macht man die Seiten b nur etwa halb so breit wie a, so ist bei der Übertragung die Grenzfrequenz bezogen auf b doppelt so hoch wie bei a, es kann also das Signal nur auf einem bestimmten Weg geleitet werden; sog. andere "Moden" können nicht auftreten.

Die Innenseiten eines Hohlleiters müssen eben und glatt sein, am besten hochglanzpoliert, damit die Welle gut reflektiert wird.

Quadratische oder elliptische (runde) Hohlleiter gestatten es, zwei Wellen mit senkrecht zueinander stehender Polarisation zu übertragen. Am Speisehorn von Empfangsantennen für zwei Polarisationen findet man einen solchen Querschnitt. Die senkrecht zueinander polarisierten Wellen werden mit senkrecht zueinander stehenden Sonden oder durch Ankopplung von rechteckigen Hohlleitern ein– bzw. ausgekoppelt.

6.2.2 Streifenleiter–Schaltungen

Wegen der hohen Frequenzen für Satellitenempfänger müssen spezielle Techniken für den Aufbau der Schaltungen verwendet werden. Ebene Streifenleiter werden häufig verwendet, da durch die Geometrie die Impedanz in einer Ebene bestimmt werden kann. So können nicht nur Leitungen, sondern auch komplette Schaltungen aufgebaut werden. Bild 6.9 zeigt einen Querschnitt durch eine Streifenleitung.

Streifenleitung

Substrat

Bild 6.9 Querschnitt druch einen Streifenleiter

Erdungsschicht

Auf der einen Seite des Substrates ist eine Erdungsschicht, auf der anderen der Leitungs–streifen. Das Aufbringen von Bauteilen auf die Leitung durch Bonden oder Löten ist einfach, eine Massenproduktion leicht möglich.

Das Substrat wird je nach dem Anwendungsgebiet (Frequenz) gewählt. Für hohe Frequenzen ist es oft ein Keramiksubstrat, auch Teflon wird verwendet.

Die Streifenleitung selbst besteht meist aus Kupfer, das mit Chrom und Gold beschichtet ist. Die Impedanz und Länge einer Streifenleitung wird bestimmt durch die Dicke h und die Dielektrizitätszahl ϵ_R des Substrates, sowie der Breite W der Leitung.

Zur Berechnung von Streifenleitungen gibt es zahlreiche Rechnerprogramme /11/.

6.2.3 Surface Mount Devices (SMD)

Für Streifenleitungsschaltungen ist es nötig, die Bauelemente vorzugsweise auf einer Ebene des Substrates anzubringen. Die Verfügbarkeit von *Surface Mount Devices* (SMD) ist somit wesentlich für den einfachen Aufbau von Schaltungen in Streifenleitertechnik. Es ist leicht einzusehen, daß konventionelle Bauelemente mit Anschlußdrähten hohe, unerwünschte Induktivitätswerte aufweisen. Bild 6.10 zeigt eine Schaltung auf SMD–Basis. Durch die Kontaktierung von einer Seite ist eine optimale Bestückung von Streifenleitungsschaltungen möglich.

Eine automatische Bestückung ist leicht zu realisieren. Es gibt heute eine Vielzahl aktiver und passiver Bauteile für SMD–Technik. Obwohl die SMD–Technik auch in der normalen Schaltungstechnik verwendet wird, bietet sie besondere Vorteile für Mikrowellenschaltungen.

Bild 6.10 Schaltung mit SMD

6.3 Schrifttum

/1/ Langer, E.: GaAs–FETs im Blickpunkt. Funkschau, 18/1982, S. 60

/2/ Applying GaAs–MMICS. Communications International, March 1987, S. 55

/3/ Biermann, M.: Transistors Stride to mm–Wave Performance. Microwave Journal, Aug.87

/4/ Hamilton, R., Bandy, S.: HEMT – Based MMIC Amplifiers for Enhanced EW System Peformance. Microwave Journal, Feb.'88, S. 167

/5/ Schulz, D.: Neuer Doppelkonverter für 11 GHz in HEMT–Technologie. FUBA–Spiegel

/6/ Dielectric Resonators. Faltblatt der Fa. SIEMENS, Best. Nr. B4–B3134–X–X–7600

/7/ Varian, K.R.: DRO's at 4, 6 and 11 GHz. Microwave Journal, Oct.'86, S. 111

/8/ Schiffhauer, M.A.: Im Mittelpunkt des FUBA–Economic–Pakets für Satellitenfunk–Empfang: Doppelkonverter OEK 865. FUBA–Spiegel 1/87

/9/ Blievernicht, U.: Integrierte Schaltungen für Mikrowellen Dielektrische Resonator Oszillatoren. Elektronik Industrie 7/8, 1984, S. 46

/10/ Moser, K.D.: Mikrowellenhohlleiter. Mikrowellentechnik Nr. 7, April 1986, S. 48

/11/ Slater, J.N., and Trinogga, L.A.: Satellite Broadcasting Systems and Design. John Wiley & Sons, New York: 1985, S. 141

7 Installation der Empfangsanlagen

7.1 Einstellen von Azimut und Elevation

Bei der Installation einer Empfangsanlage prüft man die Funktion des Systems im groben, indem man alle Komponenten anschließt und dann mittels Spektrumanalysator und Leistungsmesser feststellt, ob sich beim Einschalten des LNA das Rauschen am Fernsehempfänger erhöht. Wie aufwendig es nun ist, einen bestimmten Satelliten zu finden, erkennt man durch Berechnung des Bruchteils B der Hemisphäre, der für eine bestimmte Strahlbreite des Öffnungswinkels Θ_o bedeckt wird:

$$B = \frac{1}{1 - \cos(\Theta_o/2)} \qquad (7.1)$$

Das bedeutet, daß bei einem Öffnungswinkel von z.B. $0,1°$ die Antenne nur $1/2626250$ der Hemisphäre bedeckt (daher rührt der Gewinnfaktor der Antenne; siehe Tabelle 7.1).

Tabelle 7.1   Öffnungswinkel, Bedeckungsfläche und Gewinnfaktor einer Antenne

Öffnungswinkel der Antenne $\Theta_o/2$	$1 / B$	G
$0,1°$	2626250,0	64 dBi
$1°$	26262,6	44 dBi
$2°$	6565,7	38 dBi

Um den Satelliten zu "finden", stellt man die Frequenz des Satelliten am Empfänger ein. Wenn man für den betreffenden Satelliten und den Standort der Empfangsanlage Azimut und Elevation (siehe Bild 7.1) berechnet hat (siehe Kap. 5.4.3), stellt man die Elevation der Antennenanlage mit Hilfe eines Elevationsmessers ein. Die meisten Antennen haben an der Rückseite eine Fläche, an die man den Winkelmesser anlegen kann. Jetzt muß man nur noch die Antenne um die vertikale Achse in Richtung auf den Satelliten drehen (Azimut). Man benutzt zur ungefähren Bestimmung des Azimuts einen Kompaß, der auch mit einem Elevationsmesser kombiniert sein kann (siehe Bild 7.2). Bild 7.3 zeigt einen gebräuchlichen Winkelmesser. Bild 7.4 zeigt zwei Elevationsmesser nach dem Wasserwaagenprinzip; in Bild 7.4a ist ein einfaches, in jedem Baumarkt erhältliches Gerät dargestellt, in Bild 7.4b ein Präzisionselevationsmesser mit Noniusablesung des Winkels.

Bild 7.5 zeigt einen Neigungs- und Gefällmesser, mit dem es sehr leicht ist, durch Visieren festzustellen, ob man über ein bestimmtes Gebäude, einen Baum oder Berg hinweg den Satelliten noch sieht; das 'Hindernis' und die Winkelskala sind gleichzeitig im Okular eingeblendet.

Bild 7.6 zeigt ein Gerät zur Elevations- und Azimutbestimmung, das mit einer Anzeige nach dem Interferenzprinzip eine besonders genaue Bestimmung des Winkels erlaubt. Bild 7.7 zeigt, wie bei Annäherung an den Soll-Winkel die Interferenzlinien immer weiter auseinanderwandern, bis schließlich beim Soll-Wert zwei parallele horizontale Linien bleiben.

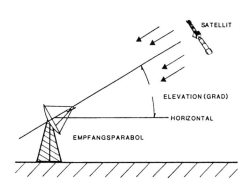

Bild 7.1 Definition der Elevation
der Empfangsantenne

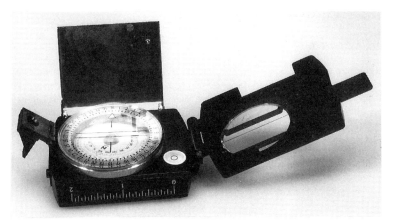

Bild 7.2 Kompaß mit Elevationsmesser

Bild 7.3 Gebräuchlicher Winkelmesser

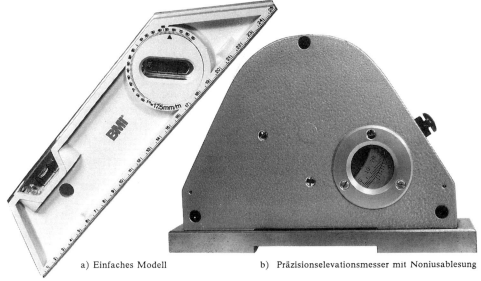

a) Einfaches Modell   b) Präzisionselevationsmesser mit Noniusablesung

Bild 7.4 Elevationsmesser nach dem Wasserwaagenprinzip

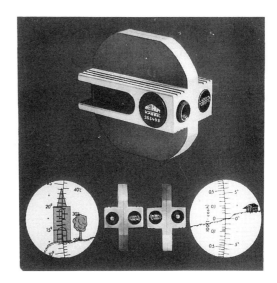

Bild 7.5 Neigungs- und Gefällmesser

Bild 7.6 Gerät zur Elevations- und Azimutbestimmung mit zur Azimutbestimmung ausklappbarem Kompaß

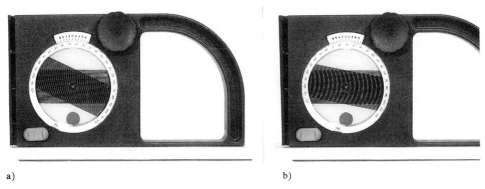

a)   b)

Bild 7.7 Interferenzmuster für verschiedene Neigungen (Teil 1)

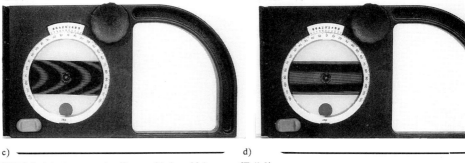

c) —————————————————— d) ——————————————————

Bild 7.7 Interferenzmuster für verschiedene Neigungen (Teil 2)

Magnetische Mißweisung

Bei der Einstellung des Azimuts muß berücksichtigt werden, daß der Kompaß nicht die wahre Nordrichtung anzeigt, sondern je nach geographischer Lage eine gewisse Mißweisung vorhanden ist. Bild 7.8 zeigt die Kurven der Mißweisung für Europa für das Jahr 1989; im Anhang VII sind die Mißweisungen für die 50 größten Städte Deutschlands für das Jahr 1989 aufgezeigt (5. Spalte). Diese Werte nehmen für westliche Länge jährlich um 7 Bogenminuten zu bzw. für östliche Länge ab /1/.

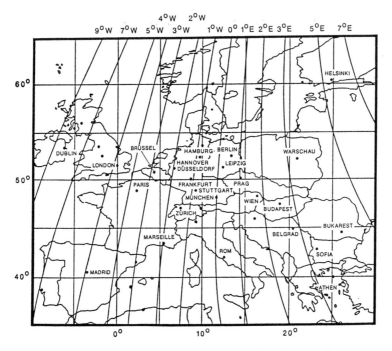

Bild 7.8 Abweichung der wahren von der magnetischen Nordrichtung in Europa

Stahlkonstruktionen können zusätzliche Abweichungen von der wahren Nordrichtung bewirken (auch, wie sich gezeigt hat eine "magnetische" Brille). Nachdem die Grobausrichtung stattgefunden hat, wird mittels Leistungsmesser, Feldstärkeanzeige am Empfänger und Fernsehbild die Antenne genau auf den Satelliten ausgerichtet. Wichtig ist, daß man mehrmals den Suchvorgang von verschiedenen Ausgangspositionen der Elevation aus durchführt, um nicht auf einer Nebenkeule der Antenne (die viel leichter zu finden ist) zu landen (siehe Bild 7.9).

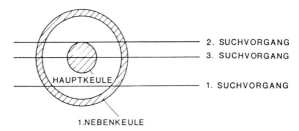

Bild 7.9 Mehrere Suchvorgänge zum Auffinden der Hauptkeule

Einpegeln und Nebenzipfelvermeidung

Man sieht aus den Bildern 7.9 und 7.10 deutlich, daß man nur dann auf die Hauptkeule trifft, wenn die Elevation schon recht genau stimmt. Viel wahrscheinlicher findet man zuerst die 1. Nebenkeule (weitere Nebenkeulen sind bei den kleinen DBS-Antennen meist so schwach, daß sie keine Rolle spielen).

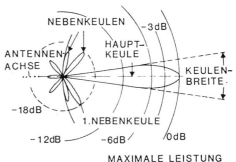

Bild 7.10 Richtdiagramm einer Antenne

Es empfiehlt sich deshalb, für eine nach Anhang VIII ermittelte und unter Verwendung eines Elevationsmessers voreingestellte Elevation den Azimut zu durchfahren (siehe Bild 7.9, 1. Suchvorgang). Danach verändert man die Elevation für einen 2. Suchvorgang. Glaubt man nun, die Hauptkeule gefunden zu haben, empfiehlt es sich, die Empfangsleistung zu messen (siehe Kap. 8.2), um so sicherzustellen, daß man den gewünschten Satelliten tatsächlich in Hauptstrahlrichtung empfängt.

7.2 Auswahl des Aufstellungsortes

Man sieht inzwischen mehr und mehr Antennenmasten auf Hausdächern, an denen, außer den herkömmlichen Fernsehantennen, auch Satellitenantennen montiert sind. Es sei deshalb noch einmal eindringlich darauf hingewiesen, daß für den Empfang von Satellitensignalen die exponierte Höhe auf dem Dach nicht nur keine elektrischen Empfangsvorteile mit sich bringt, sondern potentielle Nachteile, sowohl in Bezug auf die erhebliche Windlast (siehe Kap. 7.4.4), als auch bezüglich des Auffangens von störender Einstrahlung anderer Quellen (siehe Kap. 7.4.2). Natürlich bietet sich ein bereits existierender Antennenmast für eine Satellitenantenne an, wenn es sonst keine Möglichkeit der Montage gibt oder wenn vom Fußpunkt des Mastes bereits ein Kabelweg zur Wohnung existiert. Ansonsten ist stets die Sicht des Satelliten das primäre Kriterium für die Auswahl eines geeigneten Standortes. Ein Satellit kann vom Boden vor dem Haus ebensogut gesehen werden, von einer Stelle, die nicht dem Wind oder einer Störeinstrahlung ausgesetzt ist.

In den meisten Fällen ist es mangelnder Sachverstand oder Prestigedenken ("Schaut mal, wir haben auch eine Satellitenantenne!"), die zur Montage von grell weiß gestrichenen Parabolspiegeln in exponierten Standorten geführt haben, zum Ärger von Bauausschüssen, Landschaftsschützern und Bürgern zugleich.

Die folgenden Tatsachen sprechen für eine umweltgerechte Aufstellung der Antenne:

– Satellitenantennen sehen den Orbit auch vom Boden aus – selbst aus einer natürlichen oder eigens dafür geschaffenen Senke – wenn nicht gerade ein Hochhaus die Sicht versperrt. Die Sicht zum Satelliten wird z.B. durch eine in ein paar Meter Abstand gepflanzte Thujenhecke nicht beeinträchtigt (siehe Bild 7.11).

– Parabolantennen funktionieren unabhängig von der Farbe ihres Anstrichs. Anstatt grell weiß können sie z.B. in grüner Farbe sich der Landschaft anpassen.

– Flache Antennen (Planarantennen) mit einstellbarem Azimut und Elevation oder auch voreingestellten Azimut/Elevation können flach an der Hauswand angebracht werden, wo sie – im Gegensatz zur Aufstellung einer grell weißen Schüssel mitten im Rasen – nicht auffallen und außerdem keinen Platz wegnehmen.

Fazit: Es gibt i.a. keinen Sachzwang, grell weiß lackierte Parabolschüsseln weithin sichtbar auf Hausdächern oder gar Berggipfeln aufzustellen. Satellitenempfang ist auch "vom Balkon aus" möglich.

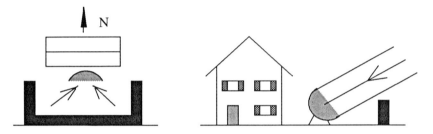

Bild 7.11 Aufstellung einer Satellitenantenne hinter einer Thujenhecke; links) Draufsicht, rechts) Seitenriß

In Vorbereitung der Aufstellung einer Antenne entnimmt man also zunächst den Azimut– und Elevationswinkel für die Stadt, in der man wohnt, aus Anhang VIII (die Winkelwerte für die nächstgelegene Stadt, die in der Tabelle steht, sind ausreichend genau) und prüft dann mit Hilfe eines einfachen Kompasses und Winkelmessers, ob man den Satelliten vom Boden oder gegebenenfalls vom Balkon aus sieht, bevor man aufs Dach geht.

Azimut ist der Kurswinkel, im Uhrzeigersinn von Norden aus gemessen, in Richtung auf den Fußpunkt des Satelliten (z.B. 218,5° von München zum TV–SAT); Elevation ist der Höhenwinkel von der Horizontalen (dem Boden) aus nach oben (in Richtung TV–SAT, z.B. 27,4° für München). Die visuelle Überprüfung dieser Werte mit Kompaß und Winkelmesser ist zur Auswahl des Aufstellungsortes für die Antenne ausreichend.

Die Sicht von der Antenne in Richtung zum Satelliten soll frei sein. Telefonmasten, Hochspannungsleitungen und insbesondere Bäume und Sträucher sollten auch nicht teilweise den Weg zum Satelliten versperren. Bäume und Sträucher blockieren das Funkfeld im 12 GHz–Bereich, insbesondere wenn sie naß sind, fast so stark wie Gebäude.

Der Einfluß der Straße, insbesondere das Zündungsrauschen von Kraftfahrzeugen, verursacht im 12 GHz–Bereich weniger Probleme für die Empfangsanlage; darauf muß bei der Auswahl des Aufstellungsortes der Antenne keine Rücksicht genommen werden.

7.3 Signalverteilung und Einspeisung

Als Ergänzung zu den Kap. 5.6.1 bis 5.6.3 sind hier einige Varianten zur Einspeisung in Antennenanlagen im Detail beschrieben. Da es von den Herstellern von Antennenanlagen eine Vielzahl von Komponenten gibt, ist die Zahl der Schaltungsvarianten groß. Hier können nur einige Beispiele aufgezeigt werden. Auf die entsprechende Literatur in Form von Broschüren der Firmen wird hingewiesen. Es gibt hier grundsätzlich die Möglichkeit einer Verteilung in Baum– oder Sternstruktur (siehe Bild 7.12).

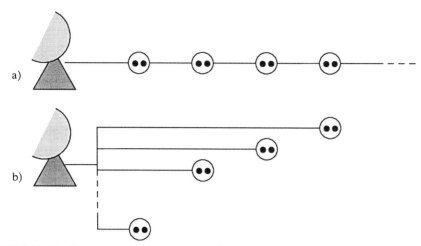

Bild 7.12 Signalverteilung   a) in Baumstruktur   b) in Sternstruktur

Die Verteilung in Sternstruktur erfordert mehr Verkabelungsaufwand, vermeidet jedoch die Dämpfung in den einzelnen Durchgangsdosen.

Eine Einspeisung im Bereich der 1. ZF erfordert neue Bauelemente: Kabel, Verstärker, Verteiler und Dosen müssen für den Bereich von 950 – 1750 MHz tauglich sein. Zur Einspeisung einer zweiten Polarisation ist u.U. ein getrenntes Kabel nötig. Für die Kombination terrestrischer und Satellitensignale ist insgesamt ein Bereich von 150 kHz bis 1750 MHz zu übertragen.

Ein Vorteil bei Einspeisung in der 1. ZF–Ebene ist die Unabhängigkeit von der Norm der verteilten Programme, d.h., PAL–, SECAM– oder D2–MAC–Programme können gleich verteilt werden. Die Demodulation der FM–Signale erfolgt jeweils erst in der Satellitenempfänger–Inneneinheit (*indoor unit*) oder einem satellitentauglichen Fernsehgerät.

Wie bereits in Kap. 5.6.1 erwähnt, werden bei größeren Teilnehmerzahlen die Satellitensignale in Norm–TV–Kanäle in VHF/UHF–Lage umgesetzt.

D2–MAC–Signale werden einmal ohne Decodierung in Restseitenbandmodulation in das Hyperband (300 – 450 MHz) oder nach Decodierung und PAL–Remodulation in das VHF–Band umgesetzt (siehe Kap. 9.2 und 9.3).

7.3.1 Einspeisung bei Einzelanlagen

Wie schon oben erwähnt, gibt es je nach den verfügbaren Komponenten und vorhandenen Anlagen eine Fülle von Möglichkeiten zur Einspeisung in Kabelanlagen /2 – 6/. Es besteht grundsätzlich die Möglichkeit, die Verteilanlage für die terrestrischen Programme unverändert weiter zu betreiben oder das Satelliten–Rundfunkempfangsgerät zu integrieren. In jedem Falle kann der vorhandene "Rechen" weiter betrieben werden.

Als Beispiel für letzteren Fall (siehe Bild 7.13) sei eine Installation für ein Einfamilienhaus angegeben, bei dem sowohl terrestrische Programme als auch die Programme von zwei Satelliten auf der gleichen Orbitposition mit unterschiedlicher (R+L) Polarisation (TV–SAT und TDF–1) eingespeist werden sollen. Es sind dann zwei Kabel für die gleichzeitige Verteilung der Programme (siehe Kap. 5.6.1) nötig. Das Kabel muß in der Lage sein, bis zur max. Frequenz von 1750 MHz dämpfungsarm zu übertragen. Der Standort der Satellitenantenne sollte möglichst in der Nähe der terrestrischen Antennenanlage sein. Wichtig ist, daß auch die Antennendosen für Frequenzen bis 1750 MHz tauglich sind.

Bezüglich des digitalen Hörfunks ist hier vorausgesetzt, daß der DSR–Tuner einen Eingang bei der 1. ZF hat; sonst muß ein Konverter 1. ZF/118 MHz vorgeschaltet werden.

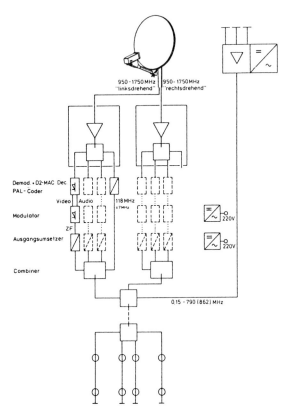

Bild 7.13 Einzelempfangsanlage für terrestrische Signale und zwei Polarisationen von Satellitensignalen

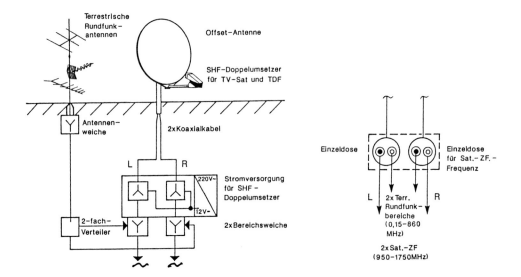

Bild 7.14 Einspeisung bei einer Gemeinschaftsanlage

7.3.2 Einspeisung in Gemeinschaftsanlagen

Bei Gemeinschaftsanlagen kann, wie in Kap. 5.6.2 ausgeführt, ein höherer Aufwand betrieben werden. Das terrestrische Programmangebot wird im Bereich von 154 kHz bis 862 MHz direkt eingekoppelt.

Das Satelliten-Frequenzspektrum wird kanalweise aufbereitet und in freie UHF- bzw. VHF-Kanäle umgesetzt. D2-MAC-Signale werden entweder decodiert und ins PAL-Format umgewandelt (siehe Bild 7.14) oder direkt ins Hyperband bei 300-450 MHz umgesetzt /7/. Bei Umwandlung in PAL ist natürlich nur PAL-Qualität sowohl in Bild als auch in Ton zu erwarten (max. zwei von vier Tonkanälen). Dafür können auch ältere, nicht D2-MAC-taugliche TV-Geräte weiter verwendet werden.

Der digitale Hörfunk wird an der Einspeisestelle in einen Bereich um 118 ± 7 MHz umgesetzt und kann über geeignete Antennensteckdosen ausgekoppelt werden. Bei Gemeinschaftsantennenanlagen können rentabel auch mehrere Antennen für verschiedene Satelliten verwendet werden, so daß gleichzeitig eine Vielzahl von Programmen verfügbar ist. Hier liegt deutlich der Vorteil von Gemeinschafts- oder Großgemeinschaftsanlagen (Kabelanschluß).

7.4 Umwelteinflüsse auf die Antenne

Die Empfangsantenne ist im Freien den Einflüssen der Witterung ausgesetzt.

Sonne

Bei intensiver Einstrahlung erhöht sich die Rauschtemperatur für die Zeit, in der die Sonne hinter dem Satelliten steht. Dies ist jedoch nur während ein paar Tagen im Jahr, bei uns vor der Frühjahrssonnenwende und nach der Herbstsonnenwende für eine Dauer von maximal acht Minuten der Fall. Die Tageszeit der Störung hängt von der geographischen Position des Satelliten und der Bodenstation ab.

Regen

Regen erhöht ebenfalls die Rauschtemperatur (unabhängig und zusätzlich zur erhöhten Funkfelddämpfung und Polarisationsverwischung bei Regen). Daneben korrodieren durch sauren Regen metallische Antennen bzw. metallische Streben und Schrauben. Dies führt zum Verlust der Formtreue. Ein reduzierter Antennengewinn ist die Folge. Abhilfe kann hier eine hochwertige Antenne mit einer guten Farbbeschichtung schaffen.

Hagel

Hagel kann zu Beschädigung der Antennenoberfläche führen, was erhebliche Gewinneinbußen nach sich zieht. Um das zu verhindern, sollte beim Kauf der Antenne nicht das billigste Modell mit dem dünnsten Material gewählt werden. Bei Offset-Antennen ist das Problem wegen des steiler stehenden Reflektors weniger groß. Da Hagel fast lotrecht fällt, wird so der Granulateinfallwinkel wesentlich verkleinert und damit die Aufprallkraft merklich verringert.

Wind

Der Wind übt auf Flächenantennen wie Parabolspiegel und Planarreflektoren größere Kräfte aus als auf vergleichsweise transparente herkömmliche, aus Stabelementen zusammengesetzte Fernsehantennen. Die Windkraft kann zum einen die Ausrichtung der Antenne auf den Satelliten verfälschen und zum anderen den Reflektor verziehen. Beides führt zu Gewinnreduzierung und zu Übersprechen. Dem kann ebenfalls durch Auswahl einer Qualitätsantenne und -montage begegnet werden. Außerdem muß eine Satellitenempfangsantenne, im Gegensatz zu einer herkömmlichen Fernsehantenne, nicht hoch auf einem Mast über dem Dach angebracht werden, sondern kann auf dem Boden vor oder hinter dem Haus aufgestellt werden, wo sie vor Wind und Sturm weitgehendst geschützt bleibt.

Schnee

Nasser Schnee setzt sich auf Flächenantennen an und verändert die elektrischen Eigenschaften der Antenne. Den geringsten Einfluß hat dabei trockener Pulverschnee; am ungünstigsten ist nasser Matschschnee. Eine Belegung mit nassem Schnee verringert den Antennengewinn und erhöht gleichzeitig die Antennennebenkeulen, so daß – ähnlich wie unter Windeinwirkung – Nebensprechen auftritt, d.h. Schattenbilder benachbarter Satelliten empfangen werden. Natürlich kann Schnee aus der auf dem Boden vor oder hinter dem Haus aufgestellten Antenne mit einem Besen ausgekehrt werden. Ist die Antenne in Offset–Form ausgeführt, also mit einem entsprechend steileren Reflektorwinkel, so rutscht der nasse Schneematsch von selbst aus der Reflektorschüssel und richtet keinen Schaden an. Dies ist der wesentlichste Grund für die Wahl einer Offset–Antenne (oder einer ''schielenden'' Planarantenne, die zu ähnlich steilen Anstellwinkeln führt).

Im Verlauf von Übertragungsversuchen bei der DFVLR in Oberpfaffenhofen wurden die Auswirkungen von nassem Schnee in Empfangsantennen (siehe Bild 7.15) untersucht. Es zeigte sich, daß durch den Schnee der Gewinn der Antenne merklich reduziert wird und außerdem die Antenne ''schielt''.

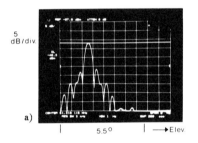 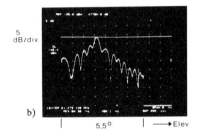

5 dB/div.   a) | 5.5° | ⟶ Elev.   5 dB/div.   b) | 5.5° | ⟶ Elev.

Bild 7.15 Antennendiagramme; a) ohne Schnee in der Antenne, b) mit Schnee in der Antenne

Im folgenden wird auf die Änderungen der elektrischen Eigenschaften von Antennen durch Umwelteinflüsse näher eingegangen.

Eis

Eis auf der Antenne hat den gleichen Effekt wie nasser Schnee. Am wenigsten schadet dabei eine dünne, gleichmäßig verteilte Eisschicht; am schlimmsten wäre ein größerer Eisklumpen in der unteren Hälfte der Schüssel. Folglich hilft auch hier die Wahl eines Offset–Reflektors, der das Wasser ausfließen läßt. Bei Empfangsanlagen für höchste Ansprüche ist die Installation einer elektrischen Heizung in der Reflektorebene möglich.

Sand

Sand kann sich – z.B. im Dünenbereich – in Parabolspiegeln ansetzen. Sand hat ein noch ungünstigeres elektrisches Verhalten als Schnee und Eis und gleitet außerdem nicht von selbst aus der Antennenschale. Hier hilft nur ein geschützter Aufstellungsort bzw. gelegentliches Auskehren.

7.4.1 Störungen durch atmosphärische Einflüsse

Das Ausbreitungsverhalten elektromagnetischer Wellen in der Atmosphäre wird durch Amplitude, Phase, Frequenz und Polarisation beschrieben. Das Amplitudenverhalten beim Durchgang durch die Atmosphäre als Funktion der Frequenz ist für den Bereich 100 MHz bis 100 GHz in Bild 7.16 gezeigt.

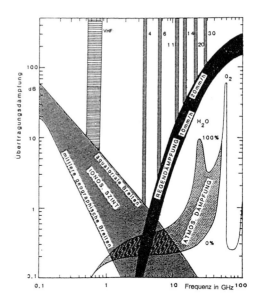

Bild 7.16 Ausbreitungsdämpfung
als Funktion der Frequenz für den
Bereich von 100 MHz bis 100 GHz

Der primär verwendbare Frequenzbereich liegt in der Talsohle zwischen ionosphärischem Rauschen und atmosphärischer Dämpfung, d.h. von 1 bis 10 GHz. Extreme Dämpfungen herrschen bei 29 GHz, 60 GHz, 105 GHz, 195 GHz, usw. /8/. Damit sind diese speziellen Stop–Band–Frequenzen für den Satellitenfunk ebenso ungeeignet wie optische Frequenzen (LASER), da sie von der Atmosphäre so abgeschwächt werden, daß wirtschaftliche Kommunikation nicht mehr möglich ist. Für spezielle Anwendungsfälle, wie z.B. in der verdeckten Nachrichtentechnik, ist aber gerade diese Eigenschaft von Vorteil. Mit terrestrischen Funkverbindungen in diesen extrem hohen Frequenzlagen können Nachrichten zwischen zwei Punkten – bei entsprechenden Leistungspegeln – übertragen werden; Abstrahlungen über Antennennebenkeulen werden effektiv unterdrückt, und außerhalb der gewünschten Strecke dämpft die Atmosphäre so, daß Mithören unmöglich ist.

Die Ausbreitungsgeschwindigkeit bestimmt die Signallaufzeitverzögerung. Bei terrestrischen Übertragungsstrecken sind diese Laufzeitverzögerungen sehr gering und werden deshalb kaum bemerkt. Bei Übertragungen über geostationäre Satelliten sind die Entfernungen größer (hin und zurück ca. 76000 km) und deshalb werden die Laufzeitverzögerungen merkbar (ca. 250 ms) und müssen u.a. in den Übertragungsprotokollen berücksichtigt werden. Grundsätzlich tritt bei jeder Ausbreitung eine Dämpfung (Verringerung der Amplitude) ein, auch im Vakuum. Diese Dämpfung L bezeichnet man als Freiraum– oder Funkfelddämpfung (*free space loss* oder *spreading loss*) und sie berechnet sich zu

$$L = 20 \log \frac{4 \pi d}{\lambda} \tag{7.2}$$

mit d der Distanz und λ der Wellenlänge. Die Einflüsse der Atmosphäre sind u.a.:

- atmosphärische Absorption;
- Drehung der Polarisationsebene;
- Regendämpfung;
- Änderung der Gruppenlaufzeit;
- Zusätzliches Rauschen durch Niederschläge.

Die Degradation durch die Atmosphäre ist umso größer, je länger der Weg des Signales ist. Diese Weglänge wird hauptsächlich vom Elevationswinkel der Antenne der Erdfunkstelle bestimmt, deshalb sind die Einflüsse der Atmosphären– und Regendämpfung bei niedrigen Elevationen besonders groß. Die atmosphärische Dämpfung ist vom Wasserdampfgehalt und die Regendämpfung von der Regenrate abhängig. Die Dämpfung hängt vom Volumen der Regentropfen ab. Bei starkem Regen sind schwerere Tropfen öfter vorhanden als bei Nieselregen. Wichtig ist die effektive Weglänge durch den Regen. Der leichte Regen fällt aus horizontalen, streifenförmigen Wolkenbanken (Stratuswolken) während starker Regen aus höher aufgetürmten, diskreten Zellen, sog. Gewitterwolken stammt. Bild 7.17 gibt diese Verhältnisse wieder.

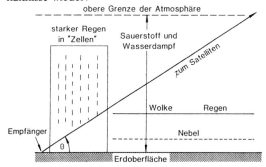

Bild 7.17 Dämpfung des Satellitensignales durch verschiedene Formen von Regen

In den äquatorialen Breiten sind wegen der kurzen Strecken des Signalpfades durch die Atmosphäre und trotz des höheren Wasserdampfgehaltes und der größeren Regenraten Frequenzbereiche mit hohen Zusatzdämpfungen besser geeignet als in höheren Breiten. Bild 7.18 zeigt die Abhängigkeit der effektiven Weglänge und damit der Dämpfung durch den Regen vom Elevationswinkel und von der Regenrate /9/. Die Länge steigt bei niedriger Elevation deutlich an.

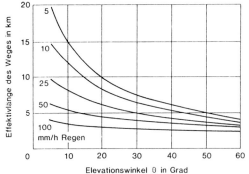

Bild 7.18 Effektive Weglänge durch Regen für verschiedene Elevationen

Bild 7.19 zeigt, welcher Einfluß des Regens auf die Bildqualität zu erwarten ist /9/. Hier ist für Großbritannien einmal der Einfluß der Satellitensendeleistung auf die Größe der Empfangsantenne bestimmt und zum anderen ist errechnet worden, welche Bildqualität in London für eine bestimmte tolerierbare Dauer der Verschlechterung des Bildes durch Regen zu erwarten ist. Dabei ist eine Empfangsanlage mit einer Rauschzahl von 5 dB zugrunde gelegt. Man sieht deutlich die große Reserve, die bei einem Hochleistungssatelliten wie TV–SAT vorhanden ist.

In den Frequenzbereichen 12 und 17 GHz müssen bei sehr hohen Verfügbarkeitsanforderungen (> 99%) erhebliche Zusatzdämpfungen durch Niederschläge berücksichtigt werden. Im Frequenzbereich 20/30 GHz haben die Zusatzdämpfungen durch Niederschläge teilweise so hohe Werte, daß je nach den Verfügbarkeitsanforderungen Erdfunkstellen in 'Location Diversity' betrieben werden müssen. Dabei werden zwei Erdfunkstellen in einigen Kilometern Entfernung voneinander quasiparallel betrieben, um lokale Signaleinbrüche aufgrund von hohen Niederschlagsraten zu umgehen. Aus Erfahrung weiß man, daß Regenzellen mit hohen Niederschlagsraten räumlich eng **begrenzt sind.**

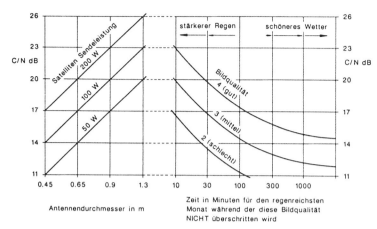

Bild 7.19 Satellitensendeleistung und notwendiger Durchmesser der Empfangsantenne, sowie Einfluß der Leistung auf die Bildqualität bei Regen

Niederschläge führen auch zu Drehungen der Polarisationsebenen bei linearer bzw. zu elliptischer Polarisation bei zirkularer Polarisation. Dadurch entstehen im Speisesystem der Empfangsantenne zusätzliche Dämpfungen an den Polarisatoren, falls diese nur mit einer festen Einstellung arbeiten. Es kann deshalb notwendig sein, automatisch arbeitende Systeme zur Kompensation dieser Effekte zu benutzen.

7.4.2 Störungen durch terrestrischen Funk

Schon bei der Wahl des Aufstellungsortes läßt sich u.U. vermeiden, daß Empfangs-störungen auftreten. Obwohl die Frequenzbereiche weit auseinanderliegen, sollte man, um Brummeinstreuungen zu vermeiden, die Antenne nicht gerade in der Nähe einer Hoch-spannungs- oder Starkstromleitung aufstellen.

Es gibt im wesentlichen drei Arten von Störungen:

- Einstreuung;
- Nachbarkanal-Störungen;
- Gleichkanal-Störungen.

Im ersten Fall muß die Abschirmung von Anlagen und die Erdung besonders sorgfältig aus-geführt werden. Nachbarkanalstörungen lassen sich durch Filter minimieren. Bei Gleichkanal-störern (auch durch Oberwellen von Störern möglich) helfen meist nur zusätzliche Abschirm-maßnahmen, wie weiter unten beschrieben.

Um zu bestimmen, ob beim geplanten Aufstellungsort Störeinstrahlungen vorliegen, ist es am besten, vorher dort mit einer transportablen Antenne Messungen durchzuführen. Man sollte dabei, wenn es sich um eine Antenne mit Rotor handelt, mehrere Satellitenpositionen prüfen, da die Störungen sehr gebündelt auftreten können.

Weiterhin sollten alle Transponder eines Satelliten getestet werden, da manche Störungen nur bei bestimmten Frequenzen und Polarisationen erscheinen. Falls man die Antenne näher am Boden installiert, sind die Störungen oft geringer.

Wenn man mit einer kleinen Antenne oder auch nur mit deren Speisehorn bei angeschlos-senem Empfangszweig mit Feldstärkemesser und TV-Gerät die in Frage kommenden Rich-tungen absucht und dabei das Fernsehgerät nur Rauschen und das Feldstärkemeßgerät keine großen Ausschläge zeigt, müßte der Empfang ungestört sein. Wenn aber das Fernsehbild plötzlich Streifen aufweist und dunkel und hell getastet wird, dann liegt eine Störquelle vor.

Auch durch Nebenkeulen der Antenne können Störungen in die Antenne gelangen: des-halb auch benachbarte Richtungen absuchen. Die Polarisation der Störung sollte durch Drehen des Speisehorns oder durch Betrachten beider Ausgänge bei Empfangsanlagen für beide zirkulare Polarisationen ebenfalls festgestellt werden.

Am besten eignet sich zur Bestimmung von Störungen ein Spektrumanalysator. Die einfachsten und billigsten Mittel zur Behebung von Störungen sind Hoch–, Tief– oder Bandpaßfilter. Solche Filter werden von der Industrie angeboten; sie sollten zwischen Speiseelement und LNA eingebaut werden.

Wenn Störungen vorliegen, kann man beim Studium eines Bebauungsplanes oft Plätze finden, an denen eine natürliche Abschirmung durch Gebäude vorhanden ist. Bild 7.20 zeigt, wie man durch die Metallhaut, die viele Hochhäuser haben oder durch die Gebäude selbst, einen Störer abschirmen oder dämpfen kann /10/.

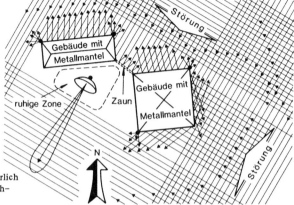

Bild 7.20 Ausnutzung der natürlich
gegebenen Abschirmungsmöglich-
keiten durch Gebäude

Man kann auch zusätzliche Abschirmungen verwenden, um Störer auszublenden /10/. Das wird jedoch, abgesehen vom schlechten optischen Eindruck, teuer. Bild 7.21 zeigt, daß die Abschirmung von der Empfangsschale weggeneigt sein sollte (Bild 7.21b), da sonst (wie in Bild 7.21a gezeigt) sogar noch mehr Störungen in die Empfangsantenne reflektiert werden können.

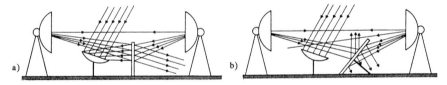

Bild 7.21 Falsche a) und richtige b) Anordnung von Abschirmungen

Zu Hilfe nehmen kann man bei der Dämpfung von Störern auch vorhandene Baustrukturen. Folgende Dämpfungswerte ergeben sich für verschiedene Materialien (s. Tab. 7.2) /10/.

Tabelle 7.2 Dämpfungen durch verschiedene Materialien

Material	Dämpfung in dB
Holzwand	5
Ziegelwand	10
Bäumewand (ohne Blätter)	10
Immergrüne Baumwand	25
Betonwand (ca. 35 cm)	30
Erdwall (1 m dick)	30

Die Abschirmungen selbst sollten mindestens 1 m höher und breiter als die Antenne sein. Am Rand sollten elektrische Abschirmungen abgerundet sein, um Beugung von Mikrowellen an scharfen Kanten zu vermeiden.

Wenn man scharfe Filter insbesondere zur Begrenzung der Video– oder ZF–Bandbreiten verwenden muß, wird in einem gewissen Grad das Fernsehbild degradiert und z.B. die Auflösung eingeschränkt; das bedeutet einen Kompromiß zwischen Beseitigung der Störer und gutem Bild. Deshalb ist es am besten, gleich bei der Aufstellung der Antenne einen optimalen Platz zu wählen.

7.4.3 Störung durch Mehrwegeeffekte

Wie im vorangegangenen Abschnitt ausgeführt, kann eine unglücklich plazierte Empfangs-antenne Störeinstrahlung aufnehmen oder durch Baustrukturen teilweise blockiert werden. Ein weiteres aufstellungsortsabhängiges Problem kann unter ungünstigen geographischen Umstän-den der Mehrwegeeffekt sein. Wie in Bild 7.22 skizziert, kann das Signal von Baustrukturen reflektiert werden und nach der Reflexion in die Empfangsantenne gelangen. Dort hat es eine längere Strecke – einen Mehrweg – gegenüber dem Direktsignal zurückgelegt. Es addiert sich zum Direktsignal und schwächt es unter Umständen. Wenn nämlich der Mehrweg M ein unge-rades Vielfaches der halben Signalwellenlänge λ ist,

$$M = \lambda \cdot (2n+1)\ /2 \qquad\qquad n = 0,\ 1,\ 2,\ \dots \qquad\qquad (7.3)$$

subtrahiert sich das reflektierte Signal vom Direktsignal und führt so zu einer Auslöschung. Der Signalschwund ist umso ausgeprägter, je exakter M gleich $\lambda \cdot (2n+1)/2$ ist; für M gleich n trägt das reflektierte Signal tatsächlich zu einer Verstärkung des Direktsignals bei. In jedem Fall und unabhängig von der Länge des Mehrweges weist das reflektierte Signal die umgekehr-te Zirkularpolarisation auf; die zirkulare Polarisation dreht sich bei der Reflexion um. Dieser Effekt nimmt dem Mehrwegesignal zirkularer Polarisation die destruktive Wirkung. TV–SAT verwendet u.a. deshalb zirkulare Polarisation.

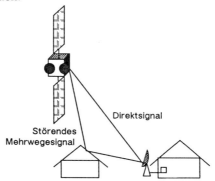

Bild 7.22 Das Prinzip des Mehrwegeeffektes

7.4.4 Die Windlast

Bei der Montage muß berücksichtigt werden, daß bei Wind erhebliche Kräfte auf die Antenne wirken, die die Positionierung beeinflussen und u.U. sogar die Antenne losreißen können. Die Windkraft ist abhängig von der Windgeschwindigkeit und den Windstärken in Beaufort (Vorsicht: Stärke ist nicht gleich Kraft!). Tabelle 7.3 zeigt den Zusammenhang zwischen Beaufort und Geschwindigkeit in Knoten und km/h /3/.

Tabelle 7.3 Windstärke in Beaufort und Windgeschwindigkeiten in Knoten und km/h

Beaufort	Knoten	km/h
0	< 1	< 1
1	1– 3	1– 5
2	4– 6	6–11
3	7–10	12–19
4	11–16	20–28
5	17–21	29–38
6	22–27	39–49
7	28–33	50–61
8	34–40	67–74
9	41–47	75–88
10	48–55	89–102
11	56–63	103–117
12	>64	>118

Windstärke und Windgeschwindigkeit wachsen linear, die Kraft des Windes vergrößert sich dagegen mit dem Quadrat der Windgeschwindigkeit. Bild 7.23 zeigt die Abhängigkeit von Windgeschwindigkeit (Stärke) und Windkraft in kp/m^2 und N/m^2 /11/.

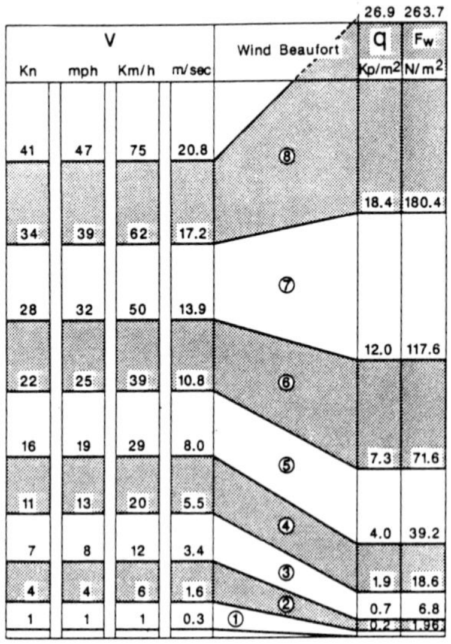

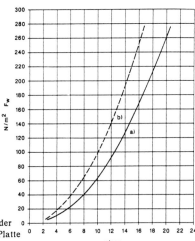

Bild 7.23 Zuordnung von Windgeschwindigkeit und Windkraft

Dabei ist die Kraft aufgetragen, die beim senkrechten Auftreffen des Windes auf eine ebene Platte auftritt. Durch die Wölbung der Antenne können die Windkräfte, wie bei einem Segel, noch bis zu einem Faktor 1,5 größer werden. Damit wächst auch die zerstörende Kraft des Windes. In Bild 7.24 sind beide Fälle für Windstärken bis zu Bft 8 oder 20 m/s aufgezeichnet. Dabei gilt Kurve a) für eine ebene Platte und b) für gewölbte Flächen /11/.

Bild 7.24 Windkraft als Funktion der Windgeschwindigkeit a) für ebene Platte b) für gewölbte Fläche

Der Faktor, um den sich die Windkraft bei gewölbten Antennen erhöht, hängt vom Verhältnis f/D der Antenne und damit vom Grad der Wölbung ab. In der Praxis liegt der tatsächliche Wert irgendwo zwischen den beiden Kurven. Alle Angaben über Windgeschwindigkeiten von Beobachtungsstationen bzw. Wettermeldungen beziehen sich auf eine freie Höhe von 10 bis 30 m über dem Erdboden. Darunter liegt die Grenzschicht, in der durch die Rauhigkeit der Erdoberfläche Richtung und Stärke der atmosphärischen Windströmung beeinflußt werden. Bei größerer Windgeschwindigkeit und rauherer Erdoberfläche nimmt die Windgeschwindigkeit mit der Höhe stärker ab. Bild 7.25 zeigt die Abnahmen mit der Höhe für leichten a), mittleren b), und starken c) Wind /11/.

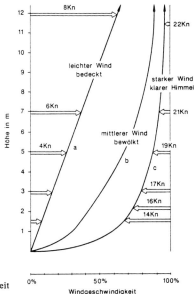

Bild 7.25 Abnahme der Windgeschwindigkeit bei kleinerer Höhe über dem Erdboden.

Insbesondere bei starkem Wind ist die Abnahme von Bft 6 in 12 m Höhe auf Bft 4 in 2,5 m Höhe recht bemerkenswert. Diese Tatsache spricht für die Anbringung von größeren Antennen direkt auf dem Erdboden und nicht auf dem Hausdach. An der Antennenhalterung treten durch den Auftrieb der Antenne in vertikaler Richtung gewaltige Kräfte auf, die das Dach mitsamt der Antenne abheben können. Für Antennen größer als 1 m Durchmesser empfiehlt es sich, bei Anbringung auf dem Dach eine statische Berechnung der Belastbarkeit des Daches durchzuführen. Der Winddruck auf eine Fläche, die sich dem Wind entgegenstellt, beträgt

$$ F_W = c \, A \frac{\rho}{2} \, v^2 \quad . \tag{7.4} $$

Dabei ist F_W der "Winddruck" als Kraft in N, c der Widerstandsbeiwert (dimensionslos), A die effektive Fläche in m^2, ρ das spezifische Gewicht der Luft = 1,2928 kg/m^3, v die Strömungsgeschwindigkeit (hier Windgeschwindigkeit) in m/s /12/.

Der Widerstandsbeiwert hängt vom Anstellwinkel der Antenne gegen die Windrichtung ab. Er ist aus Tabelle 7.4 für verschiedene Winkel zu entnehmen. Gleichzeitig sind die sich ergebenden Belastungen einer 1,8 m–Antenne bei 160 km/h Windgeschwindigkeit angegeben, wie sie sich aus Gl 7.4 errechnen lassen. Die Angaben für c sind dabei nur ungefähre Werte, da der Beiwert abhängig von f/D der Antenne ist. Werte für andere Formen /12/ sind etwa für eine

- dünne, ebene Platte senkrecht zur Strömung: c = 1,11;
- offene Halbkugel, Öffnung gegen Strömung: c = 1,33;
- offene Halbkugel, Rundung gegen Strömung: c = 0,35.

Aus dem letzten Wert ersieht man, daß bei Verwendung eines Radoms, einer Verkleidung der Antenne, der Winddruck erheblich kleiner ist als bei einer Antenne ohne Radom. Praktische Werte für eine 1,8 m–Antenne mit Radom ergeben einen Faktor von etwa 2, um den der Winddruck bei 160 km/h Windgeschwindigkeit kleiner ist. Aus Tabelle 7.4 entnimmt man, daß der Widerstandsbeiwert für einen Winkel von 50° bis 60° zum Wind am größten ist /13/. Dies entspricht der Erfahrung beim Segeln, wo bei halbem Wind und nicht direkt vor dem Wind die erzielbare Geschwindigkeit am größten ist.

Tabelle 7.4 Belastung einer Antenne mit 1,8 m Durchmesser für verschiedene Windanstellwinkel

Winkel zwischen Antenne und Windrichtung	Widerstands- beiwert c	F_W für 160 km/h Wind- geschwindigkeit in N
0°	1,57	5092
10°	1,49	4832
20°	1,51	4897
30°	1,55	5027
40°	1,57	5092
50°	1,66	5384
60°	1,66	5384
70°	1,43	4638

Tabelle 7.5 gibt die Werte für die Belastung der Antenne für Durchmesser von 30 cm bis ca. 5 m und Windgeschwindigkeiten von 40 bis 160 km/h wieder. Die auftretenden Biegemomente lassen sich aus dem Produkt Windlast•Abstand (Hebelarm) = Biegemoment berechnen.

Tabelle 7.5 Belastung einer Antenne mit 1,8 m Durchmesser für verschiedene Windgeschwindigkeiten

Antennen- durchmesser in m	Fläche in m^2	Winddruck in N bei $c_w = 1,57$			
		40 km/h = 11,11 m/s	80 km/h = 22,35 m/s	120 km/h = 33,33 m/s	160 km/h = 44,44 m/s
0,30	0,07	8,77	35	70	140
0,55	0,24	30	122	271	481
0,85	0,57	71	289	643	1142
1,2	1,13	142	572	1274	2265
1,8	2,54	318	1288	2863	5091
2,4	4,52	566	2291	5096	9059
3,0	7,06	884	3579	7959	14150
3,7	10,75	1347	5449	12119	21546
4,3	14,52	1819	7360	16369	29101
4,9	18,85	2361	9556	21251	37779

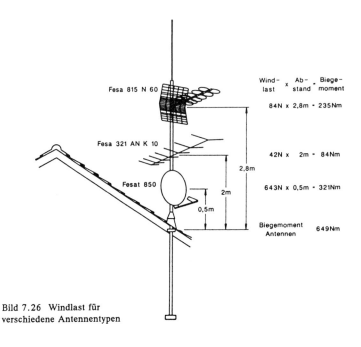

Bild 7.26 Windlast für verschiedene Antennentypen

In Bild 7.26 ist die Windlast für verschiedene Antennentypen der Fa. Hirschman für eine Windgeschwindigkeit von 120 km/h angegeben. Man sieht, obwohl der Hebelarm bei Montage am Mastfuß für die Satellitenantenne am kleinsten ist, daß diese infolge der hohen Windlast am meisten zum Biegemoment auf den Antennenmast beiträgt. Es ist zu berücksichtigen, daß durch den Einfluß des Windes auf die Antenne sich weder die Antennenschale zu stark deformieren, noch die Halterung der Antennenspeisung sich zu stark verbiegen darf, da jeder der beiden Effekte den Gewinn der Antenne stark verringert.

7.5 Tagundnachtgleiche, Sonnenwende und Eklipse

Der TV–SAT ist, wie die meisten modernen Satelliten, 3–Achsen–stabilisiert. Deshalb werden die Solarpaneele so ausgerichtet, daß sie die maximale Sonnenbestrahlung erhalten. Dazu sind zwei Bewegungen nötig:

– tägliche Rotation mit der Umlaufgeschwindigkeit 1 Umdrehung/Tag;

– eine jährliche Bewegung von ± 23°, um der scheinbaren Bewegung der Sonne auf dem Äquator zu folgen.

Es ist einfacher und ausreichend, die Solarpaneele nur der täglichen Bewegung folgen zu lassen. Deshalb befinden sich die Paneele in der Nick–Achse (siehe Bild 7.27 bzw. Bild 1.12) und folgen der täglichen Bewegung, sind aber nur zur Zeit der Tagundnachtgleiche (Äquinoktien) senkrecht zu den Sonnenstrahlen. Die Äquinoktien sind die beiden Punkte, bei denen der Himmelsäquator die Ekliptik schneidet, dabei sind Tag und Nacht gleich lang (am 21. März und 21. September). Am 21./22. Juni steht die Sonne im nördlichen Wendepunkt, entsprechend dem längsten Tag.

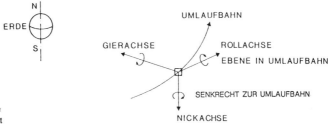

Bild 7.27 Das dreidimensionale
Achsensystem in der Raumfahrt

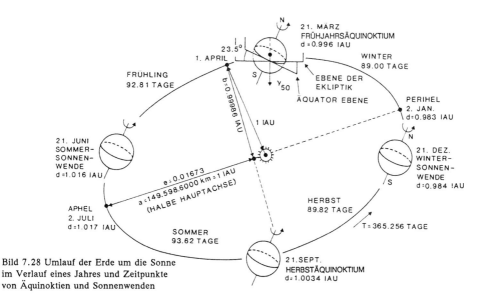

Bild 7.28 Umlauf der Erde um die Sonne
im Verlauf eines Jahres und Zeitpunkte
von Äquinoktien und Sonnenwenden

Am 21./22. Dezember gilt dies im südlichen Wendepunkt für die Südhalbkugel (siehe Bild 7.28) /14/. Die Sonnenenergie zur Zeit der Sonnenwende (Solstitium) beträgt 100%(1−cos 23°) und ist damit um 8% niedriger als zur Zeit des Äquinoktiums.

Zur Zeit des Solstitiums ist der Satellit immer von der Sonne beleuchtet. Während der Frühjahrs- und Herbst-Äquinoktien jedoch kann der Erdschatten während eines Zeitraumes von 10 bis 70 Minuten auf den Satelliten fallen (Eklipse, Bild 7.29).

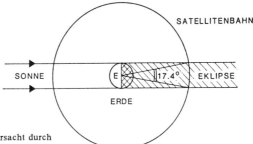

Bild 7.29 Sonnen-Eklipse verursacht durch
die Erde zur Zeit des Äquinoktiums

Die Eklipse beginnt ungefähr 23 Tage vor Äquinoktium und hört 23 Tage nach Äquinoktium auf. Die maximale Dauer entspricht (17,4°/360°) (23 h 60 min + 56 min) = 69,4 min. Der erste Tag der Eklipse entspricht der Situation, daß ein Sonnenstrahl, der die Erde tangiert, auf die Satellitenbahn fällt. Am ersten Tag der Eklipse ist die Inklination der Sonne auf dem Äquator 17,4°/2 = 8,7°. Um das Äquinoktium zu erreichen, sind 21 Tage nötig /14/.

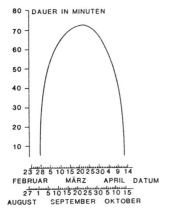

Bild 7.30 Tägliche Dauer der Eklipse

Bild 7.30 zeigt die tägliche Dauer der Eklipse /15/. Zur Hälfte dieser Zeitspanne geht der Satellit durch die von Sonne und Erdachse gebildete Ebene. Die Ortszeit an der Position (Länge) des Satelliten ist dann Mitternacht. Je weiter westlich der Satellit vom Service-Bereich steht, desto später in der Nacht tritt die Eklipse auf. Das ist der Grund, weshalb DBS-Satelliten ziemlich weit im Westen stehen, da dann die Eklipse erst in den frühen Morgenstunden der Ortszeit eintritt.

Ein Empfang der DBS-Satelliten ist zur Zeit der Eklipse nicht möglich, da eine Speicherung der für die hohe Sendeleistung nötigen elektrischen Energie nicht sinnvoll ist. Lediglich für Telemetrie und Lageregelung wird genügend Energie gespeichert. Bild 7.31 zeigt die Schattenperiode eines geostationären Satelliten bei 19° West und Bild 7.32 die Abschattungszeiten und maximale Dauer der Abschattung für verschiedene Satellitenpositionen /16/.

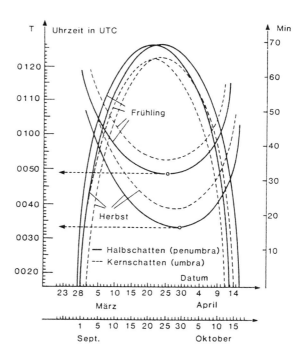

Bild 7.31 Schattenperioden eines geostationären Satelliten bei 19° W
(1° Positionsverschiebung nach
Westen bedeutet T+4 min)

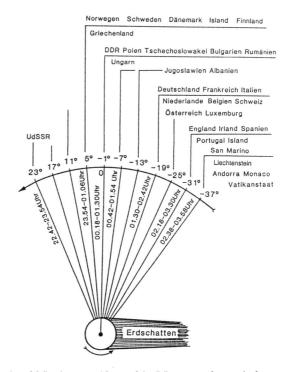

Bild 7.32 Abschattungszeiten (Winterzeit)
und maximale Dauer der Abschattung für
verschiedene Satellitenpositionen

Der Zeitpunkt der Mitte der Eklipse ist abhängig vom Abstand in Längengraden zwischen
dem Satelliten und dem Servicebereich des Satelliten ΔL, /15/

$$T \ (in \ Stunden) \ = \ \frac{\Delta L \ (in \ Grad)}{360^\circ} 24 \quad . \qquad\qquad (7.5)$$

In Ortszeit ausgedrückt ergibt sich

$$T \ (in \ Stunden) \ = \ \frac{L_{SAT} \ (in \ Grad)}{360^\circ} 24 + DZ_1 + DZ_2 \ \pm \ 7 \ min \qquad (7.6)$$

wobei L_{SAT} der Längengrad der Satellitenposition, DZ_1 der Zeitunterschied zu der Service–Zone, DZ_2 der Zeitunterschied bedingt durch Sommer–Winterzeit und ± 7 min der maximale Unterschied zwischen dem aktuellen Sonnentag und dem mittleren Sonnentag ist.

Für einen Satelliten bei 19° West kann die Eklipse zwischen 01:33 Uhr und 03:59 Uhr deutscher Ortszeit stattfinden.

Außer den Eklipsen die durch die Erde verursacht werden, gibt es auch Eklipsen, die durch teilweise oder totale Abschirmung des Sonnenlichtes durch den Mond hervorgerufen werden. Die Eklipsen des Mondes sind unregelmäßig in Dauer und Stärke. Im Mittel kommen im Jahr zwei Mondeklipsen, maximal 4, vor. Die Eklipsen können zweimal innerhalb von 24 Stunden auftreten. Die Dauer der Eklipsen variiert von einigen Minuten bis zu über 2 Stunden, mit einer mittleren Dauer von 40 min.

Spezielle Probleme können in bezug auf Nachladen von Batterien und Thermalhaushalt des Satelliten auftreten, wenn Mondeklipsen unmittelbar vor oder nach Erdeklipsen stattfinden.

Die Konjunktion Sonne–Satellit ist das zur Eklipse inverse Phänomen. Sie tritt dann auf, wenn die auf den Satelliten gerichtete Achse der Antenne der Empfangsstation gleichzeitig in Richtung Sonne zeigt, die Sonne also hinter dem Satelliten steht. Das führt zu starken Störungen durch die Sonne. Diese Störungen treten auf der Nordhalbkugel *vor* der Frühjahrssonnenwende und *nach* der Wintersonnenwende (auf der Südhalbkugel *nach* der Frühjahrsund *vor* der Wintersonnenwende) auf, zu Zeiten, die denen der Eklipse für den betreffenden Satelliten entgegengesetzt sind (zwischen 14 Uhr und 15 Uhr Ortszeit für TV–SAT). Der Effekt macht sich bei uns an 5 Tagen rund um den 7. Oktober und den 4. März bemerkbar, mit einer maximalen Dauer von 8 min bei ca. 2° Öffnungswinkel. Während dieser Zeit wird das Signal/Rauschverhältnis abhängig von der Keulenbreite der Antenne reduziert.

Die Sonnenstörungen beginnen im Februar, März und April in den nördlichsten Breiten und bewegen sich nach Süden. Die Empfangsstationen am Äquator haben diese Störungen zur Zeit des Äquinoktiums. Dann wandern die Störungen auf die südliche Halbkugel. 3,5 Wochen nach Äquinoktium erreichen die Störungen ihren südlichsten Punkt. Im August, September und Oktober werden alle Bewegungen umgekehrt, weil die Sonne in der umgekehrten Richtung wandert. Bild 7.33 zeigt diese Erscheinung /17/.

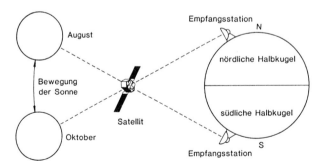

Bild 7.33 Wanderung der Sonnenstörungen durch die Bewegung der Sonne

Bild 7.34 zeigt die scheinbare Bewegung der Sonne relativ zur Erde, die den Vorgang genauer beschreibt /14/.

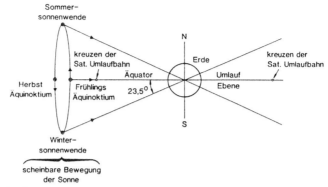

Bild 7.34 Scheinbare Bewegung der Sonne relativ zur Erde

Bild 7.35 zeigt die Verhältnisse in der Nähe der Konjunktion Sonne – Satellit. Man erkennt, daß für eine Antenne mit 2° Öffnungswinkel die Empfangsantenne die Sonne nur unter
einem Teilwinkel sieht; dies erklärt auch die Dauer der merkbaren Degradation /9/.

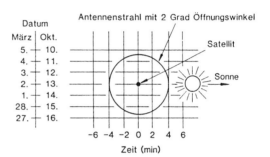

Bild 7.35 Bewegung der Sonne in der
Nähe der Konjunktion mit dem Satelliten

Bild 7.36 zeigt Messungen des Rauschabstandes mit DBS–Antennen bei der Konjunktion
Sonne–Satellit.

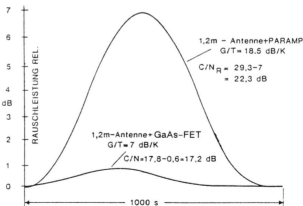

Bild 7.36 Degradation aufgrund des
Sonnendurchganges in DBS-Antennen

Es erweist sich, daß dieser Effekt bei Antennen der Größe, wie sie beim DBS–Empfang
verwendet werden, vernachlässigt werden kann.

Die Rauschtemperatur einer Empfangsanlage wird durch den Rauschanteil der Sonne
(6000 K Rauschtemperatur) erhöht. Die resultierende Rauschtemperatur der Antenne hängt
vom Winkel–Durchmesser ϵ der Rauschquelle und der Strahlbreite α der Antenne ab. Wenn
ϵ größer als α ist, dann bedeckt die Störquelle die gesamte Strahlbreite und die Rauschtem-

peratur ist praktisch die der Radioquelle. Sobald ϵ kleiner als α ist, wird die Rauschtemperatur im Verhältnis des Quadrats der Winkel reduziert, d.h. ungefähr im Verhältnis $(\alpha/\epsilon)^2$ /15/.

Da die Strahlbreite α für DBS–Empfangsantennen relativ groß ist, wird die Rauschleistung, wie Bild 7.36 zeigt, nur relativ wenig von der Sonne beeinflußt. Der Störeinfluß ist bei Antennen mit starker Bündelung entsprechend größer.

Da jede Bodenstation, die auf einen Satelliten ausgerichtet ist, einen maximalen Winkelbereich von $8,7°$ relativ zur Äquatorialebene bildet, ergeben sich die Sonnenstörungen zu Zeitpunkten in der Nähe der Äquinoktien: Vor dem Frühlings–Äquinoktium für die nördliche Halbkugel und umgekehrt für die südliche Halbkugel. Bild 7.37 zeigt den Sonnenelevationswinkel relativ zur Äquatorebene der Erde (Deklination) in Abhängigkeit von der Jahreszeit. Dabei ist auch der Bereich, in dem Sonnenstörungen auftreten können (21 Tage), angegeben /14/.

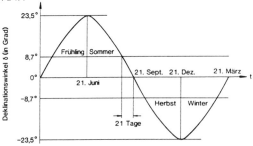

Bild 7.37 Deklinationswinkel bezogen auf die Äquatorebene als Funktion der Jahreszeit

Die Sonnenstörungen treten t_{MAX} Tage vor dem Äquinoktium und t_{MAX} Tage danach ein /14/:

$$t_{MAX} = 8,7 \cdot T / (2\pi \cdot 23,5) = 21 \text{ Tage} \quad (T = 365 \text{ Tage}) \tag{7.7}$$

Für eine Antenne mit der Hauptkeulenbreite Θ gibt es Sonnenstörungen während Δt Tagen, wobei

$$\Delta t = \Theta \cdot T / 23,5° \cdot 2\pi = 2,5 \cdot \Theta \text{ Tage} \tag{7.8}$$

Mit $\Theta = 2°$ ergibt sich $\Delta t = 5$ Tage. Jede Störung dauert $\Delta t'$, wobei

$\Delta t'$ in sec $= 23,5° \cdot (3600 / 360°) \cdot \Theta = 235 \cdot \Theta$

Mit $\Theta = 2°$ ergibt sich $\Delta t' = 470$ s ≈ 8 min. Tab. 7.6 gibt die Sonnenstörungen für einige Antennendurchmesser an.

Tabelle 7.6 Betrag und Dauer der Rauschtemperaturerhöhung (Halbwertsbreite der Leistung) als Funktion des Antennendurchmessers

Antennendurch-messer in m	Gewinn in dB	−3 dB Strahlbreite in Grad	Max.zusätzl. Rauschtem-peratur in K	Dauer der Störung bei Konjunktion in min	Dauer der Störung am Tag vorher und nachher in min
0,45	32	4,0	300	17	12
0,65	35	2,8	600	12	8
0,9	38	2,0	1200	9	6
1,3	41	1,4	2400	6	4
1,9	44	1,0	4500	5	3
2,8	47	0,7	8000	4	3

Dabei ist der effektive Sonnendurchmesser $\Theta_s = 0,8°$ sowie eine Rauschtemperatur der Sonne von $1,5 \cdot 10^4$ K bei 12 GHz und 55% Wirkungsgrad der Antenne zugrunde gelegt. Man sieht, daß mit zunehmender Antennengröße die Störung größer wird (8000 K bei 2,8 m Antennendurchmesser), dann aber auch weniger lange dauert. Bei sehr stark bündelnden Antennen ist es u.U. empfehlenswert, die Antenne während der Konjunktion wegzudrehen, da am Speisehorn dessen Plastikabdeckung schmelzen und sich der Konverter-Vorverstärker

Luftbilder freigegeben durch die Regierung von Oberbayern unter der Nummer GS 300/276/89

Diese Methode wurde für großflächige Abschätzungen der Empfangsmöglichkeiten für TV–SAT ausgenutzt. Durch Luftaufnahmen zur betreffenden Zeit kann dort, wo kein Schatten ist, Empfangsmöglichkeit angenommen werden. Die DFVLR hat solche Aufnahmen gemacht und festgestellt, daß z.B. in München nur wenige Stellen (z.B. hinter einem Gaskessel und in der Nähe des Stadtkernes) abgeschattet sind, meist Stellen, die wahrscheinlich ohnehin mit Kabel versorgt werden.

Diese Methode wurde für großflächige Abschätzungen der Empfangsmöglichkeiten für TV–SAT ausgenutzt. Durch Luftaufnahmen zur betreffenden Zeit kann dort, wo kein Schatten ist, Empfangsmöglichkeit angenommen werden. Die DFVLR hat solche Aufnahmen gemacht und festgestellt, daß z.B. in München nur wenige Stellen (z.B. hinter einem Gaskessel und in der Nähe des Stadtkernes) abgeschattet sind, meist Stellen, die wahrscheinlich ohnehin mit Kabel versorgt werden.

Auch auf Aufnahmen sämtlicher in Ost–West–Richtung verlaufenden Gebirgstäler in Deutschland konnte fast keine Abschattung festgestellt werden: die meisten Menschen bauen ihre Häuser an Stellen, wo sie mittags Sonne haben. Bild 7.38 zeigt eine Luftbildaufnahme mit Schattenzonen.

7.6 Frequenzen, Positionen und Programme einiger Satelliten

In Tabelle 7.7 sind, soweit verfügbar, die wesentlichsten Parameter für TV–Sendungen von verschiedenen Satelliten angegeben, einschließlich der verschiedenen Übertragungsverfahren und Preemphasesysteme (siehe Kap. 2.8.6 und Bild 3.9).

Tabelle 7.7 Programmanbieter und Empfangsparameter von TV–Programmen verschiedener Satelliten

Programm	Satellit-Transponder	Position in Grad	Polaris.: x = hori. y = vert.	Spot O/W	Empfangs-frequenz	Bandbr. in MHz	Hub in MHz	Prä-/De-emphase	Frequenz-verwischung	Norm	Land	Video-Ver-schlüsselung
SKY-CHANNEL	ECS-F4/6	13 O	x	W	11650,00	27	16	?		PAL	GB	keine
SUPER-CHANNEL	ECS-F4/12	13 O	y	W	11674,33	36	25	?		PAL	GB	keine
TELECLUB	ECS-F4/7	13 O	y	W	10986,67	36	25	CCIR 405	4 (25 Hz)	PAL	CH	ja
RV-Milano	ECS-F4/1	13 O	x	W	10965,00	36	25			PAL	I	keine
ATN/FILMNET oder WORLD/PUBLIC	ECS-F4/9	13 O	y	W	11140,33	36	25			PAL	B/NL	keine
RTL-PLUS	ECS-F4/2	13 O	y	W	11007,00	36	25			PAL	D	
PTT-NL	ECS-F4/3	13 O	x	W	11174,33	36	25	CCIR 405	2 (25 Hz)	PAL	NL	keine
SAT 1	ECS-F4/10	13 O	y	W	11507,67	36	25	CCIR 405	2 (25 Hz)	PAL	D	keine
3-SAT	ECS-F4/8	13 O	x	O	11091,00	36	25	CCIR 405		PAL	L	keine
TV-5; NEW WORLD CHANNEL TF1	ECS-F4/4	13 O	x	W	11472,00 11472,00	36	25	CCIR 405	2 (25 Hz)	PAL/ SECAM	F	keine
3-SAT	IN/VA-F15	60 O	x	W	10974,00	36	25		2 (25 Hz)	PAL	D	keine
WDR 3	IN/VA-F15	60 O	x	W	11010,50	36	25	CCIR 405	2 (25 Hz)	PAL	D	keine
TELE-5	IN/VA-F15	60 O	x	W	11138,00	36	25	CCIR 405	2 (25 Hz)	PAL	D	keine
BR-3	IN/VA-F15	60 O	x	W	11174,00	36	25	CCIR 405	2 (25 Hz)	PAL	D	keine
ARD1 PLUS	IN/VA-F15	60 O	x	W	11549,50	36	25	CCIR 405	2 (25 Hz)	PAL	D	keine
PREMIERE oder zeltv. CHILDREN'S CHANNEL	IN/VA-F11/1	27,5 W	x	W	11015,00	31	20	CCIR 405	2 (25 Hz)	PAL	USA	keine
SCREEN SPORT	IN/VA-F11/3	27,5 W	x	W	11135,00	31	20	CCIR 405	2 (25 Hz)	PAL	USA	keine
BBC1 bzw. BBC2	IN/VA-F11/4	27,5 W	x	W	11175,00	31	20	CCIR 405	2 (25 Hz)	PAL	USA	keine
CNN	IN/VA-F11	27,5 W	y	O	11155,00	31	20	CCIR 405	2 (25 Hz)	PAL	USA	keine
NRK (TV-NORGE)	ECS-1/F2	7 O	x	W	11644,00	27	16			C-MAC	N	
EURO-SPORT	ECS-1/F2	7 O	y	W	11490,00	36	25				S	
WORLDNET	ECS-1/F2	7 O	x	O	11591,00	36	25				S	
TELECOM 1C	La Cinq	5 W	y	O	12606,00					SECAM	F	keine

Tabelle 7.7   Programmanbieter und Empfangsparameter von TV–Programmen (Fortsetzung)

Programm	Ton					
	Unterträger	Typ/System	Hub in kHz	Bandbreite in kHz	Prä–/Deemphase in µs	Stereo–System
SKY–CHANNEL	6,65 7,02 7,20	Mono L–Stereo R–Stereo	50 50 50	280 +/– 150 130 130	50 Variabel Variabel	WEGENER WEGENER
SUPER–CHANNEL	6,65 7,02 7,20	Mono L–Stereo R–Stereo	50 50 50	280 +/–150 130 130	50 Variabel Variabel	WEGENER WEGENER
TELECLUB	6,50	Mono	50	280 +/–150	50	–
RV–Milano						–
ATN/FILMNET oder WORLD/PUBLIC	6,60	Mono	50	280 +/–150	J–17	–
RTL–PLUS	6,60 6,65	Mono	50	280	50	–
PTT/NL	6,65	Mono	50	280	50	–
SAT 1	6,65 7,02	Mono Mono Radio–Pr.	50 50	280 130	50	–
3–SAT						
TV–5; NEW WORLD CHANNEL	6,65	Mono	50/150	900 +/–450	J–17	–
3–SAT	6,65	Mono	50	280	50	–
WDR 3	6,65 7,02 7,20	Mono L–Stereo R–Stereo	50 50 50	280 130 130	50	Begleitton und WEGENER (TEST DLF)
TELE–5	6,65	Mono	50	280	50	–
BR–3	6,65	Mono	50	280	50	–
ARD1 PLUS	6,65	Mono	50	280	50	–
PREMIERE oder zeitv. CHILDREN'S CHANNEL	6,60	Mono	50	280 +/–150	50	
SCREEN SPORT	6,60	Mono	50	280 +/–150	50	
BBC1 bzw. BBC2	6,60	Mono	50	280 +/–150	50	
CNN	6,60/7,56	Mono/Daten	50	280 +/–150	50	
NRK (TV–NORGE)	6,60			130	50	
EURO–SPORT	6,60	Mono	50	280	50	
WORLDNET	6,60	Mono	50	280	50	
TELECOM 1C						

7.7   Schrifttum

/1/   Operational Navigation Chart 1:1000 000; ONCE–2. Edition 18–GSGS

/2/   Direct Broadcasting Satellite. Druckschrift der Firma WISI

/3/   Für Hörfunk– und TV–Programme über Rundfunksatelliten – FUBA–Empfangssystem SAT. Broschüre der Firma FUBA, 03.01.02.88

/4/   System–Komponenten für Rundfunksatelliten–Empfangsanlagen. Katalog DS252, Ausgabe 2 der Firma Hirschmann

/5/   SKE System. Broschüre ED–VKD 8 699 914 148 (0854)D der Firma Bosch

/6/   Aktive Satelliten Programme durch Direkt–Empfang mit der Kathrein–Empfangsstation SATAN. Broschüre der Firma Kathrein, F875/387/40

/7/   FUBA Spiegel, Sonderdruck, März 1986, S. 15 ff

/8/   Pauli, P.: TV–SAT. Band 237, Expert Verlag, 1987

/9/   Ringer, P., Gregory, D., Harvey, R., Jennings, A.: Satellite Broadcasting. J. Wiley & Sons, Chichester, 1985

/10/ Baylin, F., Gale, B.: The Home Satellite TV Installation & Troubleshooting Manual. Baylin–Gale Productions, 1986

/11/ Schultz, J.: So arbeitet das Segel. Delius Klasing, Bielefeld, 1982

/12/ Kuchling, H.: Physik, Nachschlagebücher für Grundlagen Fächer. VEB Fachbuch Verlag Leipzig, 1983, S. 154

/13/ Scholtz, W.: Qualitätsaspekte bei parabolischen Satelliten−Empfangsantennen. TV−SAT−Lehrgang Nr. 9451/731 an der Technischen Akademie Esslingen, KabelMetalElektro GmbH, Hannover, 1987

/14/ Maral, G., Bousquet, M.: Satellite Communications Systems. John Wiley & Sons, Chichester, 1986

/15/ CNES/CNET: Telecommunications Spatiales I. Bases Theoriques', Masson, Paris, 1982

/16/ Fernsehen Via Satellit. Broschüre der Firma Hirschmann

/17/ Baylin, F., Gale, B.: Ku Band Satellite TV − Theory, Installation and Repair. Baylin−Gale Productions, 1986

8 Meßtechnik

8.1 Winkelmesser, Lot und Kompaß

In diesem Abschnitt wird das Aufstellen einer Heimempfangsantenne und ihre Einmessung einschließlich der Bestimmung der Empfangsgüte behandelt. Wie jede Fernsehantenne, so hat auch eine Satellitenantenne eine Richtwirkung, die allerdings aufgrund des wesentlich höheren Frequenzbereiches sehr viel stärker ausgebildet ist. Dies bedeutet, daß die Antenne exakt auf den Satelliten ausgerichtet sein muß, bevor man ein Signal empfängt. Hinzu kommt, daß beim Satellitenempfang außer dem Azimut– auch noch der Elevationswinkel eingestellt werden muß. Hat man das Signal erst einmal gefunden, so ist die Feinausrichtung der Antenne anhand des Signalpegels in der gleichen Weise möglich, wie wir es von konventionellen Fernsehantennen her kennen.

Zum Empfang eines für das Auge unsichtbaren Satelliten müssen Azimut– und Elevations– winkel für den Empfangsort bekannt sein (siehe Anhang VIII). Damit stellt man an der Antenne als erstes die Elevation (den Höhenwinkel) ein. Hierzu kann man sich eines einfachen Winkelmessers und eines Lotes bedienen (siehe Bild 8.1 a).

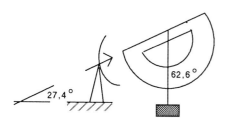

Bild 8.1 a) Einstellen des Elevationswinkels (27,4°)   b) Azimutausrichtung der Antenne (211°)

Als 2. Schritt verwenden wir einen Kompaß, um die Antenne im Azimut auszurichten (siehe Bild 8.1b).

Mit dieser Grobeinstellung der Antenne kann bereits ein Signal empfangen werden, so daß die weitere Feinausrichtung z.B. durch die Feldstärkeanzeige des Empfängers und bei Fernsehen unter Betrachten des Bildes (Scharfstellung) vorgenommen werden kann (s. Kap. 7).

8.2 Leistungsmesser und Spektrumanalysator

Leistungsmeßgeräte (*Power Meter*) erlauben es, die HF–Leistung nach dem Empfangskonverter oder zur Einspeisung in Antennenanlagen zu bestimmen, um so Pegel zu verifizieren. Hierzu können auch – so verfügbar – Spektrumanalysatoren eingesetzt werden, die es zudem gestatten, die Signalform zu beurteilen. Hierzu wird nach entsprechender Filterung und Umsetzung auf einen Oszillographenschirm die Signalamplitude in Abhängigkeit von der Frequenz aufgezeichnet (siehe Bild 8.2).

Diese Messung der Empfangsleistung ist bei der Installation einer Heimempfangsanlage empfehlenswert, denn sie garantiert, daß die Geräte richtig angeschlossen sind und insbesondere, daß die Antenne mit ihrer Hauptkeule auf den Satelliten gerichtet ist und nicht mit der ersten Nebenkeule.

8.3 Rauschmessung und Bestimmung der Empfangsgüte

Entscheidend für einen guten Satellitenempfang ist das Träger–Rauschverhältnis $C–N$. Für FM–Fernsehen liegt z.B. die Schwelle des Demodulators bei 10 – 11 dB, gemessen mit einer Bandbreite von 27 MHz. Das $C–N$ kann durch Messung der Signalleistung und der Rausch–

leistung am Empfängereingang bestimmt werden. Ein Spektrumanalysator gestattet es, aus dem Spektrum des Empfangssignals das Verhältnis $C-N$ zu bestimmen. Allerdings muß dazu bei FM erst ein unmodulierter Träger gesendet werden (was in der Praxis nicht üblich ist). Das Verhältnis Träger– zu Rauschleistung wird entweder aus den mit dem Analysator bestimmten Meßwerten errechnet oder der Analysator tut das nach Festlegung der Meßpunkte auf der Kurve des Spektrums selbst. Bild 8.2 zeigt eine solche Meßkurve mit dem Ergebnis der Rechnung im Anzeigefeld.

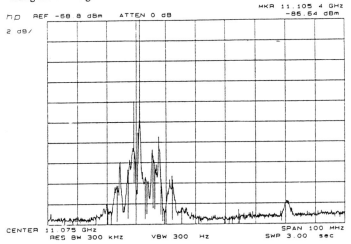

Bild 8.2 $C-N$ Messung mit
dem Spektrumanalysator

Da ein Spektrumanalysator nicht immer verfügbar ist (Preis ca. 20.000,– DM für Frequenzbereich 950 – 1750 MHz), und auch im praktischen Betrieb nicht immer die Modulation abgeschaltet werden kann, seien weitere Möglichkeiten unter Verwendung von Leistungsmeßgeräten oder direkt mit dem FM–Empfänger erläutert.

Leistungsmeßgeräte werden im ersten ZF–Bereich eingesetzt. Dann wird auch der gesamte Empfangszug gemessen. Einmal wird das empfangene Satellitensignal samt Rauschen gemessen, also $c+n$, und dann das Rauschen n, indem entweder die Antenne vom Satelliten weggedreht wird oder indem man die Frequenz auf einen freien Kanal abstimmt. Man bestimmt also eigentlich $(c+n)/n$. Dieses Verhältnis kann in $C-N$ umgerechnet werden. In den meisten Fällen reicht aber die Genauigkeit des ersten Wertes, wenn das Rauschen nicht zu hoch ist (bei $C-N = 10$ dB ist der Fehler 0,4 dB). Wesentlich bei der Messung ist es, die Bandbreite zu kennen, in der gemessen wird. Man muß eventuelle Filter im LNC berücksichtigen oder besser ein definiertes Filter, dessen Rauschbandbreite man kennt (sie sollte gleich der des Filters im verwendeten Empfänger sein), für die Messung vor den Leistungsmesser schalten.

Auch der FM–Empfänger selbst hat in vielen Fällen ein Meßgerät für die Empfangsleistung eingebaut. Dieses Gerät kann geeicht werden, indem man ohne Satellitensignal (z.B. durch weggedrehte Antenne oder verstimmte Frequenz) das Instrument auf Null regelt. Dann ist der gesamte Rauschbeitrag des Empfangszuges berücksichtigt. Empfängt man nun das Satellitensignal, so kann an der Skala der Pegel abgelesen werden. Durch entsprechende, nichtlineare Kalibrierung kann der Unterschied zwischen c/n und $(c+n)/n$ berücksichtigt werden.

Es gibt inzwischen auch Meßgeräte, die direkt an die Außeneinheit angeschlossen werden können, mit integrierter Akku–Stromversorgung für Meßgerät und LNC, mit denen sowohl der Satellit gesucht werden kann, als auch das $C-N$ gemessen wird. Zur optimalen Ausrichtung der Antenne sollte das Gerät auch eine akustische Indikation des Empfangspegels geben. Dazu gibt es Geräte, die die Tonhöhe eines NF–Signales in Abhängigkeit von der Empfangsleistung ändern. So muß man, während man mit dem Drehen von Schrauben, etc. beschäftigt ist, nicht immer das Meßgerät im Auge behalten.

9 Betrieb vorhandener Fernsehgeräte mit Satelliten

9.1 Modems, Stecker, PERI-Buchse, Konverter und 118 MHz-Dosen

Moderne Fernsehgeräte haben neben der Audio/Video-Buchse (siehe Bild 9.1) oder anstatt dieser, einen SCART-, PERI- oder EURO-AV-Aus- bzw. Eingang.

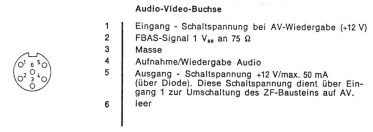

Audio-Video-Buchse

1	Eingang - Schaltspannung bei AV-Wiedergabe (+12 V)
2	FBAS-Signal 1 V_{ss} an 75 Ω
3	Masse
4	Aufnahme/Wiedergabe Audio
5	Ausgang - Schaltspannung +12 V/max. 50 mA (über Diode). Diese Schaltspannung dient, über Eingang 1 zur Umschaltung des ZF-Bausteins auf AV.
6	leer

Bild 9.1 Kontaktbelegung der AV-Buchse

Bild 9.2 zeigt die Kontaktbelegung des EURO-AV-Steckers von der Verdrahtungsseite her gesehen. Mit dieser Schnittstelle ausgerüstete TV-Geräte können über die Eingänge für Stereo-Ton bzw. die Eingänge für die Farbkomponenten Rot, Grün, Blau von einem vorgeschalteten D2-MAC-Decoder die volle Qualität von D2-MAC wiedergeben.

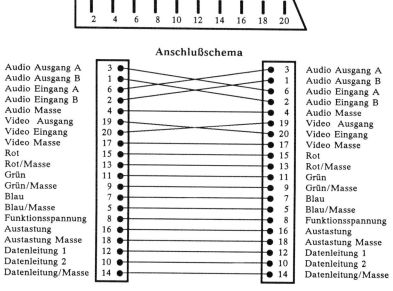

Bild 9.2 Kontaktbelegung des EURO AV-Steckers von der Verdrahtungsseite aus gesehen

Der Ton muß bei Übertragung von mehr als zwei Tonkanälen am D2-MAC-Decoder selektiert werden. Beim Neukauf von TV-Geräten sollte man ein Gerät mit EURO-AV-Buchse wählen, wenn man später einen D2-MAC-Empfang wünscht.

Ist eine EURO-AV-Buchse nicht vorhanden, bleibt nur die Remodulation des D2-MAC-Signales im PAL-Restseitenband.

9.2 Terrestrische Re–Modulation von D2–MAC in PAL

Von seiten der DBP ist vorgesehen, zumindest für einen Übergangszeitraum die D2–MAC–
Programme von Satelliten in PAL–Restseitenband zu remodulieren und so in die Kabelnetze
einzuspeisen. Damit haben auch Teilnehmer mit älteren TV–Geräten die Möglichkeit, die
Programme zu sehen und hören; die Qualität erreicht aber maximal die von PAL–Fernseh–
bildern. Sicher wird es auch Geräte geben, die für den Heimbereich D2–MAC–Signale im
PAL–Basisband umwandeln für TV–Geräte, die nur einen FBAS–Eingang über die Audio/
Video (AV)–Buchse haben (siehe Bild 9.2) und wahrscheinlich wird es für Geräte, die nur
einen HF–Eingang haben, auch Modulatoren für VHF oder UHF geben. Dann bleibt von der
D2–MAC–Qualität nichts mehr übrig, die Qualität dürfte dann schlechter als bei terrestri–
schem PAL–Empfang sein.

9.3 Restseitenbandmodulierte Einspeisung

Für die Einspeisung in Kabelnetze oder Gemeinschaftsantennenanlagen wird D2–MAC an
der Kopfstation empfangen, FM–demoduliert und dann in Restseitenbandmodulation umge–
setzt.

Die wichtigsten Parameter für diese Restseitenbandmodulatoren sind inzwischen festgelegt
worden. Das Kanalraster wird 12 MHz betragen. Damit ist es möglich, eine Videobandbreite
von 8,4 MHz bei D2–MAC zu übertragen.

Die NYQUIST–Filterung soll im Modulator stattfinden. Damit ergibt sich ein Bandbreiten–
gewinn und ca. 3 dB (bewerteter) Gewinn im S–R–Verhältnis gegenüber Filterung im Emp–
fänger. Die Modulation ist negativ (hoher Träger ist *schwarz*).

Die Amplitude des Restträgers soll ca. 10% betragen. Ein Restseitenband von 0,75 MHz
Breite ist vorgesehen. Diskutiert wird auch eine Verringerung der Nyquistflanke auf
±500 kHz, da hiermit auch HD–MAC in einem 12 MHz breiten Kanal übertragen werden
kann (Stand Februar 1989). Die restseitenbandmodulierten D2–MAC–Signale werden z.B. in
den Kabelnetzen der Deutschen Bundespost in das sog. Hyperband von 300 – 450 MHz
umgesetzt, in dem sie dem Teilnehmer angeboten werden.

10 Die rechtliche Situation des Satellitenempfangs

Wie ist die rechtliche Situation, wenn man mit einer Antenne Fernsehprogramme und Hörfunkprogramme empfängt? Mit der Entwicklung der Funknachrichtenübermittlung im 19. Jahrhundert ergab sich die Notwendigkeit, den unbefugten Empfang von Funksignalen gesetzlich zu unterbinden. Diese Regelung begann mit dem Kap. 10 des "Preußischen Regulativs über die Benutzung der elektromagnetischen Staatstelegraphen seitens des Publikums" vom 06. August 1849 und wurde schließlich im "Gesetz über Fernmeldeanlagen" vom 14. Januar 1928 festgeschrieben. Als innerstaatliches Recht sind in Deutschland als gesetzliche Grundlage heute gültig:

1. das Grundgesetz, Artikel 10, Artikel 87, etc.;
2. die Länderverfassungen;
3. das Fernmelderecht.

Das Senden und Empfangen von Signalen ist in Deutschland also nicht nur rechtlich, sondern vielmehr verfassungsrechtlich geregelt. Im Prinzip darf nur die Deutsche Bundespost senden und empfangen. Ausnahmen von dieser allgemeinen Regel sind

- Empfang von Hörfunk und Fernsehen
- Amateurfunkbetrieb.

Eine dritte Ausnahme bildete schon seit Anbeginn des Preußischen Regulativs der Funkbetrieb auf experimenteller Basis. Staatliche und andere Forschungsinstitute unterstützen die Post mit theoretischer und angewandter Nachrichtentechnik. So wurden im Jahre 1908 die Arbeiten der "Drahtlostelegraphischen und Luftelektrischen Versuchsanstalt" (DVG) in Gräfelfing aufgenommen, die noch heute nur unweit davon, in einem Forschungsinstitut der DFVLR in Oberpfaffenhofen, fortgeführt werden. Natürlich muß jede Übertragung auch der Forschung und Lehre bei der Post ordnungsgemäß angemeldet und von ihr explizit genehmigt sein, unabhängig von der Dauer der Übertragung oder der verwendeten Sendeleistung. In USA nimmt die FCC–Behörde diese Funkaufsichtspflicht wahr /1/. Sie erlaubt Experimentatoren gemäß FCC–Rule Nr. 15.211 sogar ohne Lizenz oder Zulassung zu senden, solange die Feldstärke 0,5 mV/m (Sendeleistungsdichte also $-94,8$ dBW/m^2) und die Sendedauer 1 s nicht übersteigen.

10.1 Empfang von Hörfunk– und Fernsehprogrammen über TV–SAT

Der Empfang von Hörfunk– und Fernsehprogrammen vom TV–SAT ist in der Bundesrepublik Deutschland ebenso geregelt wie der seit Jahrzehnten eingeführte Empfang von terrestrisch ausgestrahlten Hörfunk– und Fernsehprogrammen. Die Austrahlung dieser Satellitenprogramme ist für die Allgemeinheit vorgesehen und darf deshalb von jedermann empfangen werden. Natürlich muß die verwendete Empfangsanlage postalisch zugelassen sein (FTZ–Zulassungsnummer), die angeschlossenen Hörfunk– und Fernsehgeräte müssen angemeldet werden und Rundfunkgebühr entrichtet werden.

10.2 Empfang von Fernsehprogrammen über Fernmeldesatelliten

Anders verhält sich dies beim Empfang von über Fernmeldesatelliten wie INTELSAT, EUTELSAT, etc. ausgestrahlten Programmen, die eigentlich nicht für die Allgemeinheit gedacht sind, sondern das Programmaterial von den Studios an entlegene Füllsender und Kabelkopfstationen zur Weiterverarbeitung übermitteln. Trotzdem gibt es für INTELSAT– und EUTELSAT–Programme Möglichkeiten des privaten Empfangs. Auf einen entsprechenden Antrag wird die Deutsche Bundespost die Empfangsgenehmigung an Private erteilen (auch wenn ein Kabelanschluß möglich ist). Es ist dafür eine einmalige Genehmigungsgebühr von derzeit 50,– DM und eine monatliche Gebühr von ca. 15,– zu entrichten (von Bundesland zu

Bundesland verschieden). Zusätzlich zur Genehmigung durch die Deutsche Bundespost muß das zuständige Bundesland seine Genehmigung zum Empfang der Programme erteilen /2/. Die hierzu anzusprechenden Landesbehörden sind in Tabelle 10.1 aufgeführt.

Tabelle 10.1 Genehmigungen für Satellitenempfangsanlagen erteilende Landesbehörden

Baden-Württemberg	Staatsministerium Baden-Württemberg, Landesanstalt für Kommunikation, 7000 Stuttgart 1
Bayern	Bayerische Landeszentrale für Neue Medien, Thomas-Dehler-Straße 25, 8000 München 83
Berlin	Senator für Wirtschaft und Verkehr, Ref. IV B Martin-Luther-Straße 105, 1000 Berlin 62
Bremen	Senatskanzlei der Freien und Hansestadt Bremen, Rathaus, 2800 Bremen 1
Hamburg	Senatskanzlei der Freien und Hansestadt Hamburg, Poststraße 11, 2000 Hamburg 11
Hessen	Hessische Staatskanzlei, Referat Rundfunkgenehmigung, Bierstadter Straße 2, 6200 Wiesbaden
Niedersachsen	Landesregierung Hannover, Referat 11 Planckstraße 2, 3000 Hannover 1
Nordrhein-Westfalen	Staatskanzlei Nordrhein-Westfalen, Mannesmann-Ufer 1a, 4000 Düsseldorf
Rheinland-Pfalz	Staatskanzlei Rheinland-Pfalz, Peter-Altmeier-Allee 1, 6500 Mainz 1
Saarland	Landesanstalt für Rundfunkwesen, Mecklenburgring 45, 6600 Saarbrücken
Schleswig-Holstein	Unabhängige Landesanstalt für das Rundfunkwesen, Hindenburgufer 85, 2300 Kiel

Natürlich kann die Deutsche Bundespost keine Genehmigungen für den Empfang von Programmaterial ausstellen, das ihr gar nicht gehört (sondern z.B. der englischen BBC, etc.) /3/. Deshalb hat die Post für einige der über EUTELSAT-Satelliten abgestrahlten Programme das Nutzungsrecht erworben und kann so auch für diese Satellitenkanäle eine Empfangsgenehmigung erteilen. Damit erstreckt sich die Auswahl beim ECS z.Zt. auf die Programme:

Kanal 2	3-Sat	(deutsch)
Kanal 4	TV-5	(französisch)
Kanal 6	Sky Channel	(englisch)
Kanal 8	RTL-PLUS	(deutsch)
Kanal 10	SAT-1	(deutsch)
Kanal 12	Super Channel	(englisch)

Die Hälfte dieser Programme, nämlich 3-Sat, RTL-PLUS und SAT-1 kann allerdings zukünftig auch über den deutschen TV-SAT ohne Sondergenehmigung empfangen werden /4/. Zum anderen wird für den Empfang des ECS-1 eine ca. 2 m große, zusätzliche Antenne benötigt, während für den Empfang des TV-SAT nur eine einfache 60 cm-Antenne notwendig ist (siehe Kap. 1.8) /3,4/.

10.3 Internationale Regelungen

Vor dem Hintergrund der dramatischen Fortschritte in der Fernmeldetechnik und der daraus resultierenden Proliferation von Telegraphen tagten 1858 erstmals internationale Kongresse in Brüssel und in Bern, um internationale Regelungen, Standards und Tarife zu vereinbaren. In Frankreich waren die ersten Telegraphenverbindungen 1794 in Betrieb genommen worden; in England, Deutschland und Italien waren jeweils eigene Entwicklungen im Gange. Schon Anfang der Sechziger Jahre wurde dann klar, daß die Konventionen von 1858 unzureichend waren, um den wachsenden Verkehr auch über die Grenzen von Fürstentümern und Kleinstaaten hinaus gerecht zu werden. Frankreich erkannte als erstes die Notwendigkeit einer zeitgemäßen und verbindlichen Regelung und den wirtschaftlichen Vorteil, wenn Standards und Systemphilosophie auf dem französischen Netz aufbauten. Deshalb lud Frankreich zu einer umfassenden Konferenz ein, in der alle namhaften Staaten Europas teilnehmen sollten – außer England, weil dessen Fernmeldewesen in Händen privater Firmen war.

Diese Konferenz tagte vom 1. März bis zum 17. Mai 1865 in Paris und führte zur Unterzeichnung der ersten internationalen Telegraphen-Konvention durch den Kaiser von Frankreich, Repräsentanten des Großherzogtums Baden, Bayern, Belgien, Dänemark, Griechen-land, Hamburg, Hannover, Italien, Holland, Norwegen, Österreich–Ungarn, Portugal, Preußen, Rußland, Sachsen, Schweiz, Spanien, Türkei und dem Königreich Württemberg.

Tabelle 10.2 Frequenzzuteilung für ortsfeste und mobile Satellitenfunkdienste

Frequenzbereich in MHz	Bandbr. in MHz	Richtung	Verwendung	Bemerkungen
1530 – 1533	3	Sat.–Erde	LMSS	
1533 – 1544	11	Sat.–Erde	MMSS	
1544 – 1545	1	Sat.–Erde	MSS	Notfunk
1545 – 1555	10	Sat.–Erde	AMSS	
1555 – 1559	4	Sat.–Erde	LMSS	
1626,5 – 1631,5	5	Erde–Sat.	MM	
1631,5 – 1634,5	3	Erde–Sat.	LMSS	
1634,5 – 1645,5	11	Erde–Sat.	MMSS	
1645,5 – 1646,5	1	Erde–Sat.	MSS	Notfunk
1646,5 – 1656,5	10	Erde–Sat.	AMSS	
1656,5 – 1660,5	4	Erde–Sat.	LMSS	Radioastronomie
1670 – 1710	40	Sat.–Erde	meteorolog.	
2500 – 2655	155	Sat.–Erde	BS	nur Gemeinschaftsempfang
2655 – 2690	45	Sat.–Erde	BS	Radioastronomie
3400 – 4200	800	Sat.–Erde	FSS	
4500 – 4800	300	Sat.–Erde	FSS	primärer Richtfunk u. Mobil
5725 – 7075	1350	Erde–Sat.	FSS	
7250 – 7300	50	Sat.–Erde	FSS/MS	
7300 – 7450	150	Sat.–Erde	FSS	7300–7375 auch MS
7450 – 7550	100	Sat.–Erde	FSS; meteorolog.	
7550 – 7750	200	Sat.–Erde	FSS	
7900 – 8025	125	Erde–Sat.	FSS; MS	
8025 – 8400	375	Erde–Sat.	FSS	
10700 – 11700	1000	Sat.–Erde	FSS	Erde–Satellit
11700 – 12500	800	Sat.–Erde	DBS/FSS	Broadcast
12500 – 12750	250	Sat.–Erde	FSS	Erde–Satellit
12750 – 13250	500	Erde–Sat.	FSS	
14000 – 14470	470	Erde–Sat.	FSS; LM	LM sekundär
14470 – 14500	30	Erde–Sat.	FSS; LM	LM, Radioastronomie
14500 – 14800	300	Erde–Sat.	FSS	Zuführung zu BS
17300 – 17700	400	Erde–Sat.	FSS	Zuführung zu BS
17700 – 18100	400	Sat.–Erde	FSS	auch Erde–Sat.: Zuführung zu BS
18100 – 19700	1600	Sat.–Erde	FSS	
19700 – 21200	1500	Sat.–Erde	FSS; MS	exklusiv
22550 – 23550	1000	Sat.–Sat.	ISL	
27500 – 29500	2000	Erde–Sat	FSS	exklusiv
29500 – 30000	500	Erde–Sat.	FSS; MS	exklusiv
30000 – 31000	1000	Erde–Sat.	FSS; MS	
32000 – 33000	1000	Sat.–Sat.	ISL	
37500 – 39500	2000	Sat.–Erde	FSS	
39500 – 40000	500	Sat.–Erde	FSS; MS	

Legende: AMSS = *Aeronautical Mobile Satellite Services*; BS = *Broadcast Sevices*; DBS = *Direct Broadcast Services* (Direktsendende Rundfunkdienste); FSS = *Fixed Satellite Services* (Ortsfeste Fernmeldedienste); ISL = *Inter Satellite Links*; LM = *Land Mobile*; LMSS = *Land Mobile Satellite Services*; MMSS = *Maritime Mobile Satellite Services*; MS = *Mobile Services*; MSS = *Mobile Satellite Services* (Land, Maritime, Aeronautical).

Zu diesen 20 Gründerstaaten der ITU gesellte sich bald die gesamte Welt, und gemeinsam wurden so bis heute drahtgebundene und insbesondere Funkübertragungen geregelt. Diese Regelungen beinhalten Festlegungen von Standards und – bei Funkübertragungen – Frequenzbändern (siehe Tab. 10.2). Diese Arbeiten der ITU werden in ihrem Verwaltungszentrum in Genf von einem Stab von Mitarbeitern durchgeführt. Wenn neue Standards erarbeitet oder weitere Frequenzen zugeteilt werden, wirken dabei Vertreter der Postverwaltungen tatkräftig mit. Für besonders wichtige Entscheidungen werden hierzu sog. Weltfunkverwaltungskonferenzen (*WARC*) einberufen. Eine solche *WARC* fand 1977 zur Festlegung von Fre-

quenzen, Polarisationen und Sendeleistungen von Direktsatelliten und Verteilung von Orbitpositionen an die Mitgliedstaaten statt /5/.

Tabelle 10.3   Ergebnisse der Satelliten-Konferenz *WARC*-1977 für die europäischen Staaten

Orbit-Position	Kanalzahlen	Polarisation	Land
37° West	1 5 9 13 17	Rechtszirkular	San Marino
	3 7 11 15 19	Rechtszirkular	Liechtenstein
	4 8 12 16 20	Linkszirkular	Andorra
	21 25 29 33 37	Rechtszirkular	Monaco
	23 27 31 35 39	Rechtszirkular	Vatikan
31° West	2 6 10 14 18	Rechtszirkular	Irland
	3 7 11 15 19	Linkszirkular	Portugal
	4 8 12 16 20	Rechtszirkular	Großbritannien
	21 25 29 33 37	Linkszirkular	Island
	23 27 31 35 39	Linkszirkular	Spanien
19° West	1 5 9 13 17	Rechtszirkular	Frankreich
	2 6 10 14 18	Linkszirkular	Bundesrepublik Deutschland
	3 7 11 15 19	Rechtszirkular	Luxemburg
	4 8 12 16 20	Linkszirkular	Österreich
	21 25 29 33 37	Rechtszirkular	Belgien
	22 26 30 34 38	Linkszirkular	Schweiz
	23 27 31 35 39	Rechtszirkular	Niederlande
	24 28 32 36 40	Linkszirkular	Italien
7° West	21 25 29 33 37	Rechtszirkular	Jugoslawien
	22 26 30 34 38	Linkszirkular	Albanien
	23 27 31 35 39	Rechtszirkular	Jugoslawien
1° West	1 5 9 13 17	Linkszirkular	Polen
	2 6 10 14 18	Rechtszirkular	Rumänien
	3 7 11 15 19	Linkszirkular	Tschechoslowakei
	4 8 12 16 20	Rechtszirkular	Bulgarien
	21 25 29 33 37	Linkszirkular	DDR
	22 26 30 34 38	Rechtszirkular	Ungarn
5° Ost	2 6 10 22 26	Linkszirkular	Finnland
	3 7 11 15 19	Rechtszirkular	Griechenland
	4 8 30 34 40	Linkszirkular	Schweden
	12 16 20 24 36	Linkszirkular	Dänemark
	14 18 28 32 38	Linkszirkular	Norwegen
	27 35	Rechtszirkular	Dänemark
	23 31 39	Rechtszirkular	Island

Diese in der *WARC*'77 festgelegten Orbitpositionen, Frequenzen und Polarisationen sind in
Tab. 10.3 aufgeführt. Von diesen Orbitpositionen aus sollen Direktsatelliten Fernsehen und
digitale Tonprogramme ausstrahlen, als Innovationspotential für jeden Bürger, unabhängig
davon, wo er wohnt, und bei jedem Wetter empfangbar. Um dies übertragungstechnisch
sicherzustellen, wurden entsprechend hohe Satellitensendeleistungen festgelegt, die außerdem
den Einsatz kleiner Heimempfangsanlagen von weniger als 1 m Antennendurchmesser erlauben (Stand der Technik vor 1977). An dieser Zielsetzung hat sich seitdem nichts geändert –
nur denken wir heute europäisch, nicht national. Wir denken z.B. an die Möglichkeit, französische und englische Fernsehprogramme in Deutschland empfangen zu dürfen, und wir
würden gerne unsere deutschen Programme auch im Urlaub in der Schweiz, Österreich, Italien
oder Spanien, etc., empfangen, im Hotel oder aber auch per Individualempfangsantenne im
Wohnwagen oder auf dem Zeltplatz, wenn möglich, mit noch kleineren Antennen als 1 m
Durchmesser. Dazu brauchen wir Hochleistungssatelliten mit mindestens der Sendeleistung
bzw. Leistungsflußdichte des heutigen TV-SAT. Um diese bei einer europaweiten Ausleuchtung zu erzielen (Verdopplung des Versorgungsgebietes), benötigen wir eine Verdopplung der
elektrischen Sendeleistung (von 230 Watt auf ca. 450 Watt).

Die zu den in Tabelle 10.3 aufgelisteten Kanälen, Polarisationen und Ländern gehörenden Bedeckungsgebiete (nach *WARC'77*) sind in Bild 10.1 gezeigt. Die deutsche Zone hat ihr Zentrum auf 49,9°Nord/9,6°Ost (in Bayern) ausgerichtet, mit einem ellipsenförmigen Querschnitt (große Achse 1,6°, kleine Achse 0,7°), Antennenausrichtungsschwankungen maximal ±0,1°. Die zu den in Tab. 10.3 genannten Kanalzahlen gehörenden Frequenzen sind in Tab. 10.4 und die *WARC'77*–Rahmendaten für die Rundfunksatellitentechnik in Tab. 10.5 gezeigt.

Tabelle 10.4 Kanäle und Frequenzen für Rundfunksatelliten im 12 GHz-Bereich

Kanal	Mittenfrequenz in MHz	Kanal	Mittenfrequenz in MHz	Kanal	Mittenfrequenz in MHz	Kanal	Mittenfrequenz in MHz
1	11727,48	11	11919,28	21	12111,08	31	12302,88
2	11746,66	12	11938,46	22	12130,26	32	12322,06
3	11765,84	13	11957,64	23	12149,44	33	12341,24
4	11785,02	14	11976,82	24	12168,62	34	12360,42
5	11804,20	15	11996,00	25	12187,80	35	12379,60
6	11823,38	16	12015,18	26	12206,98	36	12398,78
7	11842,56	17	12034,36	27	12226,16	37	12417,96
8	11861,74	18	12053,54	28	12245,34	38	12437,14
9	11880,92	19	12072,72	29	12264,52	39	12456,32
10	11900,10	20	12091,90	30	12283,70	40	12475,50

Tabelle 10.5 Rahmendaten für Rundfunksatelliten–Technik gemäß *WARC'77*

Frequenzband	11,7 - 12,5 GHz
Zahl der Kanäle	40 (Kanalnummer 1-40, Kanalfrequenzen siehe Tab.10.4)
Bandbreite pro Kanal	27 MHz
Kanalabstand	19,18 MHz
Modulationsart	FM oder Modulationsverfahren mit entsprechenden Störgrenzwerten (z.B. MAC)
Kanäle pro Nation	5 (Kanalzuordnung siehe Tab. 10.3)
nationaler Kanalzwischenraum, mindestens	3 Kanäle
Senderabstrahlung	zirkulare Polarisation, von Kanal zu Kanal wechselnd linksdrehend oder rechtsdrehend
Satellitenorbitposition	siehe Tabelle 10.3
Satellitenpositionsgenauigkeit	±0,1° N/S; ±0,1° O/W; ±0,14° insgesamt
Satellitenantennenausrichtfehler	±0,1° in jeder Richtung; ±2,0° Drehung um die Strahlachse
Leistungsflußdichte am Rande des Versorgungsgebietes für 99% der Übertragungszeit	-103 dBW/m^2 für Einzelempfang -111 dBW/m^2 für Gemeinschaftsempfang -100 dBW/m^2 im Versorgungsmittelpunkt
Gütefaktor *G-T* der Empfangseinrichtung	6 dBi/K für Einzelempfang 14 dBi/K für Gemeinschaftsempfang

Wie aus Bild 10.1 ersichtlich, hält sich die Satellitenausstrahlung nicht genau an die Grenzen. Die jeweilige Sendekeule leuchtet nicht nur das eigene Land aus, sondern reicht weit darüber hinaus. Im Bereich der eingezeichneten Ellipsen können die Programme mit einer Parabolantenne von weniger als einem Meter Durchmesser empfangen werden. Größere Antennen ermöglichen den Fernsehempfang auch außerhalb: ASTRA kann in der gesamten Bundesrepublik empfangbar werden.

Widersprüchlich sind auch die verteilten Kanalzahlen. Ein Fernsehprogramm kostet in der Erstellung ca. 200 – 300 Mio. DM/Jahr. Folglich ist die Anzahl der erstellbaren Programme nicht unabhängig vom Bruttosozialprodukt eines Landes. Die Bundesrepublik Deutschland, Jugoslawien und San Marino – nur als Fallbeispiele – haben die Bruttosozialprodukte $2 \cdot 10^{15}$ DM, $1 \cdot 10^{10}$ DM und $0,5 \cdot 10^5$ DM (1987, nur als Größenordnungen). Da man nun Jugoslawien 10 Kanäle zugeteilt hat, müßten der Bundesrepublik mindestens 100 Kanäle eingeräumt werden (keine ungebührliche Zahl übrigens; die Kabelnetze in größeren amerikanischen Städten bieten 100 bis z.T. 150 Programme an; in München sind es inzwischen 30; ein zukünftiger TV–SAT müßte also 60 – 100 Kanäle anbieten, um mit dem Kabelnetz konkurrieren zu können), während der Proporz für San Marino sicherlich nicht mehr als einen Kanal ergeben würde. Stattdessen werden sowohl der Bundesrepublik Deutschland als auch der Republik San Marino je fünf Kanäle erlaubt.

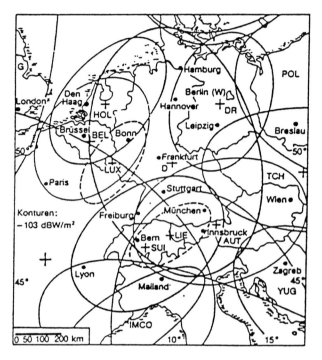

Bild 10.1 Die 1977 definierten
Ausleuchtzonen

Abgesehen von diesen Widersprüchen in sich, ist der Genfer Plan von 1977 auch in anderer Hinsicht einmalig in der 125jährigen Geschichte dieser Internationalen Fernmeldeverwaltung: Zum ersten Mal wurde ein Dienst bereits vor seiner Einführung reguliert und bis ins Detail festgeschrieben, noch ohne von den betroffenen Staaten (geschweige denn deren Bürgern) zu wissen, welcher Bedarf vorhanden sein wird. Wie wir heute wissen, bestrafte die Geschichte diesen Übereifer bevor die erste Dienstanweisung realisiert wurde. Not macht erfinderisch. Erinnern wir uns an die WARC von 1951. Nach diesem "Kopenhagener Wellenplan" vor 38 Jahren hatte Deutschland eine große Zahl von Radiofrequenzen im Mittelwellenbereich abtreten müssen. Diese "internationale Regelung" zwang Deutschland in den UKW–Bereich auszuweichen und verhalf so zu einem wirtschaftlichen Vorteil: die deutsche Industrie war gezwungen UKW–Radios zu bauen, die dann schnell führend in der Welt wurden.

In der WARC'77 haben die Industrienationen Europas die größere Zahl von Fernsehfrequenzen abtreten müssen, an Kleinstaaten und Fürstentümer, die sie zum Teil nie nutzen werden. Auch diese Maßnahme wurde nicht hingenommen. Man schritt zur Nutzung des K_u–Bandes (11 GHz statt 12 GHz) mit 16 statt 5 Kanälen pro Land (siehe ASTRA).

Der Fortschritt in der Telekommunikation wird nicht vom "Angebot" der Behörden, sondern von der "Nachfrage" des Nutzers angespornt, unterstützt von Technologieschüben.

10.4 Schrifttum (siehe Seite 198)

11 Zukunftsperspektiven

In den wenigen Jahren seit es das Fernsehen gibt, ist es uns zum wichtigsten Kommunikations- und Unterhaltungsmedium geworden.

Die Qualität des Fernsehens wurde ständig verbessert, von panchromatisch/monoton bis zum heutigen Farbbild/Stereoton.

Weitere Verbesserungen sind logisch, unaufhaltsam (siehe Bild 11.1), z. T. weitgehend technologisch vorbereitet und werden mithin dem Nutzer verfügbar werden.

Die Technologie der Ausstrahlung von Fernsehen entwickelte sich ebenfalls weiter. Es wurden Glasfasern entwickelt, die Bewegtbilder übertragen können, und es werden Satelliten eingesetzt.

In der Bundesrepublik Deutschland hat der Empfang von Satellitenfernsehen – bereits lange vor TV-SAT – revolutionäre Ausmaße angenommen.

Was wird uns die Zukunft nach der jetzigen Generation TV-SAT bringen? Werden wir noch mehr Programme über Satellit empfangen, oder bessere Programme, oder eine höhere Qualität der Darstellung? Wird es andere, zusätzliche Arten der Darstellung geben, wie holographisches Video, Rundum-Audio und aktuelle Klimaregelung und Geruchsausstrahlung im "Zuschauerraum" (im Wohnzimmer) zur Komplettierung der Abbildungstreue des dargestellten Originals? Werden weiterhin immer größere Signalbandbreiten benötigt, die auf immer höheren Trägerfrequenzen ausgestrahlt werden?

Die Technologie ist bereits heute vorhanden, um mehr als fünf Programme pro Satellit zu übertragen, und sie ermöglicht auch Übertragungen höherer Qualität, bis einschließlich HDTV. Damit ist z.B. HDTV eine Frage der Programmerstellung (das Programmaterial muß ja zunächst die höhere Auflösung besitzen, bevor es ausgestrahlt werden kann) und auch der Verbreitung von HDTV-fähigen Fernsehempfängern. Das gleiche gilt für dreidimensional abgebildetes (holographisches) Material. Auch hier ist die Übertragung insbesondere über Satellitentransponder das technisch kleinere Problem /1/.

Die drahtlose Ansteuerung von Temperatur- und Luftfeuchtereglern einschließlich Duftsprayeinrichtungen ist trivial – die Installation der Klima- und Geruchsausstrahlungsgeräte ist problematischer; die Nutzerakzeptanz ist das Problematischste.

Auf dem Audio-Sektor haben wir bereits heute einen Stand der Entwicklung erreicht, von dem aus eine weitere Steigerung keine hörbare Verbesserung einbringt, da das menschliche Ohr Lautstärken über 145 dB, Frequenzen über 20 kHz und eine Dynamik über 140 dB nicht mehr wahrnimmt. Es sind allenfalls andere, zusätzliche Dienste, die uns die Technik der Zukunft bescheren wird. Für solche neuen Dienste wird es dann wieder die entsprechenden Geräte geben, die wir uns zusätzlich anschaffen müssen. Dabei ist zu hoffen, daß der allgemeine Trend der Technik noch einige Zeit vorhält, und elektronische Geräte weiter zuverlässiger, kleiner und preisgünstiger werden.

Auch die Heimempfangsanlagen werden noch kleiner und preisgünstiger werden, einschließlich der Antenne, die zukünftig durch Verwendung noch rauschärmerer Empfänger mit kompakteren Abmessungen auskommen wird. Die Entwicklung der Rauschzahlen, von 8 dB vor noch wenigen Jahren, zu inzwischen 0,8 dB, führt zu immer höherer Güte des Empfängers und erlaubt es, immer kleinere Antennen einzusetzen. Hier wird die planare Antenne den Parabolspiegel ablösen und so ästhetischere Installationen ermöglichen. Die Planarantenne erlaubt vor allen Dingen den Empfang von mehr als einem Satelliten ohne Neuausrichtung, so daß Programme von Nachbarsatelliten auch anderer Länder zugänglich werden. Daneben ist es aber auch denkbar, daß z.B. die Programme Deutschlands und Frankreichs zukünftig von ein und demselben Satelliten abgestrahlt werden und somit auch französische Sendungen den Besitzern von Heimempfangsanlagen verfügbar werden. Da aber nur etwa 5% der Bevölkerung des deutschsprachigen Raumes Französisch spricht, hingegen 50% Englisch verstehen, besteht ein potentiell zehnmal größeres Interesse an englischen Programmen. Diese werden zunächst primär über INTELSAT, EUTELSAT, BSB und ASTRA angeboten und werden in wachsendem Umfang von der Bevölkerung angenommen.

Was wird sich auf dem Gebiet des HDTV tun?

11.1 Hochqualitäts-Fernsehbildwiedergabe

Als die ersten Fernsehbilder 1924 mit 30 Zeilen auf dem Bildschirm zu flimmern begannen, entsprach ihre Bildqualität dem, was die Festbildphotographie jener Zeit produzierte. Die
weitere Entwicklung der Fernsehtechnik ist in Bild 11.1 vereinfacht dargestellt. Trotz der Sim-
plifizierung sagt dieses Bild aus, daß ein normaler Fernsehstandard der neunziger Jahre mindestens 1000 Zeilen oder mehr ausweisen muß, um der natürlichen Evolution zu entsprechen.
Solange *HDTV* in dieser Größenordnung definiert wird, stellt es keine *Revolution* dar, sondern
eine notwendige *Evolution,* völlig undramatisch im Vergleich beispielsweise zur Einführung des
Farbfernsehens, denn dort (in Deutschland am 28. August 1967) wurde dem Fernsehen eine
neue Dimension verliehen, während *HDTV* "nur" die Anzahl der Bildzeilen erhöht und in einem anderen Bildseitenverhältnis anordnet.

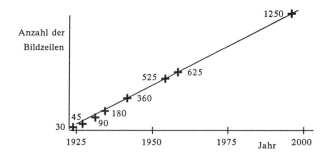

Bild 11.1 Entwicklung der
Fernsehtechnik: Anzahl der
Bildzeilen, 1925 bis heute

Was soll HDTV bringen:

- ein größeres Bild (über 1 m diagonal);
- eine bessere Bildauflösung (über 1000 Zeilen);
- ein ruhigeres Bild (über 50 Bilder pro Sekunde);
- eine horizontalere Bildorientierung (Bildseitenverhältnis über 5:3, z.B. 5,3:3).

Damit eröffnet *HDTV* eine neue Dimension des Fernsehens, unabdingbar verknüpft mit
der 'großen Leinwand'. Das wirkliche Kinoerlebnis in der Sphäre der eigenen Wohnung. Ein
notwendiger Schritt, um das Fernsehen attraktiv zu halten, wurde es doch in seiner heutigen
Form vor rund 50 Jahren definiert und eingeführt, in einer sowohl gerätetechnisch als auch
übertragungstechnisch begrenzten Ära. Heute haben wir großzügigere Satellitenübertragung
wie auch moderne Geräteelektronik; die Digitaltechnik ist verfügbar /2/:

- digitale Kamera,
- digitale Bildverarbeitung,
- digitale Übertragungstechnik,
- digitale Bildwiedergabe (auf dem flachen Bildschirm).

Ein Bildseitenverhältnis von z.B. 5,3:3 (Breite zu Höhe) entspricht mehr dem subjektiven
Bedarf des Betrachters. Er sieht heute ein Bildseitenverhältnis von 4:3 aus einer Entfernung
von ca. fünffacher Bildhöhe. Dieser Abstand war in der Vergangenheit notwendig, damit der
Betrachter nicht von der Zeilenstruktur belästigt wurde. Mit der derzeitigen PAL-Zeilen-
struktur ergibt sich so ein vertikaler Blickfeldwinkel von 14°. Dieses Verhältnis entspricht nicht
dem natürlichen Vertikal-Horizontal-Blickfeld des Menschen, das bei etwa 1,7:1 liegt, d.h.
45° zu 28° (siehe Bild 11.2). In die Wohnung übertragen, führt dies zu einem Bildschirm von
z.B. 2,25 x 1,25 m (über zwölf mal mehr Fläche als ein heutiger 67 cm-Fernsehschirm).
Um in diesem Rahmen die mit den 625 x 625 / 2 = 200 000 Bildpunkten gegebene Auflösung wenigstens zu erhalten, müssen demnach $2,4 \cdot 10^6$ Bildpunkte vorgesehen werden (für
PAL; im Vollzeilenfall $4,8 \cdot 10^6$). Wollte man nun dem Namen *High Definition Tele-Vision*
gerecht werden und die Auflösung auch wenigstens verdoppeln (35 mm-Qualität), so käme

man auf 10^7 Bildpunkte, ca. 30 mal pro Sekunde, d.h. $300 \cdot 10^6$ Bildpunkte pro Sekunde (ca. 10 Gigabit/s). Da Fernsehtechniker und Hersteller von Fernsehgeräten von den gegebenen Übertragungsmöglichkeiten im UHF–Bereich und im Kupferkabel geleitet waren, mußten diese Größenordnungen an Übertragungsgeschwindigkeiten abgelehnt werden. Man suchte statt dessen die Ansprüche an die Übertragungsgeräte zu reduzieren. In Europa führte dies zu einem Kompromiß, bei dem – im analogen Bereich – die Farbkomponenten und das Audiosignal zeitlich entkoppelt werden (*Multiplexed Analog Components*; *MAC*); die 'High Definition–Version' dieses Verfahrens heißt *HDMAC*. Sie ist abwärtskompatibel mit *MAC* (625 Zeilen/50 Hz), ist jedoch kein *HDTV*! In Japan führte es zu einem Kompromiß in der Abtastrate (*Multiple sub-Nyquist Sampling Encoding*; *MUSE*). Keiner dieser beiden Systemvorschläge genügt den Anforderungen der höheren Auflösung. Keines der beiden Verfahren ist abwärtskompatibel mit den jeweils existierenden Fernsehgeräten. Die Vielzahl der derzeit gehandelten *HDTV*–Standards ist in Bild 11.3 aufgezeigt.

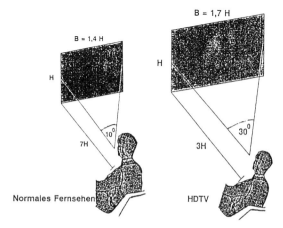

Bild 11.2 Optimaler Blickfeldwinkel

Die USA sind dabei noch am weitesten entfernt von einer eigenen *HDTV*–Norm. Fernsehen in den USA begann Jahrzehnte bevor es sich nach dem Zweiten Weltkrieg in Europa etablierte. Es wurden damals in Deutschland und Frankreich eigenständige Entwicklungen durchgeführt, die dann zu voneinander abweichenden Verfahren führten (*PAL* und *SECAM*). Jahrelang tobte der Kampf, welches der beiden Verfahren europaweit eingeführt würde. Die Industrie verlor wertvolle Jahre, und es gibt heute noch *PAL*, und es gibt heute noch *SECAM* (und in den USA *NTSC*).

In USA wurde schon um 1940 Farbfernsehen entwickelt; entsprechend veraltet ist heute der *NTSC*–Standard. So sind die Fernsehzuschauer in den USA nicht verwöhnt. Man erfand also schon in den 70er Jahren die Vokabel *HDTV*. Als die europäische Welt sie aufgriffen hatte und eine Vielzahl von *HDTV*–Standards vorschlug, die alle weit über das von den USA gesteckte Ziel hinausschossen, prägte man in den USA die Vokabel *ATV* (*Advanced TeleVision*).

Die wichtigste, von der US–Funkverwaltungsbehörde (FCC) verfügte Auflage an *ATV* ist, daß es mit dem seit zwei Jahrzehnten veralteten 525/60–*NTSC*–Farbfernsehstandard abwärtskompatibel sei; existierende Geräte müssen *ATV* auf den etablierten Kanälen empfangen können. Dies bedeutet, daß es im 6 MHz–Kanalraster unterzubringen sein muß.

Die USA haben bisher teilnahmslos dem internationalen Wettbewerb (Europa, Japan) in der Proliferation von Hochzeilenfernsehstandards zugesehen. Es kamen keine konstruktiven Systemvorschläge. Im Januar 1989 hat dieses Versagen der amerikanischen Industrie zum Ausruf des nationalen Notstandes durch das Verteidigungsministerium geführt; es drohte die heimische Konsumelektronikindustrie völlig in japanische und europäische Hand zu geraten. Deshalb wird jetzt das Verteidigungsministerium(!) mit 100 Millionen $ die Entwicklung eines hochauflösenden Bildschirms fördern.

Und all dies, obwohl auch in den USA die *CD* einen Triumph feiert, wiewohl sie doch nicht abwärtskompatibel mit der *Single* ist.

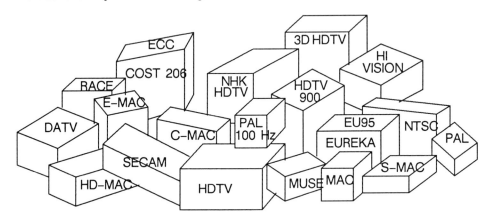

Bild 11.3 Derzeit entwickelte und propagierte HDTV-Standards

Aus der Forderung, daß das *HDTV* abwärtskompatibel mit dem *NTSC*–Standard von 1953 sein soll, folgt, daß es zweikanalig realisiert werden muß. Der primäre Kanal wird, wie seit 50 Jahren, im VHF–Bereich (Kanal 2 bis 13) ausgestrahlt – ausreichend für *NTSC*–Empfang – und der Sekundär–Kanal im UHF–Bereich (Kanal 14 – 26), dessen Zusatz–Information dem *NTSC*–Bild (525 Zeilen/405 Bildpunkte) zum *'quasi–HDTV'* verhilft. Empfänger sollen – mit der Starthilfe durch das Verteidigungsministerium – ab 1991 für US$ 3.500,– erhältlich sein. Und die Käufer werden ob des ausbleibenden *HDTV*–Erlebnisses enttäuscht sein. Es wird außerdem Probleme geben bei der Zusammenführung der beiden Bildhälften, von denen die eine im VHF– und die andere im UHF–Bereich übertragen werden. Hier springen nun Mitsubishi & Sanyo in die Bresche: schon 1988 stellten sie einen *MUSE/NTSC*–Konverter vor, der richtiges *HDTV* auf einem *NTSC*–Fernseher darstellen kann, unter Beschneidung des 16:9–Bildes auf 4:3 und Reduzierung der über 1000 Zeilen auf 525.

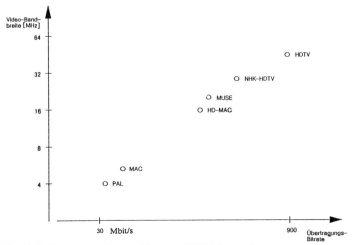

Bild 11.4   Bandbreiten der verschiedenen HDTV-Standards

In Europa setzt sich die EG mit ihrem Vorhaben 'COST–206' für die Formulierung eines HDTV–Standards ein. Eine Einigung ist jedoch zum Zeitpunkt dieser Niederschrift in weiter

Ferne. Mit dem Verkauf europäischer *HDTV*–Geräte wird derzeit nicht vor 1992/93 gerechnet – lange nach Japan und den USA. Damit wird es dann auch weltweit mindestens drei divergierende Standards geben, so wie wir auch heute mindestens drei Fernsehstandards haben (*PAL, SECAM, NTSC*). Dabei tendiert der europäische Standard zu mehr als 60 Bildern/s pro 1250 Zeilen. Dies ist auch die Stoßrichtung des europäischen Hochtechnologieprogrammes EUREKA, desen 'EU95–*HDTV*' auf 50 Hz fußt und 1992 vermarktungsfähig werden soll.

Nun braucht es erfahrungsgemäß einer neuen Vokabel, wenn man Nutzer motivieren will, etwas Ausgedientes durch etwas Neues zu ersetzen. Diese Vokabel wurde für das Standard–Fernsehen der 90–Jahre bislang nicht einheitlich geprägt. In USA wurde vor zehn Jahren *HDTV* geprägt, was aber weniger beinhaltet als ein guter, großer, in der Bundesrepublik Deutschland gefertigter Bildschirm heute darstellen kann.

Die japanische Industrie benutzte die Vokabel *Hi–Vision* für das Ergebnis ihrer 25 Jahre Entwicklung. Dieses *Hi–Vision* wurde in Japan anläßlich der Olympiade aus Seoul im Sommer 1988 eröffnet. Geräte kosten circa DM 6.500,– (1988) und produzieren 60 Bilder/s a 1150 Zeilen, in einem Bildseitenverhältnis von 5,3 x 3. Das Basisband hat 8,1 MHz Bandbreite.

Die USA haben dieses *Hi–Vision* abgelehnt: Man möchte die *HDTV*–Geräte für den amerikanischen Markt in USA produzieren.

Fernsehgeräte sind bereits ab 1991 ein 200 Milliarden DM/Jahr–Geschäft.

11.2 Übertragungsbandbreite

Die Übertragungsbandbreite ist abhängig von der Modulationsart und von der Signalverarbeitung, die noch im Basisband angewendet wird (siehe Bild 11.5). Das *PAL*–Signal dient als Referenz. Es hat 5 MHz Videobandbreite (= Basisbandbreite). Als analoges Signal kann es frequenzmoduliert in 18 MHz übertragen werden (siehe INTELSAT). Mit einem niedrigen Grad an digitaler Signalverarbeitung (z.B. DPCM) kann es mit 34 Mbit/s wiedergegeben werden. In der digitalen Form benötigt es (QPSK–moduliert) ca. 27 MHz.

Das japanische NHK–*HDTV* hat 8,1 MHz Basisbandbreite und digitalisiert ca. 56 Mbit/s. Es benötigt mehr als 27 MHz, wenn QPSK–moduliert. Mit etwas mehr Signalverarbeitung kann NHK–*HDTV* in 27 MHz untergebracht werden, vorausgesetzt, daß ausreichende Satellitensendeleistung vorgesehen wird.

Der *HDTV*–900–Standard hat 39 MHz Videobandbreite und 900 Mbit/s und benötigt so weit mehr als 27 MHz Hochfrequenzbandbreite zur Austrahlung, einschließlich ausreichender Satellitensendeleistung (insbesondere im 20/30 GHz–Band; siehe Bild 11.7).

11.3 Höhere Frequenzbereiche

Die Nutzung höherer Frequenzbereiche für Satellitenausstrahlung liegt nahe, da die unteren Bereiche voll genutzt werden, d.h. *gesättigt* sind. Die Technologie zur Nutzung von z.B. 20 GHz ist im Prinzip seit den 70er Jahren vorhanden /3/. In den USA und Japan fliegen bereits 20/30 GHz–Satelliten; seit 1989 auch in Deutschland. Die Bandbreiten (Anzahl der Kanäle) in den höheren Frequenzbereichen sind nahezu linear proportional zur Trägerfrequenz, also ungleich größer als in den unteren Frequenzbereichen. Deshalb also die natürliche Entwicklung hin zu höheren Frequenzen (siehe Bild 11.6). Wie schaut es mit der atmosphärischen Dämpfung bei 20 GHz aus? Im Bild 11.7 sind die Ausbreitungsverluste, die der Freiraumausbreitung überlagert sind (*additional attenuation, AA*), gegen die Frequenz aufgetragen (für eine typische Strecke von der Bundesrepublik Deutschland zum geostationären Satelliten). Die Bilddiagonale von links unten nach rechts oben stellt die Frequenzabhängigkeit ($10 \cdot \log f^2$) dar. Alle Werte AA, die unter dieser Geraden liegen, genießen einen Systemvorteil, der darin besteht, daß bei einer Funkverbindung zwei Antennen mit jeweils $G(f^2)$, aber nur eine Funkfelddämpfung mit $PL(f^2)$ wirken, also ein Faktor f^2 positiv zu Buche schlägt. Zwei Einschränkungen sind zu beachten: Bei der höheren Frequenz steigt nicht nur der Antennengewinn G, sondern es reduziert sich auch die Ausleuchtzone. Es müssen also mehrere Einzel–*Zonen* aneinandergereiht werden, wo vorher eine große Ausleuchtzone aus–

reiche /4/. Zum zweiten kommt der Systemvorteil nur zum Tragen, wenn die Rauschtemperatur der Vorverstärker bei den höheren Frequenzen nicht ebenfalls zunimmt /8/.

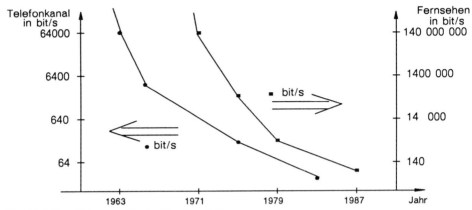

Bild 11.5 Entwicklungstrend in der Signalverarbeitung

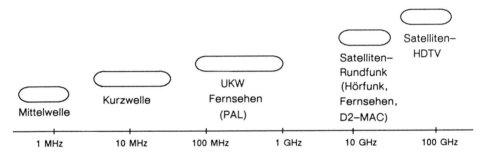

Bild 11.6 Rundfunk und Ausbreitungsfrequenz

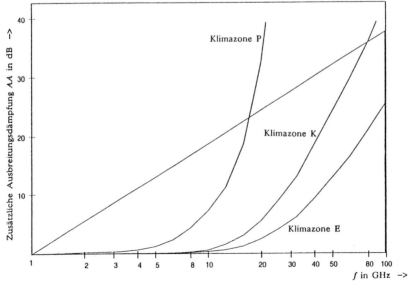

Bild 11.7 Ausbreitungsdämpfung gegen Frequenz und Klimazone (E, K und P; Verfügbarkeit: 99% der Zeit)

11.4 Integrierte Personalsysteme

Das Fernsehgerät ist bereits heute keine isolierte Kathodenstrahlröhre mehr, sondern ein System, bestehend aus dem Wiedergabegerät, flach oder als Würfel, der dazugehörigen Fernbedienung, dem Empfänger für DSR incl. Lautsprecher, Aufzeichnungsgeräte für Fernsehen und DSR, und den vier Empfangsquellenverarbeitern für UHF–Empfang, DBS (bei 12 GHz), KOPERNIKUS UND ASTRA, etc. (bei 11 GHz; größere Antenne) und Kabel–Modem. Alle Geräte können über einen Daten–Bus verbunden werden, an dem auch ein PC angeschlossen sein kann. Mit dem Rechner lassen sich Bewegtbildszenen verarbeiten und umsetzen (siehe Bild 11.8).

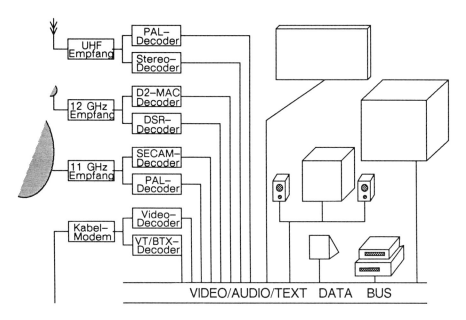

Bild 11.8 Beispiel eines integrierten Personalsystems

11.5 Zusammenfassung

Die natürliche und notwendige Evolution des Fernsehens führt zur Zeit zur hochauflösenden Darstellung. Unsere Ära verlangt eine bessere Bildqualität als 1957 /8/. Entwicklungen dahin sind weltweit im Gange. Wie schon in den 60er Jahren, als bewußt konkurrierende Standards durchgesetzt wurden (*PAL, SECAM, NTSC*), scheint es, werden auch heute wieder konkurrierende Normen eingebracht, um so die nationalen Industrien zu 'bevorteilen'. Im Gegensatz zu vor 30 Jahren werden heute jedoch leistungsstarke Mikroprozessoren im Handel sein, die Fernsehaufnahmen jeden Standards in jede andere Norm umsetzen. Dem mit einem an den Video–Bus angeschlossenen *PC* ausgerüsteten Zuschauer werden hier keine Grenzen gesetzt sein.

Diese *Processing Power* wird in den nächsten Jahren sendeseitig mit digitaler Bewegtbildverarbeitung weiter *HDTV* höherer Qualität und gleichzeitig niedrigerer Bitraten produzieren.

Ein weiterer Trend führt zu immer höheren Frequenzbereichen, in denen größere Bandbreiten – und damit größere Kanalzahlen – verfügbar sein werden. Trotzdem wird die Funkverteilung von Fernsehen – in Qualität und Quantität – mit dem fortschreitenden Einsatz der Glasfasertechnik wahrscheinlich nicht Schritt halten können.

10.5 Schrifttum

/1/   WARC'77: Frequency Allocations, 406 MHz through 286 GHz; ITU–CCIR; Geneva '77

/2/   Dernedde–Jensen, H.: Fernsehen via Satellit: Lizenz von der Post. Funkschau/ Empfangstechnik, 22 (1986)

/3/   Boggel, G.: Satellitenrundfunk, Empfangstechnik für Hör– und Fernsehrundfunk in Aufbau und Betrieb. Heidelberg: Hüthig 1986

/4/   Ackermann, E.: Politische, medienpolitische und wirtschaftliche Aspekte der Nachrichtenübertragung über Satelliten. ARCHIV für das Post– und Fernmeldewesen, (1984)

/5/   Jansky, D., and Jerushim, M.: Communication Satellites in the Geostationary Orbit. Artech House, 1987

11.6 Schrifttum

/1/   Cuccia, L.: Communication Satellite Technologies in the Early Twentyfirst Century – A Projection. IAF XXVII Congress, Praha, 1977

/2/   Kaltschmidt, H.: Future Television Direct Broadcasting via Satellite – A Completely Digital System. XXX IAF Congress, Munich, 1979

/3/   Dodel, H.: Communications Satellites Technology Trends. NTG–DGLR–Konferenz; München, 1981

/4/   Wheelon, A.D.: Trends in Satellite Communications. 4th World Telecommunications Forum, Geneva, 1983

/5/   Dodel, H.: Zukünftige Telekommunikationsdienste. ASTRONAUTIK, Bremen, 1982

/6/   Schambeck, W.: Contribution to the UN Study on the Feasibility of Using Direct Broadcast Satellites for Educational Purposes and of Internationally or Regionally Owned Space Segments. New York, 1984

/7/   Dodel, H.: Long Term Evolution of Telecommunications. First Forum on European Transport in the Future; Ludwig–Bölkow–Stiftung, München, 1987

/8/   Müller–Römer, F.: Satellitenrundfunk – Gedanken zum weiteren Vorgehen. Bayerischer Rundfunk, Februar 1988

ANHANG I Erläuterung von Fachausdrücken

Abwärtsumsetzer

Der Abwärtsumsetzer setzt ein Empfangssignal auf die standardisierte Eingangsfrequenz des Demodulators um.

Antennenkeule

Als Antennenkeule bezeichnet man den Teil des Antennendiagrammes, an dem der Gewinn ein relatives oder absolutes (Hauptstrahlrichtung) Maximum aufweist.

Apertur

Die effektive Strahlfläche einer Antenne wird als "Öffnung" oder "Apertur" bezeichnet.

Apogäum

Das Apogäum ist der erdfernste Punkt einer Satellitenbahn; die Apogäumshöhe ist die Höhe des Apogäums über der Erdoberfläche.

Apogäumsmotor

Die für den Einschuß in den geostationären Orbit notwendige Antriebsstufe.

Äquinoktium

Tagundnachtgleiche: zwei Tage im Jahr, an denen die Tageszeit und die Nachtzeit gleich lang sind.

Aufwärtsumsetzer

Analog zum Abwärtsumsetzer.

Ausleuchtzone

Gebiet auf der Erde, das vom Satelliten mit einer bestimmten Leistung ausgeleuchtet wird (seine "Fußstapfen", engl. *Footprint*).

Azimut

Kompaßwinkel; der Winkel zwischen Norden und (im Uhrzeigersinn) der Blickrichtung des Satelliten.

Bahnhöhe

Die jeweilige Bahnhöhe ist der Abstand des Bahnpunktes von der Erdoberfläche.

Basisband

Das vom einzelnen Teilnehmer kommende bzw. zu ihm gehende Signal, z.B. Telefonkanäle, Fernsehsignale (Video), Datenströme. In der FDM–Technik versteht man unter Basisband das aus mehreren Einzelkanalsignalen nach bestimmten Hierarchieregeln zusammengesetzte Multiplexsignal niedriger Frequenz, mit dem die Träger der Übertragungsstrecke moduliert werden.

Baud

Das Baud ist die Einheit der sog. Schrittgeschwindigkeit, d.h. Zeichenrate pro Sekunde. Wenn z.B. ein Zeichen acht Bit beinhaltet, dann ist 1 Baud = 8 bit/s.

Bedeckungszone

Siehe Ausleuchtzone; engl. *Footprint*.

Bodenstation

Bodenstation ist das Ensemble der Geräte, die für den Empfang der Satellitentelemetrie, das Absetzen der Telekommandos an den Satelliten und die Bahnvermessung benötigt werden.

Byte
   Ein Block von 8 bit zusammengefaßt.

CCIR
   Comiteé Consultatif International de Radiocommunications – Unterorganisation der ITU –
legt in den entsprechenden Empfehlungen (Recommendations) Normen für alle Arten von
drahtloser Übertragung fest. Die Einhaltung dieser Empfehlungen kann jedoch vom CCIR
nicht erzwungen werden.

CCITT
   Comiteé Consultatif International Telegraphique et Telephonique – Unterorganisation der
ITU – legt in entsprechenden Empfehlungen (Recommendations) Normen für die Basisband-
verarbeitung, Vermittlung usw. von u.a. Telefongesprächen fest. Ebenso wie CCIR kann das
CCITT die Einhaltung seiner Empfehlungen nicht erzwingen, jedoch ist internationaler Tele-
phonverkehr ohne deren Einhaltung schwer möglich.

Clamping
   Das Entfernen des Trägerverwischungssignals aus dem demodulierten Basisbandsignal.

Combiner
   Der Combiner (manchmal auch Multiplexer genannt) dient zur Zusammenfassung
mehrerer Ausgangssignale zu einem einzigen Signal.

Concealment
   Ein Verfahren, bei dem erkannte, aber nicht korrigierbare Fehler z.B. durch Interpolation
verschleiert werden.

Demultiplexer
   Im Demultiplexer wird der aus vielen einzelnen Telefonkanälen zusammengesetzte
(Vielkanal–) Träger in die einzelnen Telefonkanäle aufgespaltet.

Derating
   Das Verhältnis zwischen den Betriebsparametern und den entsprechenden maximal zu-
lässigen Werten nennt man Derating. Bei elektronischen Bauelementen sind für Raum-
fahrtanwendungen im allgemeinen bei Spannungen und Strömen nur Betriebsbedingungen von
50% der maximalen Parameterwerte zugelassen.

EIRP
   Antennen strahlen nicht gleichförmig in alle Raumwinkelbereiche ab. Deshalb wird die
EIRP als Vergleichsmaß für die absolute Sendeleistung in einen bestimmten Raumwinkel-
bereich benutzt. *EIRP* gibt an, welche Leistung ein isotroper Strahler abstrahlen muß, um die
gleiche Sendeleistung in diesem Raumwinkelbereich zu erzielen. *EIRP* steht für Equivalent
Isotropic Radiated Power (Äquivalente isotrop abgestrahlte Sendeleistung).

Elevation
   Höhenwinkel; der Winkel zwischen der Horizontalen und der Blickrichtung.

Erdfunkstelle
   Eine Erdfunkstelle umfaßt alle Geräte, die für die Übertragung und den Empfang von
Satellitenkommunikationssignalen eingesetzt werden. Erdfunkstellen werden für Kommuni-
kationszwecke, Bodenstationen für den Satellitenbetrieb eingesetzt.

Federal Communications Commission
   US–Behörde, für die Fernmeldepolitik, die Vergabe von Frequenzen und die Zulassung
der Fernmeldeanlagen und –Geräte zuständig.

Fernsehverteilung

Bei der Fernsehverteilung werden die Fernsehprogramme entweder direkt oder über lokale Kabelnetze dem Zuschauer geliefert.

Freiraumdämpfung

Die Freiraumdämpfung ist keine Dämpfung, die mit Absorption bzw. ohmschen Verlusten verbunden ist. Diese Dämpfung beruht auf der Tatsache, daß die von jeder Antenne abgestrahlten elektromagnetischen Wellen bei größeren Abständen d sich entweder auf einen bestimmten Raumwinkelbereich oder auf einen ganzen Kugelinhalt verteilen. Die Freiraumdämpfung L ist von der Wellenlänge abhängig. Es gilt:

$$L = 20 \log \frac{4 \pi d}{\lambda} = 20 \log \frac{4 \pi d}{c} f = 20 \log d \cdot f - 147{,}56 \text{ dB.}$$

Funkfelddämpfung

Siehe Freiraumdämpfung.

Geostationäre(r) Bahn (Orbit)

Ein Satellit auf einer geostationären Bahn scheint, von der Erde aus gesehen, festzustehen.

Grundschalldruck

Die durch Schall verursachte Druckkraft von $2 \cdot 10^{-5} \text{N/m}^2$, die der Hörschwelle entspricht, nennt man den Grundschalldruck und verwendet sie als Ausgangsgröße für die Lautstärke, d.h. $2 \cdot 10^{-5} \text{N/m}^2 = 0$ dB.

HDTV

Unter **H**igh **D**efinition **T**ele–**V**ision (*HDTV;* 'hochauflösendes Fernsehen') versteht man weltweit

- eine größere Bildwiedergabefläche (über 1,5 m diagonal)
- eine höhere Bildauflösung (über 1000 Zeilen)
- ein ruhigeres (flimmerfreieres) Bild (über 50 Bilder pro Sekunde)
- eine horizontalere Bildorientierung (Breite zu Höhe über 5 : 3)

Heterodyn–Empfang

Setzt man das Empfangssignal aus der Antenne zuerst in der Frequenz um, anstatt es vorher mit einem rauscharmen Vorverstärker in seiner Leistung anzuheben, so bezeichnet man dies als Heterodyn–Empfang.

Homodyn–Empfang

Verstärkt man das Empfangssignal aus der Antenne bevor man es in seiner Frequenz zur Weiterleitung an das Fernsehgerät umsetzt, so nennt man dies Homodyn–Empfang.

Indoor–Unit

Bei Erdfunkstellen und Bodenstationen sind dies alle Teile, die in Gebäuden untergebracht sind.

Inklination

Inklination ist bei Satellitenbahnen der Winkel zwischen Äquatorebene und Bahnebene.

Inklinometer

Meßinstrument zur Bestimmung der Inklination.

Isotroper Strahler

Der isotrope Strahler ist ein hypothetisches Gebilde. Er strahlt in den gesamten Raumwinkelbereich 4π mit der gleichen Intensität elektromagnetische Wellen ab. Dieser isotrope

Strahler wird als Referenz zur Bestimmung des Antennengewinns benutzt. Seine hypotetische Fläche ist $A_0 = \lambda^2 / 4\pi$.

IFRB

International Frequency Registration Board – Unterorganisation der ITU – registriert und verwaltet alle drahtlosen Übertragungen mit den entsprechenden Übertragungsparametern.

ITU

International Télécommunication Union ist als Dachorganisation für drahtgebundene und drahtlose Übertragung zuständig.

Moiréeffekt

Wenn die in einem abzubildenden Streifenmuster enthaltenen Ortsfrequenzen das Auflösungsvermögen der Abtastung übersteigen, entsteht Intermodulation zwischen Streifenfrequenzen und Abtastfrequenz, deren niederfrequente Mischprodukte störend in Erscheinung treten.

Multiplexer

Multiplexer wird im Deutschen mit zwei unterschiedlichen Bedeutungen verwendet. In der Richtfunktechnik ist es ein Gerät, das aus vielen einzelnen Basisbandkanälen einen Vielkanalträger zusammenstellt. In der Kommunikationssatellitentechnik wird Multiplexer auch anstelle des englischen Wortes *Combiner* benutzt, ein Gerät, das die Ausgänge verschiedener, direkt vorgeschalteter Geräte auf einen Eingang des nachfolgenden Geräts vereint.

Nachbarsatellit

Satellit, der von einer benachbarten Orbitposition mit den gleichen oder ähnlichen Frequenzen in die gleiche oder direkt benachbarte Bedeckungszone strahlt.

Nebenkeule

Alle außer der in Hauptstrahlrichtung gelegenen Maxima des Antennendiagrammes.

Öffnungswinkel

Winkelöffnung der Antennenhauptkeule, innerhalb der die Antennengewinnzahl 50% des Hauptstrahlgewinnes nicht unterschreitet.

Outdoor-Unit

Bei Erdfunkstellen und Bodenstationen die Geräte, die sich nicht in Gebäuden befinden.

Perigäum

Perigäum ist der Punkt der Bahn, an dem der Abstand zum Erdmittelpunkt am kleinsten ist; die Perigäumshöhe ist der Abstand zwischen Perigäum und Erdoberfläche.

Redundanz

Einsatz von Ersatzgeräten, die bei Fehlern die Funktion des ausgefallenen übernehmen können. Man unterscheidet aktive *(heiße)* und passive *(kalte)* Redundanz. Bei aktiver Redundanz werden zwei oder mehr identische Geräte gleichzeitig betrieben. Dadurch läuft der Betrieb auch bei Ausfall eines Gerätes unterbrechungsfrei weiter. Bei passiver Redundanz wird nur ein Gerät betrieben; das redundante steht ausgeschaltet parat.

Satellitengürtel

Siehe Geostationäre Bahn.

Satellitenkontrollzentrum

Im Satellitenkontrollzentrum werden die von den Satelliten kommenden Telemetrie- und Bahnvermessungssignale verarbeitet und die notwendigen Kommandobefehle an die Satelliten abgesetzt.

Schwungrad

Schwungräder werden im Englischen in *Momentum Wheels* und *Reaction Wheels* unterschieden. Momentum Wheels werden zur Erzeugung von langfristig variierenden Drehmomenten eingesetzt. Die Drallenergien sind >20 Nms und die Drehzahlen ca. 3000/min. *Reaction Wheels* liefern Drallenergien <5 Nms in beiden Drehrichtungen.

Short Back–Fire–Antenne (SBF)

Arraygespeiste Aperturantenne mit planarem Reflektor.

Signal/Rauschabstand

Abstand *S–R* zwischen Signal– und Rauschpegel in dB.

Signal/Rauschverhältnis

Verhältnis zwischen Signal– und Rauschleistung. In dB ausgedrückt sind Signal/Rauschabstand und Signal/Rauschverhältnis gleich.

Solstitium

Sonnenwende (der Tag im Jahr mit der längsten Tages– bzw. Nachtzeit)

Startmasse

Masse des vollbetankten Satelliten einschl. aller notwendigen Zusatzgeräte, wie Adapter usw., und eventuell notwendiger Perigäums– und Apogäumsstufen.

Systemrauschtemperatur

Die Systemrauschtemperatur einer Erdfunkstelle oder eines Satelliten ist eine Rechengröße. Sie ist die Summe aller Rauschtemperaturen im System (Erdfunkstelle oder Satellit), die auf ihren Beitrag am Antennenausgangsflansch zurückgerechnet werden.

Träger/Rauschabstand

Abstand zwischen dem Pegel des modulierten Trägers und dem des Rauschens, in dB.

Träger/Rauschverhältnis

Verhältnis zwischen der Leistung des modulierten Trägers und dem des Rauschens. In dB ausgedrückt, sind Träger/Rauschabstand und Träger/Rauschverhältnis gleich.

Umlaufzeit

Die kürzeste Zeit, die benötigt wird, um an denselben Punkt der Bahn zurückzukommen.

ANHANG II Verzeichnis der verwendeten Abkürzungen

AA	Additional Attenuation
ABM	Apogee Boost Motor (Apogäumstriebwerk bei Satelliten)
A/D	Analog/Digital-Wandlung
AFC	Automatic Frequency Controll (automatische Frequenznachregelung)
AFN	American Forces Network
AGC	Automatic Gain Control (automatische Verstärkungsregelung)
AM	Amplitudenmodulation
AOCS	Attitude and Orbit Control Subsystem
APM	Antenna Pointing Mechanism (Antennennachführung)
ASCII	American Standard Code for Information Interchange
ASIC	Application Specific Integrated Circuits
ASK	Amplitude Shift Keying (Amplitudensprungmodulation)
ATF	Automatic Track Following (Automatische Spurnachführung)
ATS	Applications Technology Satellite (US-Technologiesatellit)
ATV	Advanced Television
BAPTA	Bearing And Power Transfer Assembly
BBC	British Broadcasting Company
BCH	Bose-Chaudhuri-Hocquenghem Code
BER	Bit Error Rate (Bitfehlerrate)
BFN	Beam Forming Network
BNC	Bayonet Nut Connector
BOL	Begin of Life (BOM = Begin of Mission)
BPSK	Bi-PSK (Zweiphasensprungmodulation)
BS	Broadcasting Satellite
BSB	British Satellite Broadcasting (englisches privatwirtschaftliches Direktfernsehen)
BSE	Broadcasting Satellite for Experimental Purpose
CCIR	Comiteé Consultatif International de Radiocommunications
CCITT	Comiteé Consultatif International Telegraphique et Telephonique
CD	Compact Disc
CDMA	Code Division Multiple Access
CMOS	Complementary Metal Oxide Silicon
C-N	Carrier to Noise Ratio (Träger/Rauschabstand) in dB
COMSAT	Communications Satellite Corporation
CPSK	Coherent Phase Shift Keying (Kohärente Phasensprungmodulation)
CS	Communications Satellite
CSSB	Companded Single Side Band Modulation
CTS	Communications Technology Satellite
DAT	Digital Audio Tape (Digitaler Recorder für Tonsignale)
dBi	dB bezogen auf den isotropen Strahler
dBK	dB bezogen auf 1K
DBP	Deutsche Bundespost
DBS	Direct Broadcast Satellite
DBS-A	Direct Broadcast Service-Audio (satellitengestützter Hörrundfunk)
dBW	dB bezogen auf 1W
DES	Digital Erncryption Standard (international standardiseirtes Chiffrierverfahren)
DFS	Deutsches Fernmeldesatelliten-System
DFVLR	Deutsche Forschungs- und Versuchsanstalt für Luft- und Raumfahrt (heute: DLR)
DIN	Deutsche Industrie Norm
DLR	Deutsche Forschungsanstalt für Luft- und Raumfahrt (ehemals: DFVLR)
DPCM	Delta Pulse Code Modulation
DRO	Dielectric Resonant Oscillator
DSI	Digital Speech Interpolation
DSR	Digitaler Satelliten-Rundfunk
DVG	Drahtlostelegraphische und Luftelektrische Versuchsanstalt Gräfelfing
EBU	European Broadcasting Union
Eb -No	Energie pro Bit zu Rauschleistungsdichte in dB
ECS	European Communications Satellite/ Experimental Communication Satellite (Japan)
ECU	European Counting Units (Europäische Rechnungseinheiten)
EG	Europäische Gemeinschaft
EIRP	Equivalent Isotropic Radiated Power (äquivalente isotrope Strahlungsleistung)
EMI	Elektromagnetische Interferenz
EOC	Edge of Coverage (Rand der Betriebszone)
EOL	End of Life (EOM, End of Mission)

EPC	Electric Power Conditioner
EPROM	Electrically Programable Read Only Memory
ESA	European Space Agency
ETS	Engineering Test Satellite
EUTELSAT	European Telecommunication Satellite Organization
F/B	Foreward to Backward Ratio
FBAS	Farb-Bild-Austast-Synchronsignal
FCC	Federal Communications Commission (US-Funkverwaltungsbehörde)
FD	Flat Display (Flacher Bildschirm)
FDM	Frequency Division Multiplex
FDMA	Frequency Division Multiple Access
FEC	Forward Error Correction
FET	Feldeffekttransistor
FM	Frequenzmodulation
FSK	Frequency Shift Keying (Frequenzsprungmodulation)
FSS	Fixed Satellite Services (Ortsfeste Fernmeldedienste)
FTZ	Fernmeldetechnisches Zentralamt (der Deutschen Bundespost)
GaAs-FET	Galliumarsenid Feldeffekttransistor
GEO	Geostationary Earth Orbit
GFK	Glasfaserverstärkter Kunststoff
GMT	Greenwich Mean Time
G-T	Gain to Noise-Temperature Ratio in dBi/K
HBO	Home Box Office
HDB	High Density Binary (Binärcode mit hoher Dichte)
HDTV	High Definition Television (Hochauflösendes Fernsehen)
HEMT	High Electron Mobility Transistor
HF	Hochfrequenz (engl.: RF)
HPA	High Power Amplifier
HPBW	Half Power Beam Width
IBA	Independent Broadcasting Authority
IC	Integrated Circuit
IF	Intermediate Frequency (deutsch: ZF)
IFRB	International Frequency Registration Board (der ITU)
IRT	Institut für Rundfunktechnik (München)
IMUX	Input Multiplexer
INTELSAT	International Telecommunication Satellite Organization
ISL	Inter-Satellite Link (Direktverbindung von Satellit zu Satellit)
ITU	International Telecommunication Union
KTV	Kabel-Television
LASER	Light Amplification by Stimulated Emission of Radiation
LEO	Low Earth Orbit (Erdnahe Umlaufbahn)
LHCP	Left Hand Circular Polarization (Linkszirkulare Polarisation)
LNA	Low Noise Amplifier (Rauscharmer Vorverstärker)
LNC	Low Noise Converter
LNR	Low Noise Receiver (Rauscharmer Verstärker)
LSB	Least Significant Bit (unwesentlichstes Bit)
MAC	Multiplexed Analog Components television transmission
MBB	Messerschmitt-Bölkow-Blohm GmbH
MMIC	Monolithic Microwave Integrated Circuit
MSB	Most Significant Bit (höchstwertiges Bit)
MTBF	Mean Time Between Failure (Durchschnittliche Betriebszeit bis zu einem Ausfall; auch MTTF)
MTTF	Mean Time To Failure (Durchschnittliche Betriebszeit bis zu einem Ausfall; siehe auch MTBF)
MUSE	Multiple Sub-Nyquist Sampling Encoding
NASA	National Aeronautics and Space Administration
NF	Niederfrequenz (engl.: Baseband oder Audio Frequency)
NGS	News Gathering Service ('Reporter-Rückkanal zum Studio')
NRZ	Non Return to Zero Code
NTSC	National Television Standard Committee (TV-Standard in USA)
OMUX	Output Multiplexer
ORION	OAK Restricted Information and Operation Network
OSB	Oberes Seitenband
OSR	Optical Surface Reflector
OTS	Orbital Test Satellite (der ESA)
PAL	Phase Alternating Line (Deutscher TV-Standard)
Paramp	Parametric Amplifier ('Parametrischer Verstärker')
PAY-TV	Abonnentenfernsehen

PC	Personal Computer
PCM	Pulse Code Modulation
PLL	Phase Locked Loop (Phasenstarre Schleife)
PLO	Pgase Lock Oscillator
PM	Phasenmodulation
PROM	Programable Read Only Memory (Programmierbarer nur Lese Speicher)
PSK	Phase Shift Keying (Phasensprungmodulation)
PTT	Post, Telefone, Telegraph (Administration)
QA	Quality Assurance (Qualitätssicherung)
QPSK	Quadrature Phase Shift Keying
RGB	Rot–Grün–Blau (–Bildschirm)
RF	Radio Frequency (deutsch: HF)
RHCP	Right Hand Circular Polarization (Rechtszirkulare Polarisation)
RMS	Root Mean Square
RVV	Rauscharmer Vorverstärker
SBF	Short Back–Fire–Antenna
SBS	Satellite Business Systems, Inc.
SCORE	Signal Communications Orbit Relay Experiment
SCPC	Single Channel per Carrier (Einkanalhochfrequenzträger)
SECAM	Séquentielle Couleur a Memoire (Französischer TV–Standard)
SES	Société Européenne des Satellites, 63 avenue de la Liberté, L1931 Luxembourg
SHF	Super High Frequencies (Frequenzen über 30 GHz)
SMD	Surface Mount Devices
SNG	Satellite News Gathering (Satelliten–NGS; siehe NGS)
S–R	Signal to Noise Ratio (Signal/Rauschabstand) in dB
SSA	Solid State Amplifier (Halbleiterverstärker)
SSB	Single Side Band (Einseitenband); SSBCS: Single Side Band Carrier Suppressed
SSPA	Solid State Power Amplifier (Halbleiter Leistungsverstärker)
STC	Satellite Television Corporation
TC	Telecommand (Fernwirkkommando)
TDF	Telediffusion direct pour la France
TEGFET	Two–dimensional Electron GaAsFET
TM	Telemetrie
TTC	Telemetry, Tracking, and Command (Telemetrie, Nachführung und Kommando)
TTL	Transistor–Transistor–Logic
TV	Television (Fernsehen)
TVRO	Television Receive Only (Fernsehempfangsstation)
TWT	Travelling Wave Tube (Wanderfeldröhre)
TWTA	Travelling Wave Tube Amplifier (Wanderfeldröhrenverstärker)
UIT	Union International de Telecommunication (= ITU)
ULP	Ultra Leichtes Panel (Solargenerator)
USB	Unteres Seitenband
VCO	Voltage Controlled Oscillator (spannungsgeregelter Oszillator)
VHF	Very High Frequency
VHS	Video Home System
VLSI	Very Large Scale Integration
VPS	Video Program System
WARC	World Administrative Radio Conference (Internationale Funkverwaltungskonferenz)
ZF	Zwischenfrequenz (engl.: Intermediate Frequency, IF)
ZI	Zusatzinformation

ANHANG III dB-Tabellen für Leistungs- und Spannungs-verhältnisse

Leistungs-verhältnis	Dezibel-wert	Leistungs-verhältnis	Dezibel-wert	Leistungs-verhältnis	Dezibel-wert
1,00	0,0 dB	1,26	1,0 dB	2,00	3,0 dB
1,02	0,1 dB	1,32	1,2 dB	2,14	3,3 dB
1,05	0,2 dB	1,38	1,4 dB	2,29	3,6 dB
1,07	0,3 dB	1,45	1,6 dB	2,45	3,9 dB
1,10	0,4 dB	1,51	1,8 dB	2,63	4,2 dB
1,12	0,5 dB	1,58	2,0 dB	2,82	4,5 dB
1,15	0,6 dB	1,66	2,2 dB	3,02	4,8 dB
1,17	0,7 dB	1,74	2,4 dB	3,24	5,1 dB
1,20	0,8 dB	1,82	2,6 dB	3,47	5,4 dB
1,23	0,9 dB	1,91	2,8 dB	3,72	5,7 dB

Leistungs-verhältnis	Dezibel-wert	Leistungs-verhältnis	Dezibel-wert	Leistungs-verhältnis	Dezibel-wert
3,98	6,0 dB	10,00	10,0 dB	1000,00	30,0 dB
4,37	6,4 dB	15,85	12,0 dB	1995,26	33,0 dB
4,79	6,8 dB	25,12	14,0 dB	3981,07	36,0 dB
5,25	7,2 dB	39,81	16,0 dB	7943,28	39,0 dB
5,75	7,6 dB	63,10	18,0 dB	15848,93	42,0 dB
6,31	8,0 dB	100,00	20,0 dB	31622,78	45,0 dB
6,92	8,4 dB	158,49	22,0 dB	63095,73	48,0 dB
7,59	8,8 dB	251,19	24,0 dB	100000,00	50,0 dB
8,32	9,2 dB	398,11	26,0 dB	316227,77	55,0 dB
9,12	9,6 dB	630,96	28,0 dB	1000000,00	60,0 dB

Spannungs-verhältnis	Dezibel-wert	Spannungs-verhältnis	Dezibel-wert	Spannungs-verhältnis	Dezibel-wert
1,00	0,0 dB	1,12	1,0 dB	1,41	3,0 dB
1,01	0,1 dB	1,15	1,2 dB	1,46	3,3 dB
1,02	0,2 dB	1,17	1,4 dB	1,51	3,6 dB
1,04	0,3 dB	1,20	1,6 dB	1,57	3,9 dB
1,05	0,4 dB	1,23	1,8 dB	1,62	4,2 dB
1,06	0,5 dB	1,26	2,0 dB	1,68	4,5 dB
1,07	0,6 dB	1,29	2,2 dB	1,74	4,8 dB
1,08	0,7 dB	1,32	2,4 dB	1,80	5,1 dB
1,10	0,8 dB	1,35	2,6 dB	1,86	5,4 dB
1,11	0,9 dB	1,38	2,8 dB	1,93	5,7 dB

Spannungs-verhältnis	Dezibel-wert	Spannungs-verhältnis	Dezibel-wert	Spannungs-verhältnis	Dezibel-wert
2,00	6,0 dB	3,16	10,0 dB	31,62	30,0 dB
2,09	6,4 dB	3,98	12,0 dB	44,67	33,0 dB
2,19	6,8 dB	5,01	14,0 dB	63,10	36,0 dB
2,29	7,2 dB	6,31	16,0 dB	89,13	39,0 dB
2,40	7,6 dB	7,94	18,0 dB	125,89	42,0 dB
2,51	8,0 dB	10,00	20,0 dB	177,83	45,0 dB
2,63	8,4 dB	12,59	22,0 dB	251,19	48,0 dB
2,75	8,8 dB	15,85	24,0 dB	316,23	50,0 dB
2,88	9,2 dB	19,95	26,0 dB	562,34	55,0 dB
3,02	9,6 dB	25,12	28,0 dB	1000,00	60,0 dB

ANHANG IV Grundschalldruck, Lautstärke und Dezibel

Art des Schalls	phon in dB	Relative Schallstärke in dB
Hörschwelle	0*	1
Ticken einer Armbanduhr	10	10
Leise Flüstersprache	20	100
Flüstersprache	30	1 000
Normales Sprechen	40	10 000
Lautes Sprechen	50	100 000
Lautsprechermusik	60	1 000 000
Straßenlärm	70	10 000 000
Sehr lauter Straßenlärm	80	100 000 000
Preßlufthammer	90	1 000 000 000
Stanzmaschine in Fabrik	100	10 000 000 000
Flugzeugmotor	110	100 000 000 000
Flugzeugmotor vor dem Start	120	1 000 000 000 000
Schmerzschwelle	130	10 000 000 000 000

*Grundschalldruck $p_0 = 2 \cdot 10^{-5}$ N/m^2

ANHANG V   Kanalraster im 1. ZF–Bereich

SHF–Kanal Polarisation		nominelle Mittenfrequenz	SHF–Kanal Polarisation		nominelle Mittenfrequenz
l	r	(MHz)	l	r	(MHz)
	1	977,48		21	1361,08
2		996,66	22		1380,26
	3	1015,84		23	1399,44
4		1035,02	24		1418,62
	5	1054,20		25	1437,80
6		1073,38	26		1456,98
	7	1092,56		27	1476,16
8		1111,74	28		1495,34
	9	1130,92		29	1514,52
10		1150,10	30		1533,70
	11	1169,28		31	1552,88
12		1188,46	32		1572,06
	13	1207,64		33	1591,24
14		1226,82	34		1610,42
	15	1246,00		35	1629,60
16		1265,18	36		1648,78
	17	1284,36		37	1667,96
18		1303,54	38		1687,14
	19	1322,72		39	1706,32
20		1341,90	40		1725,50

ANHANG VI Satellitenausleuchtzonen

TV-SAT (Bundesrepublik Deutschland)

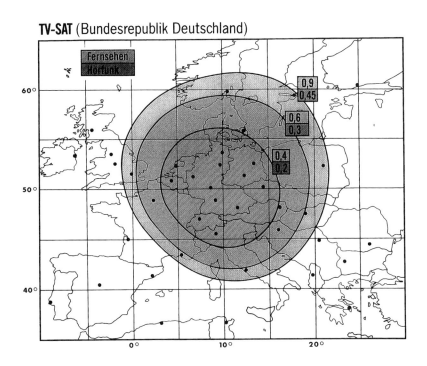

TDF-1 (Frankreich)

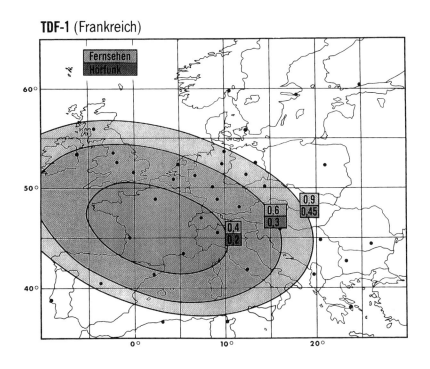

BSB (British Satellite Broadcasting) (im Bau)

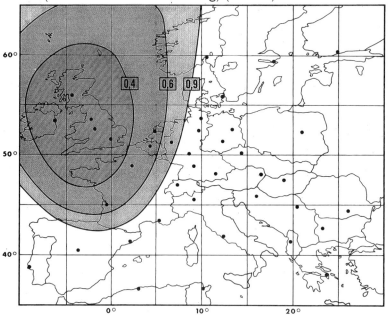

TELE-X

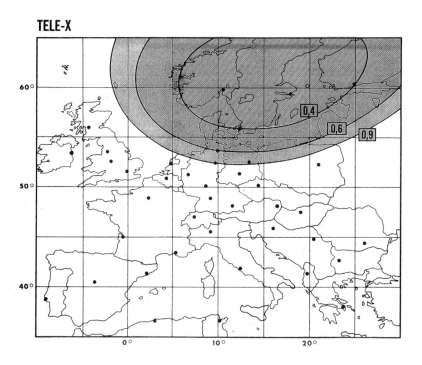

Deutscher Fernmeldesatellit („Kopernikus") (DFS)

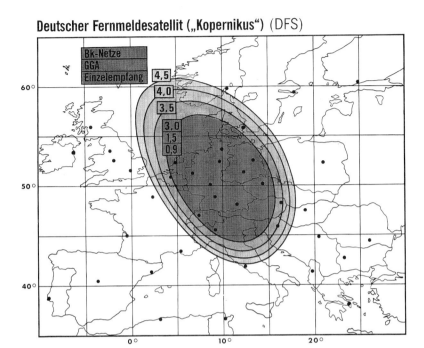

Telecom 1B

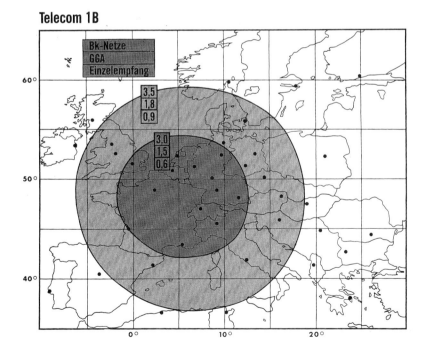

Satelliten EIRP–Konturen (in dBW) des ASTRA

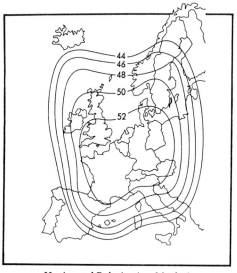

Horizontal Polarization Mode 1
Channels 1, 5, 9, 13

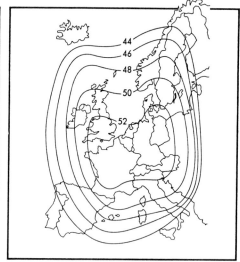

Horizontal Polarization Mode 2
Channels 3, 7, 11, 15

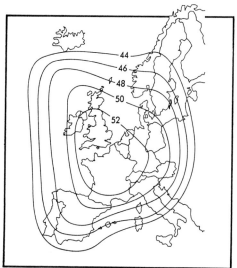

Vertical Polarization Mode 1
Channels 4, 8, 12, 16

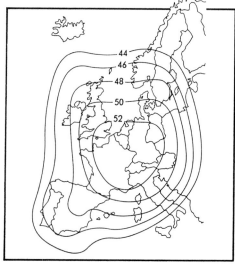

Vertical Polarization Mode 2
Channels 2, 6, 10, 14

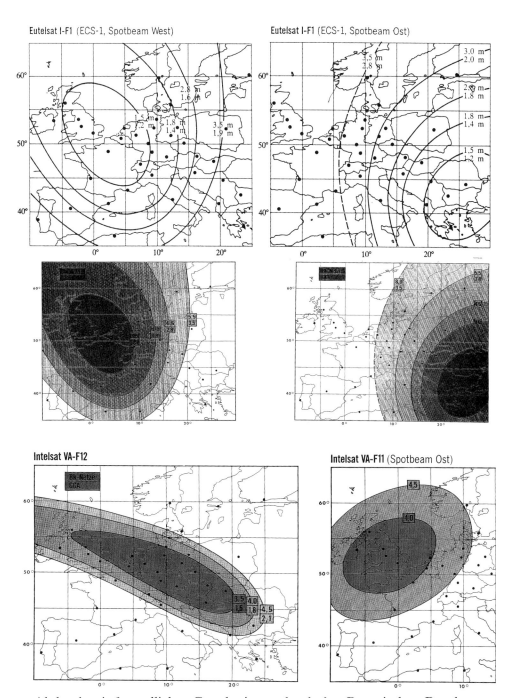

Eutelsat I-F1 (ECS-1, Spotbeam West)   Eutelsat I-F1 (ECS-1, Spotbeam Ost)

Intelsat VA-F12   Intelsat VA-F11 (Spotbeam Ost)

Abdruck mit freundlicher Genehmigung durch den Bayerischen Rundfunk. Angegeben: Antennen-Durchmesser in Meter.

ANHANG VII Azimut, Elevation und Entfernung zum Satelliten

In den nächsten zwei Tabellen sind Azimut– und Elevationswinkel für Städte Deutschlands mit über 50.000 Einwohner für TV–SAT und DFS–Kopernikus aufgeführt. Es reicht i. a. aus, die Winkelwerte für die nächstgelegene Stadt zu verwenden, falls der eigene Wohnort nicht in der Tabelle enthalten ist. Die magnetische Mißweisung gilt für 1989 und nimmt für Orte westlicher Länge jährlich um 7 Bogenmin. zu bzw. für östliche Länge ab (Kap. 7.1, Bild 7.8).

TV–SAT	Östliche Länge in°	Nördliche Breite in°	Azimut in Grad	Magn. Mißweisung in°West	Elevation in Grad	Entfernung in km
Aachen	6.1	50.8	211.2	2.2	27.2	38798.5
Augsburg	10.9	48.4	217.6	0.2	27.4	38776.3
Bergisch–Gladbach	7.1	51.0	212.2	1.85	26.6	38848.3
Berlin	13.1	52.4	218.4	−0.5	23.1	39180.5
Bielefeld	8.5	52.0	213.4	1.4	25.2	38980.0
Bochum	7.2	51.5	212.2	1.85	26.1	38893.8
Bonn	7.1	50.7	212.3	1.8	26.9	38823.1
Bottrop	6.9	51.5	211.8	1.9	26.2	38883.9
Braunschweig	10.5	52.3	215.6	0.5	24.2	39075.0
Bremen	8.8	53.1	213.4	1.3	24.1	39082.7
Bremerhaven	8.6	53.5	213.0	1.5	27.5	39110.1
Darmstadt	8.7	49.9	214.5	1.2	23.8	38812.6
Dortmund	7.5	51.5	212.5	1.8	26.0	38903.8
Düsseldorf	6.8	51.2	211.8	2.0	26.6	38855.2
Duisburg	6.8	51.4	211.7	2.0	26.4	38870.2
Essen	7.0	51.5	211.9	1.9	26.2	38887.2
Frankfurt a.M.	8.7	50.1	214.4	1.2	26.8	38829.0
Freiburg i.Br.	7.9	48.0	214.3	1.3	25.7	38629.4
Gelsenkirchen	7.1	51.5	212.0	1.9	26.2	38890.5
Göppingen	9.7	48.7	216.1	0.8	27.7	38753.0
Göttingen	9.9	51.5	215.2	0.75	24.3	38987.3
Hagen i.W.	7.5	51.4	212.5	1.8	26.1	38895.4
Hamburg	9.7	53.6	214.2	0.8	23.4	39155.5
Hamm	7.8	51.7	212.8	1.6	25.7	38930.7
Hannover	9.7	52.4	214.6	0.9	24.4	39054.8
Heidelberg	8.7	49.4	214.7	1.15	27.5	38771.9
Heilbronn a.N.	9.2	49.1	215.4	0.8	27.5	38766.1
Herne i.W.	7.2	51.5	212.2	1.85	26.1	38893.8
Hildesheim	9.9	52.2	214.9	0.8	24.5	39045.2
Kaiserslautern	7.8	49.4	213.6	1.5	27.8	38739.4
Karlsruhe	8.4	49.0	214.5	1.7	27.9	38728.4
Kassel	9.5	51.3	214.8	0.9	25.5	38956.4
Kiel	10.1	54.3	214.4	0.8	22.6	39228.4
Koblenz	7.6	50.4	213.0	1.6	27.0	38815.0
Köln	7.0	50.9	212.1	1.9	26.8	38836.5
Krefeld	6.7	51.3	211.7	2.1	26.5	38860.4
Leverkusen	7.0	51.0	212.1	1.85	26.4	38844.9
Ludwigshafen / Rh.	8.4	49.5	214.3	1.2	26.3	38769.1
Lübeck	10.7	53.9	215.2	0.6	22.8	39215.3
Mainz	8.3	50.0	214.0	1.3	27.1	38806.5
Mannheim	8.5	49.5	214.4	1.2	27.4	38772.7
Mönchengladbach	6.5	51.2	211.5	2.2	26.7	38845.4
Moers	6.6	51.5	211.5	2.1	26.3	38874.1
Mülheim	6.9	51.4	211.9	2.0	29.0	38875.4
München	11.6	48.1	218.5	0.0	27.4	38781.3
Münster	7.6	51.9	212.5	1.75	25.6	38940.9
Neuss	6.7	51.2	211.7	2.0	25.1	38851.9
Nürnberg	11.1	49.5	217.3	0.2	26.4	38870.9
Oberhausen	6.9	51.5	211.8	2.0	26.2	38883.9
Offenbach a.M.	8.8	50.1	214.5	1.2	26.8	38832.6
Oldenburg i.O.	8.2	53.1	212.7	1.6	26.6	39062.8
Osnabrück	8.0	52.3	212.8	1.5	26.7	38988.1
Paderborn	8.8	51.7	213.9	1.2	25.4	38964.9
Passau	13.5	48.6	220.3	−0.6	26.1	38899.4
Pforzheim	8.7	48.9	214.9	1.15	27.9	38731.4
Recklinghausen	7.2	51.6	212.1	1.9	26.0	38902.3
Regensburg	12.1	49.0	218.6	−0.2	24.0	38868.5
Remscheid	7.2	51.2	212.3	1.8	26.4	38871.7
Saarbrücken	7.0	49.2	212.8	1.8	28.3	38695.0
Salzgitter	10.4	52.0	215.6	0.6	24.5	39046.6
Siegen	8.0	50.9	213.3	1.5	26.4	38870.5
Solingen	7.1	51.2	212.2	1.9	27.5	38865.1
Straubing	12.6	48.9	219.2	−0.4	26.2	38884.5
Stuttgart	9.2	48.8	215.5	0.8	27.8	38742.0
Wiesbaden	8.2	50.1	213.8	1.3	27.0	38811.2
Witten	7.3	51.4	212.3	1.8	26.2	38188.7
Wolfsburg	10.8	52.4	215.9	0.5	24.0	39094.1
Würzburg	9.9	49.8	215.9	0.7	26.6	38848.8
Wuppertal	7.1	51.3	212.1	1.8	26.4	38873.6

DFS-K.	Östliche Länge in°	Nördliche Breite in °	Azimut in Grad	Magn.Mißwei- sung in °West	Elevation in Grad	Entfernung in km
Aachen	6.1	50.8	152.0	2.2	28.1	38778
Augsburg	10.9	48.4	157.0	0.2	31.9	38440
Bergisch-Gladbach	7.1	51.0	153.2	1.85	28.2	38767
Berlin	13.1	52.4	160.8	-0.5	28.4	38751
Bielefeld	8.5	52.0	155.2	1.4	27.6	38818
Bochum	7.2	51.5	153.5	1.85	27.8	38808
Bonn	7.1	50.7	153.1	1.8	28.5	38741
Bottrop	6.9	51.5	153.2	1.9	27.7	38816
Braunschweig	10.5	52.3	157.7	0.5	27.9	38797
Bremen	8.8	53.1	155.9	1.3	26.7	38910
Bremerhaven	8.6	53.5	155.8	1.5	26.2	38951
Darmstadt	8.7	49.9	154.8	1.2	29.8	38627
Dortmund	7.5	51.5	153.9	1.8	27.9	38800
Düsseldorf	6.8	51.2	153.0	2.0	27.9	38793
Duisburg	6.8	51.4	153.0	2.0	27.7	38810
Essen	7.0	51.5	153.3	1.9	27.7	38814
Frankfurt a.M.	8.7	50.1	154.9	1.2	29.6	38645
Freiburg i.Br.	7.9	48.0	153.2	1.3	31.4	38486
Gelsenkirchen	7.1	51.5	153.4	1.9	27.7	38811
Göppingen	9.7	48.7	155.6	0.8	31.2	38496
Göttingen	9.9	51.5	156.7	0.75	28.1	38739
Hagen i.W.	7.5	51.4	153.8	1.8	27.9	38791
Hamburg	9.7	53.6	157.1	0.8	26.4	38934
Hamm	7.8	51.7	154.3	1.6	27.7	38810
Hannover	9.7	52.4	156.7	0.9	27.6	38825
Heidelberg	8.7	49.4	154.6	1.15	30.2	38584
Heilbronn a.N.	9.2	49.1	155.1	0.8	30.7	38544
Herne	7.2	51.5	153.5	1.85	27.8	38808
Hildesheim	9.9	52.2	156.9	0.8	27.8	38802
Kaiserslautern	7.8	49.4	153.5	1.5	30.0	38608
Karlsruhe	8.4	49.0	154.1	1.7	30.4	38557
Kassel	9.5	51.3	156.2	0.9	28.6	38731
Kiel	10.1	54.3	157.7	0.8	25.8	38990
Koblenz	7.6	50.4	153.6	1.6	28.9	38701
Köln	7.0	50.9	153.1	1.9	28.3	38761
Krefeld	6.7	51.3	152.9	2.1	27.8	38804
Leverkusen	7.0	51.0	153.0	1.85	28.2	38770
Ludwigshafen / Rh.	8.4	49.5	154.3	1.2	30.1	38601
Lübeck	10.7	53.9	158.3	0.6	26.3	38940
Mainz	8.3	50.0	154.3	1.3	29.5	38647
Mannheim	8.5	49.5	154.4	1.2	30.1	38598
Mönchengladbach	6.5	51.2	152.6	2.2	27.8	38801
Moers	6.6	51.5	152.8	2.1	27.6	38825
Mülheim	6.9	51.4	153.1	2.0	27.8	38808
München	11.6	48.1	157.8	0.0	32.4	38397
Münster	7.6	51.9	154.1	1.75	27.5	38833
Neuss	6.7	51.2	152.8	2.0	27.9	38796
Nürnberg	11.1	49.5	157.6	0.2	30.8	38532
Oberhausen	6.9	51.5	153.2	2.0	27.7	38816
Offenbach a.M.	8.8	50.1	155.0	1.2	29.6	38642
Oldenburg i.O.	8.2	53.1	155.2	1.6	26.5	38925
Osnabrück	8.0	52.3	154.7	1.5	27.2	38858
Paderborn	8.8	51.7	155.5	1.2	28.0	38784
Passau	13.5	48.6	160.3	-0.6	32.4	38399
Pforzheim	8.7	48.9	154.5	1.15	30.7	38540
Recklinghausen	7.2	51.6	153.5	1.9	27.7	38817
Regensburg	12.1	49.0	158.7	-0.2	31.6	38465
Remscheid	7.2	51.2	153.4	1.8	28.0	38782
Saarbrücken	7.0	49.2	152.5	1.8	29.9	38614
Salzgitter	10.4	52.0	157.5	0.6	28.2	38772
Siegen	8.0	50.9	154.3	1.5	28.6	38734
Solingen	7.1	51.2	153.3	1.9	28.0	38785
Straubing	12.6	48.9	159.3	-0.4	31.8	38445
Stuttgart	9.2	48.8	155.0	0.8	31.0	38518
Wiesbaden	8.2	50.1	154.3	1.3	29.4	38658
Witten	7.3	51.4	153.6	1.8	27.9	38797
Wolfsburg	10.8	52.4	158.1	0.5	27.9	38799
Würzburg	9.9	49.8	156.2	0.7	30.2	38588
Wuppertal	7.1	51.3	153.3	1.8	27.9	38793

ANHANG VIII Berechnung von Azimut und Elevation

Azimut und Elevation können wie folgt berechnet werden:

Azimut $= \mathrm{arctg}(-\mathrm{tg}\, \Delta_L / \sin B)$

$$\text{Elevation} = \mathrm{arctg} \frac{\cos \Delta_L \cdot \cos B - r/R}{\sqrt{1 - (\cos \Delta_L \cos B)^2}}$$

mit R = Radius der Umlaufbahn = 42.164,5 km

r   = Erdradius = 6.378,144 km

Δ_L = Längengrad des Satelliten – Längengrad des Empfangsortes

B   = Geographische Breite des Empfangsortes.

Beispiel A: Man finde die Blickwinkel zum TV-SAT bei 19° W für München 48° N, 11,5° O.

Man erhält $\Delta_L = -19° - 11° = -30°$ und findet bei 'A': Elevation = 27°.

Da $B\Delta_L$ kleiner als 0 ist, gilt die untere Skala für den Azimut; man erhält: Azimut = 218°.

Beispiel B: Man finde die Blickwinkel zum BRASILSAT bei 70° W für Rio de Janeiro 23° S, 43° W.

Man erhält $\Delta_L = -70° - (-43°) = -27°$ und findet bei 'B': Elevation = 49°.

Da $B\Delta_L$ größer als 0 ist, gilt die obere Skala für den Azimut; da aber B kleiner als 0 ist, muß man zu dem Wert 180° addieren und erhält: Azimut = 128° + 180° = 308°.

Beispiel C: Bis zu welchem Breitengrad sind westliche Satelliten von Berlin 52,5° N, 13,37° O aus sehen? Man erhält Punkt 'C' als Schnitt der 0° Elevationslinie mit der Breite von Berlin; man erhält $\Delta_L = 76°$. Der größtmögliche westliche Längengrad eines Satelliten beträgt somit $L_S = \Delta_L +$ Länge des Empfangsortes $= -75° + 13,5° = -61,5°$; das Ergebnis ist also 61,5°W.

Blickwinkel zu Satelliten

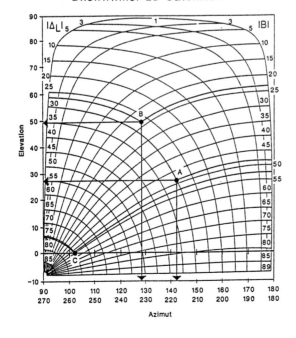

Vorzeichenregel für Länge und Breite:

Ost = $\oplus$ Nord= $\oplus$

West= $\ominus$ Süd = $\ominus$

Δ_L = Längengrad des Satelliten – Längengrad des Empfangsortes

Δ_L = ☐ – ☐ = ☐ Grad

B = Geographische Breite des Empfangsortes

B = ☐ Grad

für $B \cdot \Delta_L > 0$ obere Azimutskala benutzen

für $B \cdot \Delta_L < 0$ untere Azimutskala benutzen

für B < 0 zum Azimutwert 180° addieren

Elevation = ☐ Grad

Azimut   = ☐ Grad

für B < 0   ⊕1 8 0

Azimut   = ☐ Grad

Das folgende BASIC-Programm (für SHARP-Rechner PC-1211, 1402, 1403 etc.)
kann ebenfalls zur Berechnung von Azimut und Elevation eingesetzt werden:

```
  5:PRINT "AZ/EL-BERECHN
    UNG"
 10:PRINT "ANGABEN IN GR
    AD"
 20:INPUT "LAENGE SAT(WE
    ST)=";L
 25:PRINT "LAENGE SAT(WE
    ST)=";L
 40:INPUT "LAENGE BS(WES
    T)=";K
 45:PRINT "LAENGE BS(WES
    T)=";K
 50:INPUT "BREITE BS(NOR
    D)=";B
 55:PRINT "BREITE BS(NOR
    D)=";B
 60:A=ATN (TAN (-K+L)/
    SIN B)+180
 70:Z=0.5*ACS (COS B*COS
    (-K+L))
 80:E=-(Z+ATN (-0.737214
    471*1/(TAN Z)))
 82:C=90-Z+ATN (-0.73721
    4471/TAN Z)
 83:R=6378.155*SIN (2*Z)
    /SIN C
 90:PRINT "AZI( GRAD )="
    ; USING "####.#####"
    ;A
 95:PRINT "ELE(GRAD)= ";
    USING "###.#####";E
 96:PRINT "ENTF(KM)= ";
    USING "######.###";R
 97:GOTO 5
 98:END
 99:"B"
100:PRINT "DAEMPFUNG"
101:INPUT "ENTF(KM)= ";H
103:INPUT "FREQ(MHZ)=";F
105:D=20*LOG (0.3/(4*π*H
    *F))
110:PRINT "DAEMPF(DB)= "
    ; USING "####.##";D
112:GOTO 100
115:END
```

```
199:"C"
200:INPUT "AZIMUT= ";A
210:INPUT "LAENGE SAT(WE
    ST)=";L
220:INPUT "BREITE BS(NOR
    D)=";B
221:B=0
222:FOR B=40 TO 70 STEP
    2
230:K=L-ATN (SIN B*TAN (
    A-180))
240:PRINT "LAT(N)=";B;"L
    ON(W)=";K
245:NEXT B
250:GOTO 200
260:END
300:"D"
310:PRINT "LINK DESIGN"
320:INPUT "SATELL.EIRP(D
    BW)=";C
330:PRINT "SATELL.EIRP(D
    BW)=";C
340:INPUT "DAEMPFUNG (DB
    )=";D
350:PRINT "DAEMPFUNG (DB
    )=";D
354:INPUT "ZUSATZDAEMPFG
    .(DB)=";G
356:PRINT "ZUSATZDAEMPFG
    (DB)=";G
360:INPUT "G/T(DB/K)=";H
370:PRINT "G/T(DB/K)=";H
380:I=C+D+G+H+228.6
390:PRINT "C/N0(DBHZ)=";
    USING "####.##";I
391:INPUT "BANDBREITE (H
    Z)=";M
392:PRINT "BANDBREITE (H
    Z)="; USING "#######
    ##.#";M
394:N=I-10*LOG M
396:PRINT "C/N (DB)=";N
398:GOTO 310
399:END
```

ANHANG IX Gebrauchsanleitung für den Rechenschieber

Der in die Lasche auf der 3. Umschlagseite eingesteckte Rechenschieber dient 1. der Berechnung von Satellitenempfangsanlagen (Vorderseite), und 2. der Berechnung der Satellitenverbindung einschließlich der Bestimmung der Kenngrößen der FM–Gleichung für analoge Fernsehausstrahlung bzw. –empfang (Rückseite).

Der Schieber besteht aus einem Festteil mit Vorderseite 1) und Rückseite 2) und der beweglichen 'Zunge'. Vorderseite und Rückseite haben je vier Fenster.

Berechnung von Satelliten–Empfangsanlagen (Vorderseite)

Auf der ersten Skale sind die wesentlichen Parameter der Streckenbilanz aufgetragen, beginnend mit dem Durchmesser der Empfangsantenne (in Meter), der Signalfrequenz (in GHz) bzw. der Signalwellenlänge (in cm), der Halbwertsbreite Θ_0 der Antenne und ihrem Gewinnfaktor G (in dBi).

Beispiel 1

Der Antennendurchmesser 1 m auf 12 GHz gesetzt ergibt ein Θ_0 von 1,75°. Der dazugehörende Gewinnfaktor (für 60% Antennenwirkungsgrad) ist 39,6 dBi.

Auf der nächsten Skale (dritte Skale) kann nun der Antennengewinnfaktor in die Güte der Empfangsanlage (in dBi/K) umgesetzt werden, indem man den Gewinnfaktor von der zweiten Skale überträgt und die zutreffende System/Rauschtemperatur T_0 (in K) auf der unteren Skale auswählt. Typische Werte für TV–SAT, ECS–1 und 'INTELSAT A STANDARD' sind auf der Zunge markiert.

Beispiel 2

Für den Gewinnfaktor 39,6 dBi und die System/Rauschtemperatur 2300 K (dieser hohe Wert nur als Rechenbeispiel) ergibt sich die Güte der Empfangsstation $G-T_s$ = 6 dBi/K.

Mit der untersten Skale der Schiebervorderseite können schließlich Freiraumdämpfungen für vorgegebene Frequenzen als Funktion der Entfernung zum Satelliten abgelesen werden.

Beispiel 3

Für den Standort Passau und den Satelliten TV–SAT entnimmt man Anhang VII die Entfernung 38899,4 km, aus der Tabelle 10.3 bzw. 10.4 erhält man die Empfangsfrequenz für den gewünschten Kanal, z.B. 12,05354 GHz für Kanal 18, und liest 205,5 dB ab.

Berechnung der Satellitenverbindung (Rückseite)

Die Rückseite des Rechenschiebers hat, wie die Vorderseite, vier Zungenfenster. Das erste (oberste) Zungenfenster setzt einen Satelliten–*EIRP*–Wert (in dBW) in eine Leistungsflußdichte am Boden (in dBW/m^2) um, nach Abzug zusätzlicher Verluste durch Back–Off, Regen, Streckenbilanzmarge, etc.

Beispiel 4

Der EIRP–Wert 62,5 dBW am Rande der Ausleuchtzone (per 'Fallbeispiel TV–SAT' in Kap. 2.7.3) minus 6 dB für Regendämpfung (gleiches Fallbeispiel in Kap. 2.7.3) ergibt 56,5 dBW bzw., abgelesen, –197 dBW/m^2 in 38.899,4 km Entfernung.

Das zweite Zungenfenster bringt die eben ermittelte Leistungsflußdichte mit der Güte der Empfangsstation in Beziehung.

Beispiel 5

Die Leistungsflußdichte −197 dBW/m^2 eingestellt auf $G-T_s$ = 11 dBi/K, die Güte der Empfangsstation, erlaubt ein $C-N_0 = C-kT$ von 91,6 dBW/K/Hz bei 12,05653 GHz. Dies ist das größtmögliche Träger/Rauschleistungsverhältnis für die vorgegebene Leistungsflußdichte in Verbindung mit der gewählten Güte der Empfangsstation.

Dieses Träger/Rauschleistungsverhältnis kann nun in eine Dienstqualität umgesetzt werden, wie zum Beispiel eine frequenzmodulierte Fernsehübertragung.

Beispiel 6

Der Wert 91,6 dBW/K/Hz (auf den Pfeil gerückt) ergibt das Träger/Rauschleistungs-verhältnis $C-N$ = 17 dB bei einer Rauschbandbreite von 27 MHz. Dieser Wert muß immer größer als die auf dem Schieber eingezeichnete FM−Schwelle sein.

Das vierte und letzte Zungenfenster der Rückseite des Rechenschiebers erlaubt es, das Hochfrequenzträger/Rauschleistungsverhältnis $C-N$ in den Basisband−Signal/Rauschabstand $S-R$ für die analoge Frequenzmodulation umzusetzen und dabei auch den FM−Hub abzulesen.

Beispiel 7

Für den $C-N$−Wert 17 dB ist $S-R$ = 47,7 dB und der FM−Hub 10,8 MHz.

Alle aufgezeigten Beziehungen können auch in der umgekehrten Richtung getätigt werden. Gerade darin besteht u.a. die Stärke des graphischen Zahlenschiebers.

Sachwortverzeichnis

Gerhard Boggel

Hüthig

Antennentechnik

Empfangsanlagen für Ton- und Fernseh-Rundfunk

3. Auflage 1988, 214 S.,
118 Abb., kart., DM 36,—
ISBN 3-7785-1528-4

Dieses Taschenbuch macht den bereits mit Theorie und Praxis vertrauten Antennenfachmann, aber auch den mit den Ausschreibungen und Angebotsausarbeitungen beschäftigten Mitarbeiter von Ingenieur- und Beratungsbüros bzw. Bauträgerfirmen mit dem neuesten Stand der Empfangsantennentechnik bekannt. Es behandelt ausführlich die Eigenschaften der einzelnen aktiven und passiven Bauteile einer Empfangsantennenanlage und zeigt Lösungsmöglichkeiten für die unterschiedlichsten Empfangsprobleme auf, wobei die Beispiele von der Einzelantennenanlage bis zum Breitband-Kommunikationsnetz der Deutschen Bundespost reichen.

In Ergänzung werden hierzu Beispiele aufgezeigt für die Erweiterung bestehender Antennen-Anlagen für den Empfang von Satelliten-Programmen sowohl in der pro-

fessionellen als auch in der vereinfachten Technik eingerichtet für zukünftige Satelliten der „High-Power"-Ausführung TV-Sat und TDF 1.

Aus dem Inhalt:

Einzel- und Gemeinschafts-Antennenanlagen · Empfangsantennen für Ton- und Fernseh-Rundfunk · Passive und aktive Bauteile für Gemeinschafts-Antennenanlagen · Koaxialkabel für Antennenanlagen · Messungen an Gemeinschafts-Antennenanlagen · Einführung in die Pegelrechnung · Richtlinien und technische Vorschriften für Rundfunk-Empfangsantennenanlagen · Fernsehnormen · Hörfunk- und Fernsehsender in Deutschland.

Hüthig Buch Verlag
Im Weiher 10
6900 Heidelberg 1

Hüthig

Hans Dodel, Michael Baumgart

Satellitensysteme für Kommunikation, Fernsehen und Rundfunk

Theorie und Technologie

1986, 213 S., 103 Abb., geb.,
DM 56,—
ISBN 3-7785-1163-7

Seit den sechziger Jahren, als Satelliten eine wirtschaftlich akzeptable Plattform für verschiedene Nutzlasten wurden, begann man Satelliten auch für Nachrichtenübertragungen einzusetzen.

Das vorliegende Buch stellt vor allem unter Systemgesichtspunkten Satellitensysteme für Kommunikation, Fernsehen und Rundfunk vor. Relevante benachbarte Themenkreise, wie mobiler Satellitenfunk werden mitbehandelt.

Aus dem Inhalt:

Satellitenbahnen · Internationale Regelungen: Frequenzen und Polarisationen, Bedeckungszonen, Satellitenpositionen · Vielfachzugriffsverfahren · Erstzugriffsverfahren · Modulationsverfahren · Kompandierung, Klipping und Sprachinterpolation · Kodierungsverfahren · Wellenausbreitung und meterologische Einflüsse · Systemauslegung · Satellitentechnologie · Erdfunkstellentechnologie · Nachrichtensatellitendienste

Hüthig Buch Verlag
Im Weiher 10
6900 Heidelberg 1

Klaus-Peter Scholz, Edmund Steinke (Hrsg.)

Hüthig

1 000 Begriffe für den Praktiker

Rundfunk- und Fernsehempfangstechnik

1985, 242 S., zahlr. Abb., geb.,
DM 24,80
ISBN 3-7785-0840-7

So leicht und selbstverständlich das Bedienen eines Rundfunk- oder Fernsehgerätes auch geworden ist, unklar ist für viele, was im Inneren des Gerätes mit einem Tastendruck oder mit dem Drehen eines Knopfes ausgelöst wird. Selbst dem Fachmann ist es oft nicht leicht, die in den Geräten sich abspielenden komplizierten elektrischen und elektronischen Vorgänge zu erfassen. Der Einsatz neuester Bauelemente, Schaltungen und Module ermöglicht es, Geräte von höchster Qualität zu schaffen. Sie zwingen gleichzeitig dazu, die Kenntnisse über die Zusammenhänge zu erweitern, will man sich als Rundfunk- und Fernsehtechniker oder evtl. als fortgeschrittener Hobbyelektroniker mit der Technik auseinandersetzen.

Dazu soll das Lexikon beitragen. Kurz und verständlich soll es dem Fachmann in elektronischen Berufen, aber auch dem technisch interessierten Nachwuchs hilfreich sein, indem es auf 1000 Fragen 1000 Antworten gibt. Dazu bietet das Lexikon einen repräsentativen Querschnitt der Gebiete Antennentechnik, Rundfunk- und Fernsehempfangstechnik, ausgewählte Bauelemente und Grundschaltungen und, soweit erforderlich, der theoretischen Grundlagen.

Dem Lexikon wurde ein Anhang beigegeben, der die wichtigsten zu den Themengebieten gehörenden Normen, VDE- und IEC-Bestimmungen nennt.

Hüthig Buch Verlag
Im Weiher 10
6900 Heidelberg 1

Hüthig

Bernhard Liesenkötter

12 GHz-Satellitenempfang

TV-Direktempfang für Praktiker

2., erweiterte Auflage 1988,
168 S., 86 Abb., kart., DM 36,—
ISBN 3-7785-1672-8

TV-Satelliten erweitern die direkten Satellitenempfangsmöglichkeiten, vor allem jener Fernsehteilnehmer, die vorerst keinen Kabelanschluß der Bundespost erhalten werden. Dies gilt vor allem für Kleinstädte und Landgemeinden, d. h. also für einen sehr großen Teilnehmerkreis.

Für die Radio- und Fernsehtechniker bzw. für die Antennenbauer der Elektro-Installateur-Handwerke werden in diesem Buch handfeste Hinweise und Erläuterungen für die Installation und den Betrieb von Empfangsanlagen gegeben. In verschiedenen Abschnitten wird der Leser in leichtfaßlicher Form in die technischen und physikalischen Zusammenhänge der Satellitentechnik eingeführt. Der Errichter einer Anlage erhält damit die Grundlagen und lernt die Grenzen des Satellitenempfangs, so daß er von vornherein selbst sich erarbeiten kann, welche Empfangseinrichtung eingesetzt werden muß.

Bau- und Innenmontagen werden ausführlich besprochen, so daß es das Studium des Buches ermöglicht, einen einwandfreien Satellitenempfang zu gewährleisten.

Hüthig Buch Verlag
Im Weiher 10
6900 Heidelberg 1

Edmund Steinke, Klaus-Peter Scholz (Hrsg.)

Hüthig

1000 Begriffe für den Praktiker

Ton und Bild Aufnahme- und Wiedergabetechnik

1985, 255 S., zahlr. Abb., geb.,
DM 27,80
ISBN 3-7785-0841-5

Was er hört und sieht nicht nur in seiner Erinnerung zu speichern war der Mensch seit jeher bestrebt. Gesehenes malte, fotografierte, filmte er, und in jüngster Zeit „zeichnet" er auf Videobändern auf; Gehörtes schrieb er auf Walzen oder Schallplatten, speicherte er als Lichtschrift auf Tonfilmen oder als magnetische Formierungen auf Magnettonbändern.

Die Technik, vornehmlich die Elektrotechnik und die Elektronik, half dem Menschen, der sich ihrer Möglichkeiten bediente und sie von der Nutzung nur durch Experten zur Nutzung durch jedermann entwickelte.

Doch stellt der Mensch auch Fragen: Wie funktioniert das, warum funktioniert es nicht oder nicht zufriedenstellend? Der Laie möchte vielleicht eine Antwort, der Fachmann muß eine Antwort wissen.

Das Lexikon bietet zu 1000 Begriffen der Bild- und Ton-Aufnahme- und Wiedergabetechnik Definitionen und Erläuterungen und - wo erforderlich - Hinweise auf den Anhang mit Standards und Bestimmungen.

Besonders der Lernende unter den Fachleuten, und das ist auf diesem sich rasch entwickelnden Gebiet der Elektronik jedermann, wird in dem Lexikon einen leicht zugänglichen und faßlichen Ratgeber haben. Es enthält 1000 Stichwörter in alphabetischer Folge. Der zum Stichwort gehörende Text gibt eine in sich geschlossene Information.

Hüthig Buch Verlag
Im Weiher 10
6900 Heidelberg 1

Hüthig

Gerhard Boggel

Satellitenrundfunk

Empfangstechnik für Hör- und Fernsehrundfunk in Aufbau und Betrieb

1985, 107 S., 53 Abb., 11 Tab., kart., DM 28,—
ISBN 3-7785-1080-0

Mit diesem Werk sollen Satelliten-Rundfunk-Systeme den bereits heute mit der Erstellung und Planung von Empfangsantennenanlagen beschäftigten Ingenieur- und Beratungsbüros bekannt gemacht werden. Der hohe technische Aufwand, der sowohl in der Sendetechnik als auch beim Empfang der Satellitensignale erforderlich ist, setzt allgemeine bis gute Kenntnisse der heutigen Empfangsantennentechnik voraus.

Das in diesem Buch vermittelte Wissen macht es möglich, die neuen Anwendungstechniken im Gigahertzbereich in Ver-bindung mit Kabel-Pilotprojekten der Deutschen Bundespost oder aber auch in den zukünftigen Breitbandkommunikationsnetzen zu verstehen und zu verarbeiten.

Hüthig Buch Verlag
Im Weiher 10
6900 Heidelberg 1